中文版

Word
2010 行政/文秘办公
必备手册

Office
职场达人系列丛书

熊怡 编著

方便读者
随时查阅
丰富、实用、专业的
范例+制作步骤
+视频教学

您如果对制作行政/文秘办公专业文档一筹莫展
或者对Word 2010使用不够熟练
更不懂使用Word 2010制作行政/文秘办公专业
文档的方法
那么请跟随"菜鸟"小雯的脚步
向"老鸟"老陈请教一番吧！

Word进行行政/文秘办公的各级用户
下一个职场办公达人一定是你！

海洋出版社
2012年·北京

内 容 简 介

本书是以某公司行政部新员工小雯与同事老陈的互动交流为主线，以丰富、实用、专业的范例+制作步骤+视频教学，详细、完整、准确地讲解 Word 2010 在行政和文秘办公中的使用方法和技巧的手册。

本书内容： 全书共分为 7 篇 16 章，分别为基础回顾篇、会议日程篇、档案管理篇、公文处理篇、活动策划篇、人事管理篇、商务应用篇。包括编写会议纪要、制作培训会议通知、编写档案管理制度、制作项目计划书、创建公司员工守则、编辑生产车间管理制度、编辑公司管理章程、制作海报宣传单、制作产品 DM 单、制作活动策划方案、编辑绩效考核办法、编辑员工工资汇总文件、使用宏编辑贺信和编辑并打印请柬等大量专业文档的制作方法。

本书特点： 1. **激发学习兴趣：** 内容专业、循序渐进、图文并茂、边讲边练，激发学习兴趣。2. **涉及广泛：** 涉及 Word 2010 行政和文秘办公应用的各个方面，内容全面，可以极大提升知识面。3. **培养动手能力和提高操作技能：** 提供范例制作思路，步骤详细，讲解生动，培养动手能力和提高操作技能。4. **多媒体光盘教学：** 附带一张专业级的多媒体教学光盘，包括书中所有案例的教学视频、素材文件以及 Word 2010 快捷键大全，方便学习。

适用范围： 适合 Word 爱好者和各行各业使用 Word 进行行政/文秘办公的人员作为参考书，同时也可作为大中专院校相关专业课教材和社会电脑培训班的培训教程。

图书在版编目（CIP）数据

中文版 Word 2010 行政/文秘办公必备手册/熊怡编著. —北京：海洋出版社，2012.11
ISBN 978-7-5027-8406-5

Ⅰ.①中… Ⅱ.①熊… Ⅲ.①文字处理系统－手册 Ⅳ.①TP391.1-62

中国版本图书馆 CIP 数据核字（2012）第 238712 号

总 策 划： 刘 斌	**发 行 部：**（010）62174379（传真）（010）62132549
责任编辑： 刘 斌	（010）68038093（邮购）（010）62100077
责任校对： 肖新民	**网 址：** www.oceanpress.com.cn
责任印制： 赵麟苏	**承 印：** 北京旺都印务有限公司印刷
排 版： 海洋计算机图书输出中心 晓阳	**版 次：** 2012 年 11 月第 1 版
	2012 年 11 月第 1 次印刷
出版发行： 海洋出版社	**开 本：** 787mm×1092mm 1/16
地 址： 北京市海淀区大慧寺路 8 号（716 房间）	**印 张：** 21
100081	**字 数：** 498 千字
经 销： 新华书店	**印 数：** 1～4000 册
技术支持：（010）62100055 hyjccb@sina.com	**定 价：** 55.00 元（含 1CD）

本书如有印、装质量问题可与发行部调换

Word 是微软 Office 办公软件的核心组件之一，它是编辑各种文档的有效武器，广泛应用在工作、学习和生活的不同领域。许多用户对 Word 的使用有一定的了解或掌握，但一旦涉及实际工作时，往往发现有许多问题无法解决。如何利用 Word 进行行政文秘办公、如何高效地完成工作、如何有的放矢地利用有限的知识完成各种任务，是大多数用户急需解决的问题。为此，我们特编写了《中文版 Word 2010 行政 / 文秘办公必备手册》一书，以最新版本的 Word 和大量行政文秘办公实例，解决广大读者的燃眉之急，通过本书的学习使读者快速成为使用 Word 进行行政文秘办公的高手！

本书内容

本书分为 7 篇，共 16 章内容，具体如下：

- 第 1 篇（第 1 ~ 2 章）：主要介绍了 Word 2010 操作界面、文档管理、文本编辑、文本与段落格式设置、在文档中插入各种对象以及特殊中文版式的使用等。
- 第 2 篇（第 3 ~ 4 章）：主要介绍了 Word 在会议日程方面的应用，包括会议纪要、培训会议通知等文档的制作。
- 第 3 篇（第 5 ~ 6 章）：主要介绍了 Word 在档案管理方面的应用，包括档案管理制度、节能项目计划书等文档的制作。
- 第 4 篇（第 7 ~ 9 章）：主要介绍了 Word 在公文处理方面的应用，包括公司员工守则、生产车间管理制度、公司管理章程等文档的制作。
- 第 5 篇（第 10 ~ 12 章）：主要介绍了 Word 在活动策划方面的应用，包括海报宣传单、产品 DM 单、活动策划方案等文档的制作。
- 第 6 篇（第 13 ~ 14 章）：主要介绍了 Word 在人事管理方面的应用，包括绩效考核办法、员工工资汇总文件等文档的制作。
- 第 7 篇（第 15 ~ 16 章）：主要介绍了 Word 在商务方面的应用，包括贺信、请柬等文档的制作。

本书特点

本书主要具有以下一些特点：

- 图文并茂：本书图片量极大，基本实现了一步操作一幅图片的效果，并做了详细图片标注，可以达到在只看图片不看文字的情况下也能顺利完成操作的目的。
- 涉及广泛：本书涉及到了使用 Word 进行行政文秘办公的各个领域，不仅能掌握自己领域的相关文档制作方法，也能学习其他领域的文档制作知识，大大提高自己的知识面和操作水平。

- 重操作、重实用：本书摒弃了几乎所有的理论知识，重在从操作上对知识做详细演示。全书从始至终都是通过操作讲解知识点，具有很强的实用性，让用户可以通过文档的制作解决实际操作中遇到的问题。
- 立体性强：本书设置了"专家点拨"、"操作提示"和"方法技巧"等多个栏目，用以对操作中涉及的各种问题和知识进行有目的的介绍、讲解和拓展，让读者获得更多有价值的实用信息。

阅读本书

本书除了"基础回顾篇"以外，各章结构体系均包括"案例目标"、"职场秘笈"、"制作思路"、"操作步骤"、"知识拓展"、"实战演练"等几大重要版块。

- 案例目标：展示本案例将要制作出的对象，配以最终效果图，并对该案例需要实现的目标做了简要介绍，让读者在制作之前做到心中有数，避免在案例制作过程中盲目操作。
- 职场秘笈：针对本案例在职场上的使用情况，较为专业地对案例进行剖析、介绍，一方面可以提高读者在制作此案例时需要具备的专业知识水平，另一方面也能起到辅助案例制作的效果。
- 制作思路：将整个案例的制作过程归纳为几个重要环节，并配以图片或示意图，使读者在进行制作或学习之前，有较为清晰的制作思路。
- 操作步骤：详细展现了案例的整个制作过程，每一步操作对应一幅图片，并在图片上标注操作顺序，使读者可以在轻松简单的环境中快速熟悉并掌握整个案例的制作方法。
- 知识拓展：将案例中涉及到的操作知识进行深入剖析或拓展讲解，让读者可以对该知识点有更深地领会和更好地应用。
- 实战演练：安排若干与本章同类型的练习题，并配以最终效果和重要步骤，让读者在完成案例之后，可以及时对掌握的知识和操作进行实战练习。

本书适用于使用 Word 2010 进行日常行政和文秘办公的各级用户，也适合 Word 爱好者作为参考书学习，同时也可作为各大院校、电脑培训班的培训教程。

本书由熊怡编著，参加编写、校对、排版的人员有李静、陈锐、曾秋月、刘毅、邓曦、陈林庆、胡凯、林俊、苟霖、郭健、程茜、张黎鸣、汪照军、邓兆煊、李辉、张海珂、冯超、黄碧霞、王诗闽、余慧娟、谢东、李凤等。

在此感谢购买本书的读者，虽然编者在编写本书的过程中倾注了大量心血，但恐百密之中仍有疏漏，恳请广大读者及专家不吝赐教。你们的支持是我们最大的动力，我们将不断勤奋努力，为您奉献更优秀的电脑图书。

最后，衷心希望您在本书的帮助下，成为一名优秀的使用 Word 进行行政文秘办公的专家！

编　者

2012 年 9 月

光盘使用说明

　　将本书附赠光盘放入光驱中，光盘将自动运行并打开主界面。若没有自动运行，可打开"我的电脑"窗口，双击光驱盘符图标，然后双击其中的"Autorun.exe"文件手动运行光盘，主界面如下图所示。

- "光盘简介"按钮：单击此按钮将显示本书及光盘的内容简介。
- "素材文件"按钮：单击此按钮将打开提供的"素材文件"文件夹窗口。
- "效果文件"按钮：单击此按钮将打开提供的"效果文件"文件夹窗口。
- "退出光盘"按钮：单击此按钮将显示光盘制作信息，单击信息区域即可退出光盘。
- "视频演示"按钮：将进入视频目录界面，如图所示。选择界面左侧的章节名称将展开该章节下包含的视频信息，选择具体的视频内容即可在界面右侧同步播放电影的视频演示内容。单击视频演示内容可进入全屏播放状态，再次单击则可从全屏状态恢复到下图的界面。

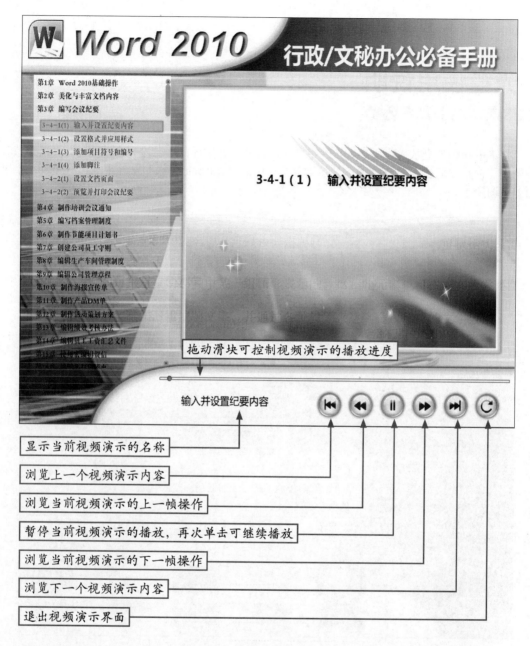

3-4-1（1） 输入并设置纪要内容

拖动滑块可控制视频演示的播放进度

输入并设置纪要内容

显示当前视频演示的名称

浏览上一个视频演示内容

浏览当前视频演示的上一帧操作

暂停当前视频演示的播放，再次单击可继续播放

浏览当前视频演示的下一帧操作

浏览下一个视频演示内容

退出视频演示界面

　　除上述资源外，光盘还提供了软件常用的快捷键大全，以方便读者操作软件时使用。另外，若想将提供的视频演示文件（.swf 格式）复制到电脑上观看，需安装"flashSetup.exe"程序，该程序可在 Adobe 官网下载。

目录 CONTENTS

第1篇 基础回顾篇

第2篇 会议日程篇

▶第3章 编写会议纪要 047

▶第4章 制作培训会议通知 062

第3篇　档案管理篇

第4篇　公文处理篇

第 5 篇　活动策划篇

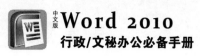
第 6 篇　人事管理篇

第7篇　商务应用篇

▶第15章　使用宏编辑贺信　　290

第1篇
基础回顾篇

第1章 Word 2010基础操作

小雯是公司行政部的一名普通职工，近期公司需要进行内部培训，提高员工综合素质，小雯现在接受的培训内容是学会利用Word软件实现行政文秘办公，给她进行培训指导的是老陈，公司内部资深培训师。今天刚到公司，小雯就被老陈叫到办公室，准备首先给她进行Word 2010基础操作的系统培训，为以后利用该软件进行行政文秘办公打下基础。

知识点

- Word 2010 操作界面解析
- 文档基本操作概述
- 文档不同的视图模式
- 文本与段落的选择方法
- 文本的移动与复制
- 快速查找与替换文本
- 撤销与恢复操作的使用

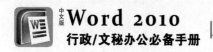
1.1 Word 2010操作界面解析

老陈不知道小雯对 Word 2010 操作界面是否熟悉，为保险起见，他决定首先给小雯介绍 Word 2010 操作界面的组成，以便让小雯加深该界面的印象。

Word 2010 的操作界面由标题区、功能区、文档编辑区和状态栏等部分组成，如图 1-1 所示。下面分别对这几个部分的作用进行介绍。

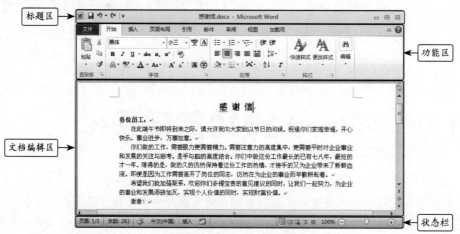

图1-1 Word 2010操作界面

1.1.1 标题区

标题区由 3 个部分组成，从左到右分别为快速访问工具栏、标题显示区和窗口控制按钮。如图 1-2 所示。

图1-2 标题区

- 快速访问工具栏：位于标题区左侧，单击其中的某个按钮可快速实现对应的操作。若单击该工具栏右侧的下拉按钮，可在弹出的下拉列表中选择需要添加到快速访问工具栏中的按钮。

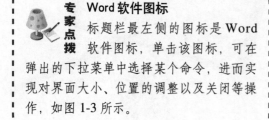

专家点拨　Word软件图标
标题栏最左侧的图标是 Word 软件图标，单击该图标，可在弹出的下拉菜单中选择某个命令，进而实现对界面大小、位置的调整以及关闭等操作，如图 1-3 所示。

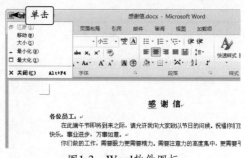

图1-3 Word软件图标

- 标题显示区：位于标题区之间的位置，显示当前编辑的文档名称。
- 窗口控制按钮：位于标题区右侧，主要用于控制界面窗口的显示状态，包括"最小化"按钮、"最大化"和"关闭"按钮。单击"最小化"按钮可将界面最小化到任务栏上，单击"最大化"按钮可使界面最大化显示在桌面上（当界面处于最大化状态时，"最大化"按钮变为"还原"按钮，单击"还原"按钮可将界面恢复到最大化之前的大小），单击"关闭"按钮可以退出 Word。

方法技巧 调整界面位置和大小

当界面处于非最大化和最小化状态时，在标题区空白位置按住鼠标左键并拖动鼠标，可移动界面在桌面上的显示位置，在界面边界上按住鼠标左键并拖动，可调整界面大小。

▶ 1.1.2 自定义快速访问工具栏

快速访问工具栏中自带的按钮有限，当经常需要使用的按钮未显示在下拉列表中时，可通过手动添加按钮的方法将其显示在快速访问工具栏中。下面将以表格按钮添加到快速访问工具栏为例，介绍自定义快速访问工具栏的方法，其具体操作如下。

动画演示：演示\第1章\自定义快速访问工具栏 .swf

01 单击快速访问工具栏右侧的下拉按钮，在弹出的下拉菜单中选择"其他命令"命令，如图1-4 所示。

02 在打开对话框的"从下列位置选择命令"下拉列表框中选择"插入　选项卡"选项，在下方的列表框中选择"表格"选项，如图1-5 所示。

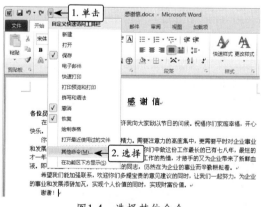

图1-4　选择其他命令

图1-5　选择需添加的按钮

03 单击 添加(A) >> 按钮，此时所选的"表格"选项将添加到右侧的列表框中，继续单击 确定 按钮，如图1-6 所示。

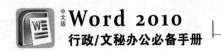

04 此时快速访问工具栏上便出现了"表格"按钮，如图1-7所示，单击该按钮便可快速在文档中创建表格对象。

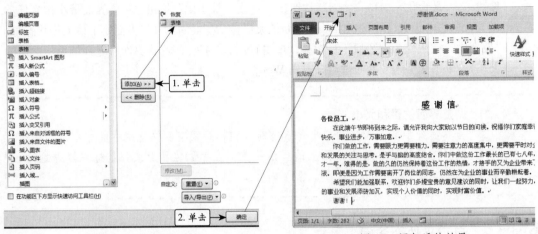

图1-6　添加按钮　　　　　　　　　　图1-7　添加后的效果

▶ 1.1.3　功能区

　　功能区是所有工具按钮、参数选项的集合，通过功能区可以实现对文档的各种设置操作。功能区由若干功能选项卡组成，每个选项卡中又包含若干设置组，各个组中便是工具按钮和参数选项的集合。如图1-8所示显示便是"开始"选项卡中的内容，它包含"字体"组、"段落"组、"样式"组等对象。

图1-8　Word 2010功能区中的"开始"选项卡

> **方法技巧　隐藏与显示功能区**
>
> 功能区占用了一定的文档空间，当暂时用不上功能区时，可将其隐藏以显示更多的空间，其方法为：在功能区任意位置单击鼠标右键，在弹出的快捷菜单中选择"功能区最小化"命令即可。双击隐藏后的功能区上的某个选项卡，又可重新将功能区显示出来。

▶ 1.1.4　文档编辑区

　　文档编辑区是编辑文档和设置文本内容的区域，即操作界面中白色的部分。其中不断闪烁的短竖线称为插入光标，当其闪烁时，便可在相应的位置输入需要的文本内容，如图1-9所示。

另外，文档编辑区中还有其他几种对象需要注意。

- 版心标记：文档编辑区四周出现的"L"型标记即为版心标记，它定义了文本在文档编辑区中显示的范围，版心以外的部分称为页面边距。
- 滚动条：当文档中的内容无法显示完整时，拖动文档编辑区下方或右侧的滚动条便可显示其他内容，其中下方的滚动条称为水平滚动条，右侧的滚动条称为垂直滚动条。
- 段落标记：文档编辑区中每一段文本的最右侧都会显示↵标记，它就是段落标记，选择文本时，若同时将其选择，则表示所选对象为整个段落，否则只是选择了该段落中的部分文本内容。

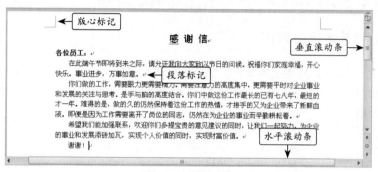

图1-9　文档编辑区

操作提示　显示标尺

将鼠标指针移动到功能区偏下方的灰色区域，并稍作停留，如图 1-10 所示，此时将显示标尺对象，如图 1-11 所示，利用标尺中的滑块可以对段落缩进位置进行调整，具体方法将在本书第 2 章做详细介绍。

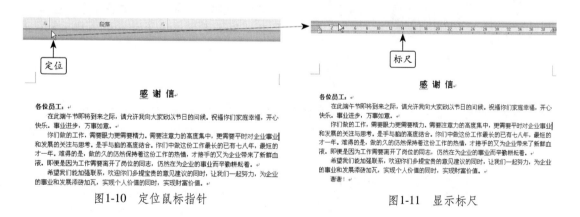

图1-10　定位鼠标指针　　　　　　　　图1-11　显示标尺

▶ 1.1.5　状态栏

状态栏位于操作界面的最下方，其中可以显示当前编辑页面的页码、文档总页码、文档总页数等内容，右侧的滑块还可以调整文档的显示比例，如图 1-12 所示。

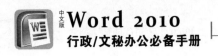

图1-12　状态栏

1.2　文档管理

文档管理是指对整个 Word 文件进行的各种管理操作，这方面小雯虽然有一定的基础，但她还是希望老陈能系统地给她讲解一遍，以巩固自己掌握的知识。

▶ 1.2.1　文档基本操作概述

Word 文档及 Word 软件生成的文件，它是保存文本数据的场所，因此掌握文档的基本操作才能顺利对其中的文本内容进行编辑和管理。下面简要介绍有关文档的新建、保存、关闭、打开和打印等基本操作。

1. 新建文档

启动 Word 2010 后，软件会自动新建一个空白文档，但如果在实际工作中需要手动新建，则可采取下面任意一种方法来实现。

- "文件"选项卡：单击功能区中的"文件"选项卡，选择左侧的"新建"命令，然后双击右侧界面中的"空白文档"按钮 即可，如图 1-13 所示。

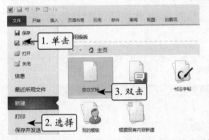

图1-13　利用"文件"选项卡新建空白文档

> **操作提示　根据模板新建文档**
>
> 在左图中单击"空白文档"按钮 以外的其他按钮，或在下方的"Office.com"栏中选择某个模板选项，则可根据该模板内容来创建文档，但前提是电脑能成功连接到 Internet。

- 快速访问工具栏：单击快速访问工具栏右侧的下拉按钮，在弹出的下拉菜单中选择"新建"选项，将"新建"按钮 添加到工具栏上，此时单击该按钮即可新建空白文档，如图 1-14 所示。

图1-14　利用快速访问工具栏新建空白文档

> **方法技巧　通过快捷键新建空白文档**
>
> 在 Word 操作界面中，将功能区切换到非"文件"选项卡状态，按【Ctrl+N】组合键也可快速新建空白文档。

2. 保存文档

为了避免重要数据或信息的丢失，应当在工作中随时对编辑的文档进行保存。下面分别介绍保存新建的文档以及另存文档的方法。

- 保存新建文档：单击"文件"选项卡，然后单击左侧的 ■ 保存 按钮，或单击快速访问工具栏中的"保存"按钮 ■，或直接按【Ctrl+S】组合键，均可打开"另存为"对话框，在"保存位置"下拉列表框中选择文档的保存位置，在"文件名"下拉列表框中输入文档保存的名称，然后单击 保存(S) 按钮即可，如图 1-15 所示。

图1-15　保存文档

> **操作提示　保存已保存的文档**
> 文档已经进行保存后，也应随时在编辑文档的过程中不定期的进行保存操作，以防止数据丢失，此时进行保存操作时，将不会打开对话框，Word会直接替换上一次保存的内容。

- 另存文档：另存文档是指将 Word 文档以不同的名称或不同的位置进行保存。其方法为：单击"文件"选项卡，然后单击左侧的 ■ 另存为 按钮，此时也将打开"另存为"对话框，按保存文档的方法设置保存位置和名称即可。需要注意的是，要想实现文档的另存操作，且不想改变文档的名称时，则必须为文档重新设置保存位置；相反，若不想改变文档的保存位置，则必须改变文档的名称才允许进行另外操作。

> **专家点拨　另存文档的作用**
> 将文档进行另存操作主要是为了实现数据的备份，这样做的好处主要体现在以下两个方面：1. 当源文件损坏或丢失时，可使用另存的文档进行操作，避免数据丢失；2. 当不确定操作是否正确或是否安全时，则利用备份的文档来操作，而避免源文件出现问题。因此，对于一些特别重要的文档，进行另存操作是非常有必要的。

3. 关闭文档

关闭文档的方法主要有以下几种。

- 单击按钮：单击标题区右侧的"关闭"按钮 ，如图 1-16 所示。
- 文件选项卡：单击"文件"选项卡，然后单击左侧的 ■ 关闭 按钮，如图 1-17 所示。
- 快捷键：直接按【Ctrl+W】组合键。

4. 打开文档

关闭文档后可以重新将其打开，其方法主要有以下几种。

- 快速访问工具栏：单击快速访问工具栏中的"打开"按钮 （若没有该按钮，可将其预先添加到工具栏上）。

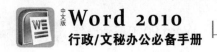

- 文件选项卡：单击文件选项卡，然后单击左侧的 打开按钮。
- 快捷键：按【Ctrl+O】组合键。

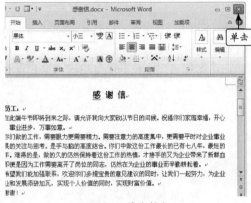

图1-16 单击按钮

图1-17 利用"文件"选项卡关闭工作簿

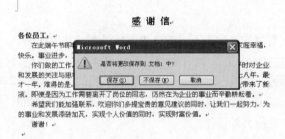

图1-18 提示是否保存工作簿

操作提示 关闭未保存的文档

当在未保存文档的前提下关闭该文档时，为避免丢失数据，Word 会打开提示对话框提示是否保存文档，如图 1-18 所示，单击 保存(S) 按钮将执行保存操作后再关闭文档；单击 不保存(N) 按钮将不保存文档并将其关闭；单击 取消 按钮则可取消关闭操作。

采用以上任意一种方法后，都将打开"打开"对话框，如图 1-19 所示。在"查找范围"下拉列表框中选择文档保存的位置，在下方的列表框中选择需要打开的文档选项，然后单击 打开(O) 按钮即可。

- 双击文件：打开文档所在的文件夹，找到并双击 Word 文件，如图 1-20 所示，此时将启动 Word 软件并打开该文档。

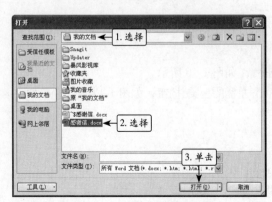

图1-19 利用对话框打开文档

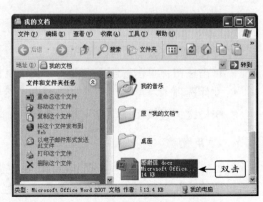

图1-20 利用文件夹打开文档

5. 打印文档

文档编辑好以后，可以随时将其通过打印机打印到纸张上使用，其方法为：单击"文件"选项卡，选择"打印"选项，此时在界面右侧可以预览文档打印出来的效果，如图1-21所示。在预览区域左侧可以对文档进行打印设置并执行打印操作，各参数的作用和使用方法分别如下：

- "显示比例"滑块：拖动滑块或单击"缩小"按钮⊖或"放大"按钮⊕，可调整预览区中文档的显示比例。

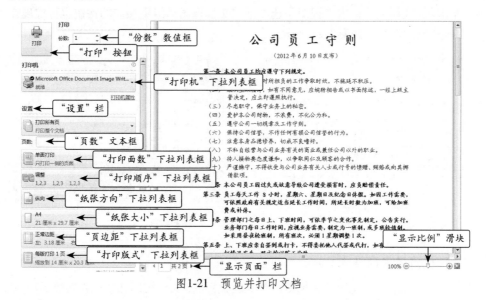

图1-21　预览并打印文档

- "显示页面"栏：在文本框中输入数字后按【Enter】键，或单击"上一页"按钮◀或"下一页"按钮▶，可调整文档的预览页面。
- "设置"栏：在该栏下方的下拉列表框中可选择打印范围，当选择"打印自定义范围"选项后，可在下方的"页数"文本框中输入打印页数。
- "打印面数"下拉列表框：在其中可设置单面打印或双面打印。
- "打印顺序"下拉列表框：当打印多份文档时，在该下拉列表框中可设置打印顺序，包括逐页打印和逐份打印两种效果。
- "纸张方向"下拉列表框：在其中可设置纸张方向为纵向或横向。
- "纸张大小"下拉列表框：在其中可设置纸张大小。
- "页边距"下拉列表框：在其中可设置文本内容四周与纸张的距离。
- "打印版式"下拉列表框：在其中可设置每版包含的页面数量。
- "打印份数"数值框：在其中可设置打印份数。
- "打印机"下拉列表框：在其中可设置执行打印操作的打印机。
- "打印"按钮：单击该按钮可执行打印操作。

▶ 1.2.2　文档不同的视图模式

在编辑文档时，为满足不同用户对各种文档的编辑习惯，Word提供了多种视图模式，不同视图模式具有其独有的优点，可在实际工作中选择使用。下面简要介绍切换不同视图的方法以及各视图模式的特点。

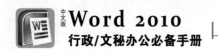

1. 切换视图模式

要想在不同视图模式下编辑文档，首先就应该掌握切换视图模式的方法。

- 利用状态栏切换：在状态栏"显示比例"滑块左侧包含 3 个视图模式按钮，如图 1-22 所示。单击"页面视图"按钮可切换到页面视图模式；单击"阅读版式视图"按钮可切换到阅读版式视图模式；单击"Web 版式视图"按钮可切换到 Web 版式视图模式；单击"大纲视图"按钮可切换到大纲视图模式；单击"草稿"按钮可切换到草稿视图模式。

- 利用功能区切换：单击"视图"选项卡"文档视图"组中相应的按钮也可实现在不同视图模式间的切换，如图 1-23 所示。

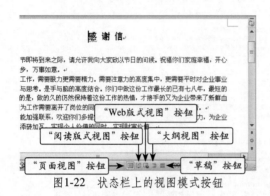

图1-22 状态栏上的视图模式按钮

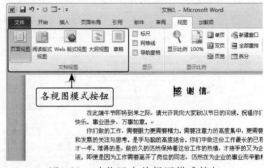

图1-23 功能区上的视图模式按钮

2. 各种视图模式的特点

Word 包含页面视图、阅读版式视图、Web 版式视图、大纲视图和草稿视图等 5 种视图模式，各视图模式的特点分别如下：

- 页面视图：此视图模式是 Word 默认的视图模式，也是最常用的视图模式。它可以显示 Word 2010 文档的打印结果外观，主要包括页眉、页脚、图形对象、分栏设置、页面边距等元素，是最接近打印结果的页面视图，如图 1-24 所示。

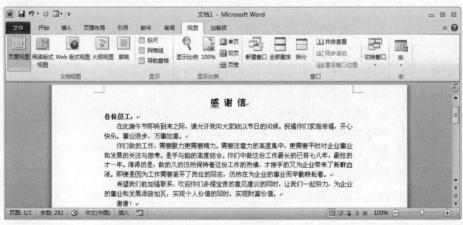

图1-24 页面视图

- 阅读版式视图：阅读版式视图是采用图书翻阅的样式，同时分为两屏显示文档内容，适合在浏览文档内容时采用。切换到该视图后，不论之前窗口大小，都将自动切换为全屏显示。要想退出该视图模式，可单击界面右上角的 × 关闭 按钮，如图 1-25 所示。

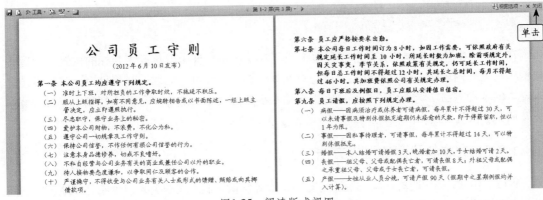

图1-25　阅读版式视图

- Web 版式视图：Web 版式视图以网页的形式显示 Word 2010 文档，此视图适用于发送电子邮件和创建网页，如图 1-26 所示。

公 司 员 工 守 则

（2012 年 6 月 10 日发布）

第一条 本公司员工均应遵守下列规定。
（一）准时上下班，对所担负的工作争取时效，不拖延不积压。
（二）服从上级指挥，如有不同意见，应婉转相告或以书面陈述，一经上级主管决定，应立即遵照执行。
（三）尽忠职守，保守业务上的秘密。
（四）爱护本公司财物，不浪费，不化公为私。
（五）遵守公司一切规章及工作守则。
（六）保持公司信誉，不作任何有损公司信誉的行为。
（七）注意本身品德修养，切戒不良嗜好。
（八）不私自经营与公司业务有关的商业或兼任公司以外的职业。
（九）待人接物要态度谦和，以争取同仁及顾客的合作。
（十）严谨操守，不得收受与公司业务有关人士或形式的情赠、赠赂或向其挪借款项。
第二条 本公司员工因过失或故意导致公司遭受损害时，应负赔偿责任。
第三条 员工每天工作 8 小时，星期六、星期日及纪念日休假。如因工作需要，可依照政府有关规定适当延长工作时间，所延长时数为加班，可给加班费或补休。
第四条 管理部门之每日上、下班时间，可依季节之变化事先制定，公告实行。业务部门每日工作时间时，应视业务需要，制定为二班制，或多班轮值制。如采用昼夜轮班制，所有班次，必须 1 星期调整 1 次。

图1-26　Web版式视图

- 大纲视图：大纲视图适用于 Word 2010 文档的设置和显示标题的层级结构，并可以方便地折叠和展开各种层级的文档。用于 Word 2010 长文档的快速浏览和设置，如图 1-27 所示。单击"关闭大纲视图"按钮×可退出该视图模式。
- 草稿视图：草稿视图取消了页面边距、分栏、页眉页脚和图片等元素，仅显示标题和正文，是最节省电脑系统硬件资源的视图方式，如图 1-28 所示。

图1-27　大纲视图

图1-28　草稿视图

1.3 文本编辑

在 Word 中输入文本的方法非常简单，只需在文档编辑区中定位插入光标的位置，然后直接输入需要的内容即可。小雯也表示自己对文本的输入操作没有问题，只想巩固一些编辑已输入文本的各种方法。老陈想了想，决定重点给小雯介绍文本的选择、移动、复制、查找、替换以及撤销和恢复等操作。

1.3.1 文本与段落的选择方法

Word 中的文本和段落既有联系又有区别，正确认识它们之间的关系，才能更好地选择它们进行各种设置和编辑操作。

1. 文本与段落的区别

Word 中的段落类似于自然段，其标志为最后面的“段落标记”↵；而文本则是整个段落中除“段落标记”以外的其他部分内容。只有选择了整个段落中的所有文本以及最后的“段落标记”，才表示选择了段落。选择的对象是文本还是段落，直接关系到对该对象的编辑和设置操作，因此一定要正确区分它们之间的联系与区别。

> **方法技巧　“软回车”的使用**
>
> 在某个文本或段落后按【Enter】键可另起一行，生成另一个段落。但如果按【Shift+Enter】组合键，则将执行“软回车”操作，此操作虽然另起一行，但与前面的内容同属于一个段落。“软回车段落标记”为↓。

2. 选择文本或段落

文本或段落的选择有以下多种方法可供使用。

- 选择任意文本：在需要选择文本的起始位置按住鼠标左键不放并拖动鼠标，此时将逐步选择鼠标指针经过的文本对象，释放鼠标后，文本即被选择，呈蓝底显示，如图 1-29 所示。
- 选择任意词组：在段落中的某个位置双击鼠标，即可选择离双击处最近的词组，如图 1-30 所示。

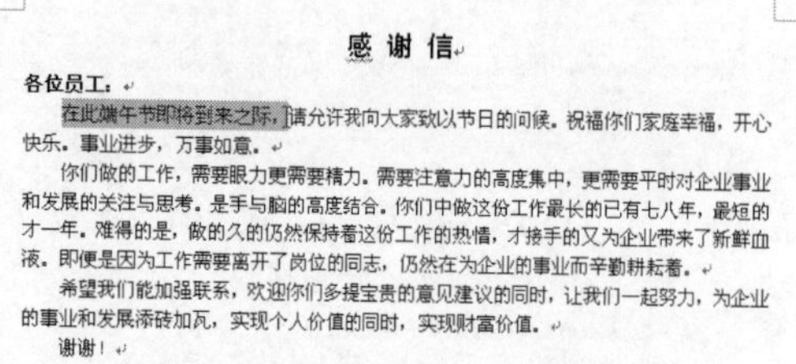

感 谢 信

各位员工：

在此端午节即将到来之际，请允许我向大家致以节日的问候。祝福你们家庭幸福，开心快乐。事业进步，万事如意。

你们做的工作，需要眼力更需要精力。需要注意力的高度集中，更需要平时对企业事业和发展的关注与思考。是手与脑的高度结合。你们中做这份工作最长的已有七八年，最短的才一年。难得的是，做的久的仍然保持着这份工作的热情，才接手的又为企业带来了新鲜血液。即便是因为工作需要离开了岗位的同志，仍然在为企业的事业而辛勤耕耘着。

希望我们能加强联系，欢迎你们多提宝贵的意见建议的同时，让我们一起努力，为企业的事业和发展添砖加瓦，实现个人价值的同时，实现财富价值。

谢谢！

图1-29　拖动鼠标选择文本

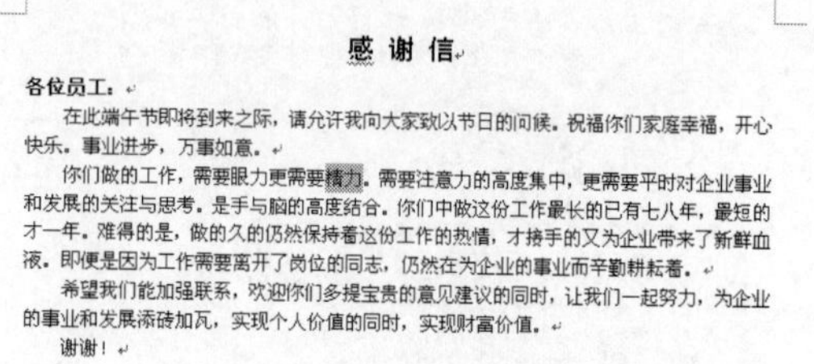

感 谢 信

各位员工：

在此端午节即将到来之际，请允许我向大家致以节日的问候。祝福你们家庭幸福，开心快乐。事业进步，万事如意。

你们做的工作，需要眼力更需要精力。需要注意力的高度集中，更需要平时对企业事业和发展的关注与思考。是手与脑的高度结合。你们中做这份工作最长的已有七八年，最短的才一年。难得的是，做的久的仍然保持着这份工作的热情，才接手的又为企业带来了新鲜血液。即便是因为工作需要离开了岗位的同志，仍然在为企业的事业而辛勤耕耘着。

希望我们能加强联系，欢迎你们多提宝贵的意见建议的同时，让我们一起努力，为企业的事业和发展添砖加瓦，实现个人价值的同时，实现财富价值。

谢谢！

图1-30　选择词组

- 选择整句文本：按住【Ctrl】键不放，在段落中单击鼠标，可快速选择单击处所在的整句文本，如图 1-31 所示。
- 选择一行文本：将鼠标指针移至版心左侧，当其变为↗形状时单击鼠标即可选择鼠标指针对应的整行文本，如图 1-32 所示。

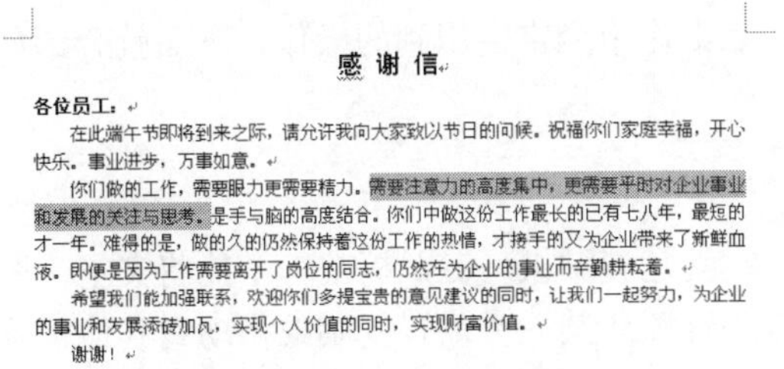
感谢信
各位员工：
在此端午节即将到来之际，请允许我向大家致以节日的问候。祝福你们家庭幸福，开心快乐。事业进步，万事如意。
你们做的工作，需要眼力更需要精力。需要注意力的高度集中，更需要平时对企业事业和发展的关注与思考。是手与脑的高度结合。你们中做这份工作最长的已有七八年，最短的才一年。难得的是，做的久的仍然保持着这份工作的热情，才接手的又为企业带来了新鲜血液。即便是因为工作需要离开了岗位的同志，仍然在为企业的事业而辛勤耕耘着。
希望我们能加强联系，欢迎你们多提宝贵的意见建议的同时，让我们一起努力，为企业的事业和发展添砖加瓦，实现个人价值的同时，实现财富价值。
谢谢！

图1-31　选择整句文本

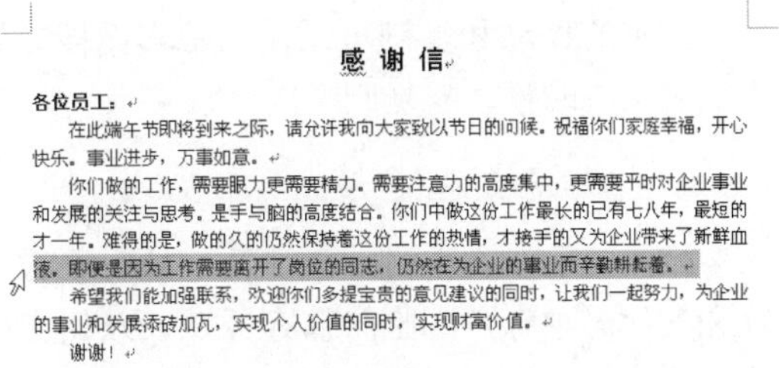
感谢信
各位员工：
在此端午节即将到来之际，请允许我向大家致以节日的问候。祝福你们家庭幸福，开心快乐。事业进步，万事如意。
你们做的工作，需要眼力更需要精力。需要注意力的高度集中，更需要平时对企业事业和发展的关注与思考。是手与脑的高度结合。你们中做这份工作最长的已有七八年，最短的才一年。难得的是，做的久的仍然保持着这份工作的热情，才接手的又为企业带来了新鲜血液。即便是因为工作需要离开了岗位的同志，仍然在为企业的事业而辛勤耕耘着。
希望我们能加强联系，欢迎你们多提宝贵的意见建议的同时，让我们一起努力，为企业的事业和发展添砖加瓦，实现个人价值的同时，实现财富价值。
谢谢！

图1-32　选择一行文本

- 选择多行文本：将鼠标指针移至版心左侧，当其变为形状时按住鼠标左键不放，垂直向上或向下拖动鼠标便可以选择连续的多行文本，如图 1-33 所示。
- 选择不连续的文本：选择部分文本后，按住【Ctrl】键不放，利用其他文本或段落选择方法即可同时选择不连续的文本，如图 1-34 所示。

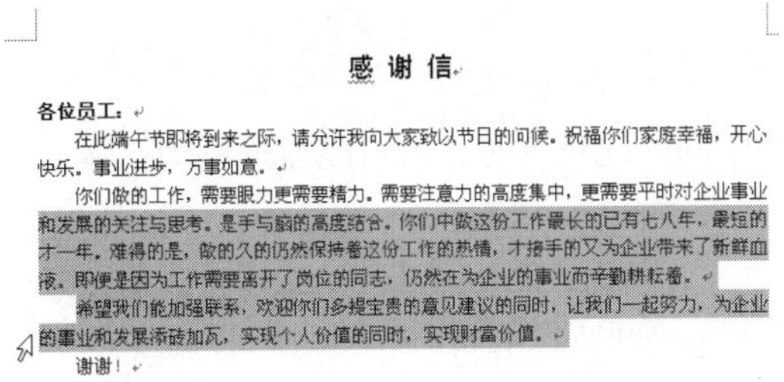
感谢信
各位员工：
在此端午节即将到来之际，请允许我向大家致以节日的问候。祝福你们家庭幸福，开心快乐。事业进步，万事如意。
你们做的工作，需要眼力更需要精力。需要注意力的高度集中，更需要平时对企业事业和发展的关注与思考。是手与脑的高度结合。你们中做这份工作最长的已有七八年，最短的才一年。难得的是，做的久的仍然保持着这份工作的热情，才接手的又为企业带来了新鲜血液。即便是因为工作需要离开了岗位的同志，仍然在为企业的事业而辛勤耕耘着。
希望我们能加强联系，欢迎你们多提宝贵的意见建议的同时，让我们一起努力，为企业的事业和发展添砖加瓦，实现个人价值的同时，实现财富价值。
谢谢！

图1-33　选择多行文本

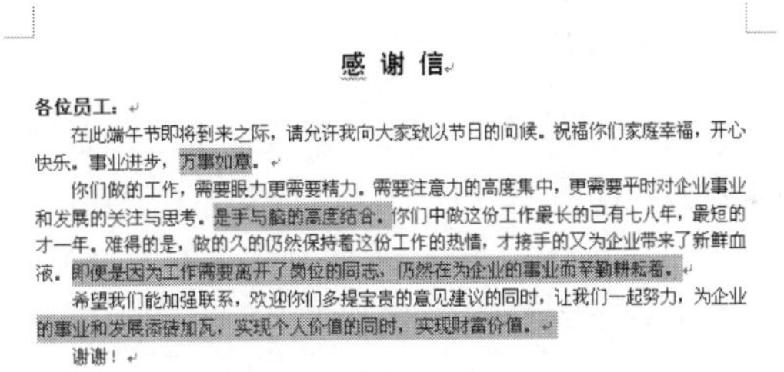
感谢信
各位员工：
在此端午节即将到来之际，请允许我向大家致以节日的问候。祝福你们家庭幸福，开心快乐。事业进步，万事如意。
你们做的工作，需要眼力更需要精力。需要注意力的高度集中，更需要平时对企业事业和发展的关注与思考。是手与脑的高度结合。你们中做这份工作最长的已有七八年，最短的才一年。难得的是，做的久的仍然保持着这份工作的热情，才接手的又为企业带来了新鲜血液。即便是因为工作需要离开了岗位的同志，仍然在为企业的事业而辛勤耕耘着。
希望我们能加强联系，欢迎你们多提宝贵的意见建议的同时，让我们一起努力，为企业的事业和发展添砖加瓦，实现个人价值的同时，实现财富价值。
谢谢！

图1-34　选择不连续的文本

- 选择整个段落：将鼠标指针移至版心左侧，当其变为形状时双击鼠标即可选择鼠标指针对应的整个段落，如图 1-35 所示。

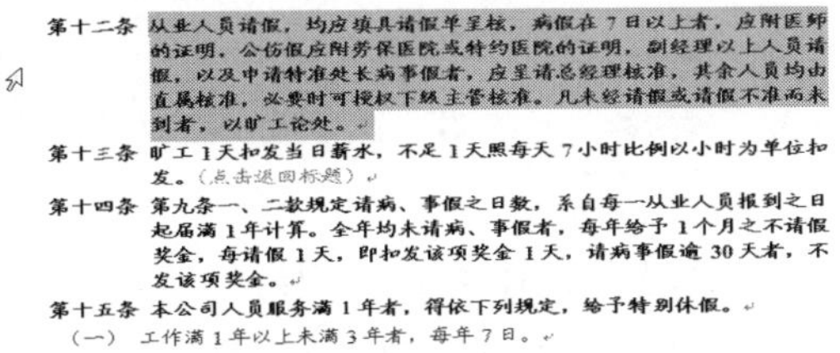
第十二条 从业人员请假，均应填具请假单呈核，病假在 7 日以上者，应附医师的证明，公伤假应附劳保医院或特约医院的证明，副经理以上人员请假，以及申请特准处长病事假者，应呈请总经理核准，其余人员均由直属核准，必要时可授权下级主管核准。凡未经请假或请假不准而未到者，以旷工论处。
第十三条 旷工 1 天扣发当日薪水，不足 1 天照每天 7 小时比例以小时为单位扣发。（点击返回标题）
第十四条 第九条一、二款规定请病、事假之日数，系自每一从业人员报到之日起届满 1 年计算。全年均未请病、事假者，每年给予 1 个月之不请假奖金，每请假 1 天，即扣发该项奖金 1 天，请病事假逾 30 天者，不发该项奖金。
第十五条 本公司人员服务满 1 年者，得依下列规定，给予特别休假。
（一） 工作满 1 年以上未满 3 年者，每年 7 日。

图1-35　选择整个段落

方法技巧　3 击鼠标选择段落

在段落中的任意位置 3 击鼠标（连续 3 次单击鼠标）也可快速选择所在的整个段落。

- 选择所有文本：将鼠标指针移至版心左侧，当其变为形状时 3 击鼠标即可选择文档中的所有文本，如图 1-36 所示。

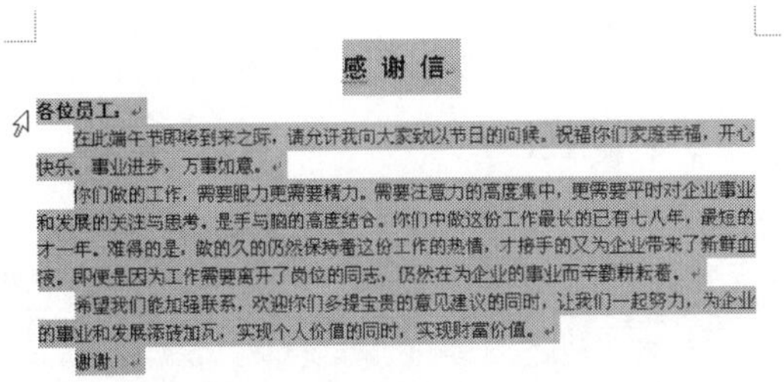
感谢信
各位员工：
在此端午节即将到来之际，请允许我向大家致以节日的问候。祝福你们家庭幸福，开心快乐。事业进步，万事如意。
你们做的工作，需要眼力更需要精力。需要注意力的高度集中，更需要平时对企业事业和发展的关注与思考。是手与脑的高度结合。你们中做这份工作最长的已有七八年，最短的才一年。难得的是，做的久的仍然保持着这份工作的热情，才接手的又为企业带来了新鲜血液。即便是因为工作需要离开了岗位的同志，仍然在为企业的事业而辛勤耕耘着。
希望我们能加强联系，欢迎你们多提宝贵的意见建议的同时，让我们一起努力，为企业的事业和发展添砖加瓦，实现个人价值的同时，实现财富价值。
谢谢！

图1-36　选择所有文本

方法技巧　其他选择所有文本的方法

在“开始”选项卡“编辑”组中单击 选择 按钮，在弹出的下拉菜单中选择“全选”命令或直接按【Ctrl+A】组合键均可选择所有文本。

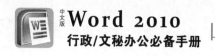

1.3.2 文本的移动与复制

文本的移动和复制可以提高编辑文档的效率，是工作中经常会用到的操作，下面就介绍如何实现文本的移动与复制操作。

1. 什么是剪贴板

移动或复制文本时，会涉及一种对象的使用，它就是剪贴板。剪贴板是一个能将文本、图片和其他对象存放的临时储存区域，以便实现将这些资源从某一个位置复制或移动到其他位置的目的，如图1-37所示即为剪贴板的作用原理。

图1-37　剪贴板的工作原理

2. 移动文本

输入文本后，当发现某些文本应该放置在文档中的其他位置时，就可以通过移动已输入文本的方法快速达到目的。移动文本的方法主要有如下几种。

- "剪贴板"组：选择对象后在"开始"选项卡"剪贴板"组中单击 剪切 按钮，将插入光标定位到目标位置，单击该组中的"粘贴"按钮，如图1-38所示。

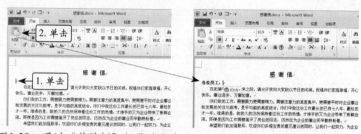

图1-38　通过"剪贴板"组移动文本

- 右键菜单：选择对象后在其上单击鼠标右键，在弹出的快捷菜单中选择"剪切"命令，将插入光标定位到目标位置，单击鼠标右键，在弹出的快捷菜单中单击"粘贴选项"命令下的"保留原格式"按钮，如图1-39所示。

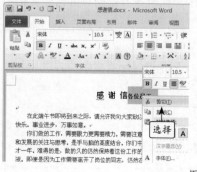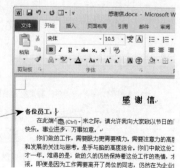

图1-39　通过右键菜单移动文本

- 快捷键：选择对象后按【Ctrl+X】组合键将对象剪切到剪贴板汇总，将插入光标定位到目标位置，按【Ctrl+V】组合键粘贴即可。
- 拖动鼠标：选择对象后，直接将其拖动到目标位置即可，如图1-40所示。

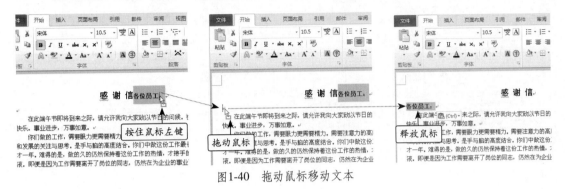

图1-40　拖动鼠标移动文本

3. 复制文本

若想在文档中输入已有的某些文本，可直接对已有文本进行复制和粘贴操作来快速实现目的。复制文本的方法主要有如下几种。

- "剪贴板"组：选择对象后在"开始"选项卡"剪贴板"组中单击 复制按钮，将插入光标定位到目标位置，单击该组中的"粘贴"按钮，如图1-41所示。

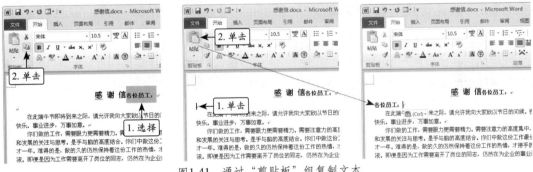

图1-41　通过"剪贴板"组复制文本

- 右键菜单：选择对象后在其上单击鼠标右键，在弹出的快捷菜单中选择"复制"命令，将插入光标定位到目标位置，单击鼠标右键，在弹出的快捷菜单中单击"粘贴选项"命令下的"保留原格式"按钮，如图1-42所示。

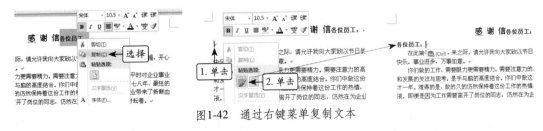

图1-42　通过右键菜单复制文本

- 快捷键：选择对象后按【Ctrl+C】组合键将对象复制到剪贴板汇总，将插入光标定位到目标位置，按【Ctrl+V】组合键粘贴即可。

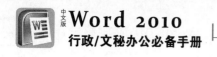

● 拖动鼠标：选择对象后，按住【Ctrl】键的同时直接将其拖动到目标位置即可，如图1-43所示。

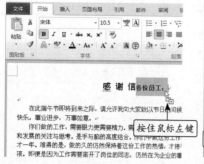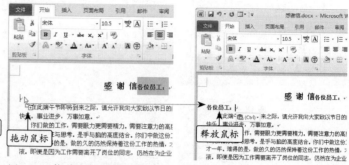

图1-43　拖动鼠标复制文本

操作提示　各种方法的组合使用

Word不仅具备多种移动和复制文本的方法，同时也允许将这些方法组合使用，比如选择对象后单击鼠标右键，在弹出的快捷菜单中选择"复制"命令，然后定位到目标位置后，按【Ctrl+V】组合键也可实现粘贴操作。

▶ 1.3.3　快速查找与替换文本

当需要修改文档中的某个词组或某句话，且该词组或句子多次出现时，可通过查找和替换的方法来快速解决问题。下面以将"通知"文档中的所有"部门"修改为"单位"为例，介绍查找与替换文本的方法，其具体操作如下。

素材文件： 素材\第1章\通知.docx
效果文件： 效果\第1章\通知.docx
动画演示： 演示\第1章\快速查找与替换文本.swf

01 打开"通知.docx"文档，在"开始"选项卡"编辑"组中单击 替换 按钮，如图1-44所示。
02 打开"查找和替换"对话框的"替换"选项卡，在"查找内容"下拉列表框中输入"部门"，在"替换为"下拉列表框中输入"单位"，如图1-45所示。

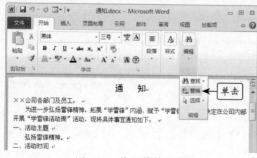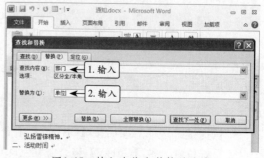

图1-44　使用替换功能　　　　　　　　图1-45　输入查找和替换的内容

03 单击 查找下一处(F) 按钮，此时将找到并选择距当前插入光标最近的"部门"文本，如图1-46所示。

04 单击 替换(R) 按钮，完成将选择的"部门"替换为"单位"文本的操作，继续单击 全部替换(A) 按钮，如图1-47所示。

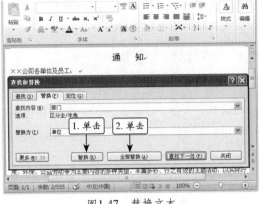

图1-46 查找文本   图1-47 替换文本

05 打开提示对话框，此时将提示完成若干处文本的替换操作，依次单击 确定 按钮和 关闭 按钮，如图1-48所示。

06 完成文本的替换，效果如图1-49所示。

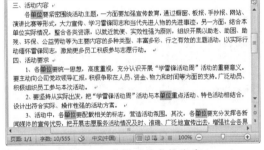

图1-48 完成替换   图1-49 替换后的文档内容

 ### 1.3.4 撤销与恢复操作的使用

输入与编辑文本时，Word 2010会自动记录所进行的操作，如果有的操作出错了，可通过撤销或恢复功能来避免重复操作。

- 撤销操作：单击快速访问工具栏中的"撤销"按钮 可撤销最近一步操作；单击该按钮右侧的下拉按钮，可在弹出的下拉列表中选择需要撤销到的某一步操作。
- 恢复操作：恢复操作是撤销操作的逆向操作，因此只能在执行撤销操作后才能使用。单击快速访问工具栏中的"恢复"按钮 可恢复最近一步执行的撤销操作。

方法技巧 **快速执行撤销或恢复操作**
按【Ctrl+Z】组合键可快速执行撤销操作；按【Ctrl+Y】组合键则可快速执行恢复操作。

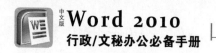

1.4 知识拓展

为进一步让小雯熟悉 Word 2010 的操作界面以及各种基本操作，老陈继续给小雯拓展了 3 个方面的知识，包括 Word 2010 操作界面中"导航"窗格的使用、保护 Word 文档数据安全以及剪贴板的使用和设置等内容。

1.4.1 "导航"窗格的使用

"导航"窗格是浏览、查看和编辑长篇文档的有效工具，在"视图"选项卡"显示"组中选中"导航窗格"复选框，此时在 Word 2010 操作界面的文档编辑区左侧会将显示该窗格对象，此时便可利用它实现标题定位、页面定位和文本搜索等功能。

- 定位标题：当文档中的段落应用了大纲标题级别后，便可在"导航"窗格的"浏览您的文档中的标题"选项卡中显示对应的标题对象，如图 1-50 所示，选择某个标题选项，便会快速定位到对应的文本页面，效果如图 1-51 所示。

图1-50　选择标题　　　　　　　　　　　　　　　图1-51　定位标题内容

- 定位页面：单击"导航"窗格的"浏览您的文档中的页面"选项卡，此时将显示文档中的所有页面缩略图，如图 1-52 所示，单击某个缩略图便将快速定位到该页面，效果如图 1-53 所示。

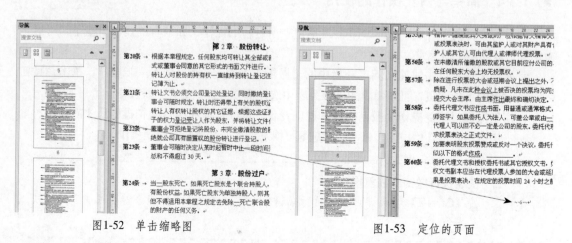

图1-52　单击缩略图　　　　　　　　　　　　　　图1-53　定位的页面

● 搜索文本：单击"导航"窗格的"浏览您当前搜索的结果"选项卡，在上方的文本框中可输入需要搜索的文本内容，稍后"导航"窗格便将搜索到的结果显示在下方的列表框中，如图1-54所示，选择某个选项即可快速定位到对应的文本位置，效果如图1-55所示。

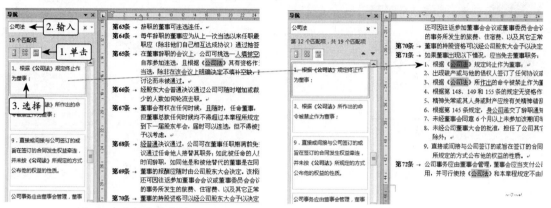

图1-54 选择搜索结果　　　　　　　　　　　图1-55 定位的文本页面

1.4.2 保护文档数据的安全

为保证文档中的数据不被其他人员非法修改，可通过为文档加密的方法保护数据安全，其具体操作如下。

01 打开需要加密的文档，单击"文件"选项卡，在左侧选择"信息"选项，然后单击"保护文档"按钮 ，在弹出的下拉菜单中选择"用密码进行加密"命令，如图1-56所示。

02 打开"加密文档"对话框，在"密码"文本框中输入密码内容，然后单击 确定 按钮，如图1-57所示。

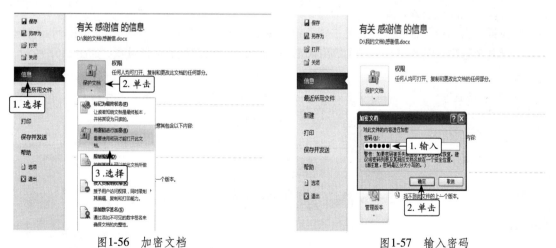

图1-56 加密文档　　　　　　　　　　　图1-57 输入密码

03 打开"确认文档"对话框，在"密码"文本框中输入相同的密码内容，然后单击 确定 按钮，如图1-58所示。

04 保存并关闭文档。此后当打开该文档时，便将打开"密码"对话框，只有在文本框中输入正确的密码后，单击 确定 按钮才能浏览文档内容，如图1-59所示。

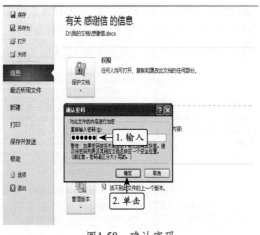

图1-58 确认密码

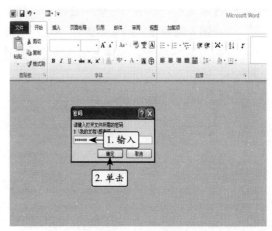

图1-59 输入密码

1.4.3 使用并设置剪贴板

单击"开始"选项卡"剪贴板"组右下角的"展开"按钮，将打开"剪贴板"任务窗格，如图1-60所示。通过剪切或复制的对象都将显示在该任务窗格中。Word最多保存最近剪切或复制的24个对象，超过24个对象后，将自动删除最前面的对象。

- 粘贴对象：在"剪贴板"任务窗格中单击某个对象，将把该对象粘贴在插入光标所在的位置。
- 粘贴所有对象：单击任务窗格上方的 全部粘贴 按钮可将其中所有的对象都粘贴在插入光标所在的位置。
- 删除对象：单击任务窗格上方的 全部清空 按钮可将其中所有的对象都清空删除。
- 删除单个对象：单击某个对象右侧的下拉按钮，在弹出的下拉菜单中选择"删除"命令可单独删除该对象，如图1-61所示。
- 设置"剪贴板"任务窗格：单击任务窗格左下角的 选项▼ 按钮，可在弹出的下拉列表中选择某个选项，使其处于启用或禁用状态，从而实现对剪贴板的属性设置，如图1-62所示。

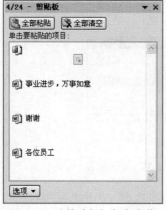

图1-60 "剪贴板"任务窗格

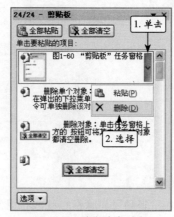

图1-61 删除单个对象

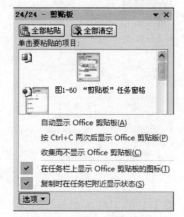

图1-62 设置剪贴板属性

第1篇
基础回顾篇

第2章　美化与丰富文档内容

小雯正在办公桌前按照老陈介绍的知识，反反复复地巩固Word 2010的各种基本操作，此时老陈来到小雯身旁，将写有一些体系结构的文件拿给小雯，告诉她今天将进一步给她介绍使用Word 2010进行文档美化和编排等内容，主要涉及字体和段落的格式设置、在文档中插入并编辑各种图形对象以及多种特殊中文版式的应用等。小雯深吸了一口气，知道接下来学习的知识是相当重要的内容，因此自己一定要好好准备，仔细按照老陈的介绍来学习。

知识点

- 设置字体格式
- 设置段落格式
- 添加边框和底纹
- 插入并设置图片
- 搜索与插入剪贴画
- 插入艺术字
- 绘制自选图形
- 创建 SmartArt 图形
- 特殊中文版式的应用

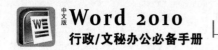

▶ 2.1　设置文本与段落格式

老陈告诉小雯，通过对文本和段落的格式进行设置，不仅可以美化这些对象，更重要的是可以提高文档内容的可读性和层次感，因此接下来首先给小雯介绍这方面的知识。

▶ 2.1.1　认识设置格式的工具

Word 2010 中可以使用多种工具进行格式设置操作，主要包括功能区、对话框和浮动工具栏等，下面对这些工具的使用进行简要介绍。

1. 功能区

功能区中的"开始"选项卡下包含"字体"组和"段落"组，利用它们便能对选择的对象进行格式设置，其大致方法为：选择需设置的文本或段落，单击"开始"选项卡，在"字体"组或"段落"组中使用某个设置参数进行设置即可，如图 2-1 所示。

图2-1　使用功能区设置文本或段落

操作提示　直接设置格式

在未选择任何对象的情况下，直接设置文本或段落格式，则在当前插入光标处输入的文本将应用设置的格式效果。

2. 对话框

当功能区中的参数无法将文本或段落的格式设置为需要的效果时，则只能利用对话框进行设置。换句话说，对话框中的参数与功能区相比更加全面和丰富。使用对话框设置文本或段落格式的方法为：选择需设置的对象，打开"字体"对话框或"段落"对话框，如图 2-2 所示，在其中设置参数后，确认操作即可。

其中打开对话框的方法分别如下：

- "字体"对话框：单击"开始"选项卡"字体"组右下角的"展开"按钮，或在所选对象上单击鼠标右键，在弹出的快捷菜单中选择"字体"命令，或按【Ctrl+D】组合键。
- "段落"对话框：单击"开始"选项卡"段落"组右下角的"展开"按钮，或在所选对象上单击鼠标右键，在弹出的快捷菜单中选择"段落"命令。

3. 浮动工具栏

当拖动鼠标选择文本或段落对象后，在鼠标指针附近会显示出浮动工具栏，其中集合了最常用的设置参数，方便快速对所选对象进行格式设置，如图 2-3 所示。

图2-2 "字体"对话框和"段落"对话框

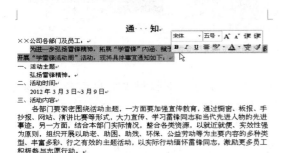

图2-3 浮动工具栏

 操作提示 **浮动工具栏的显示和隐藏**
浮动工具栏出现后，会随着鼠标指针的移动而逐渐地显示或隐藏，鼠标指针离它越近，则将逐渐显示；离它越远，则将逐渐隐藏。

▶ 2.1.2 设置字体格式

字体格式主要包括字体外观、字号、字形、下划线、删除线和颜色等字体的各种属性，下面以设置"检讨书"文档中各对象的字体格式为例，介绍实现的方法，其具体操作如下。

> **素材文件**：素材\第2章\检讨书.docx
> **效果文件**：效果\第2章\检讨书.docx
> **动画演示**：演示\第2章\设置字体格式.swf

01 打开"检讨书.docx"文档，选择第1段段落，单击浮动工具栏中"字体"下拉列表框右侧的下拉按钮，如图2-4所示。

02 在弹出的下拉列表中选择"黑体"选项，如图2-5所示。

03 继续单击浮动工具栏"字号"下拉列表框右侧的下拉按钮，在弹出的下拉列表中选择"三号"选项，如图2-6所示。

04 拖动鼠标选择除第1段以外的其他所有段落，并在选择的区域上单击鼠标右键，在弹出的快捷菜单中选择"字体"命令，如图2-7所示。

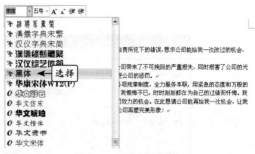

图2-4 选择段落 图2-5 设置字体外观

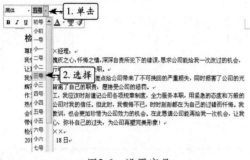

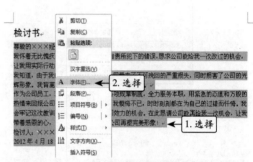

图2-6 设置字号 图2-7 选择段落

05 打开"字体"对话框的"字体"选项卡，在"中文字体"下拉列表框中选择"楷体_GB2312"选项，在"西文字体"下拉列表框中选择"Time New Roman"选项，然后单击 确定 按钮，如图 2-8 所示。

06 选择倒数两个段落，在"开始"选项卡"字体"组中单击"加粗"按钮 **B**，完成字体设置，如图 2-9 所示。

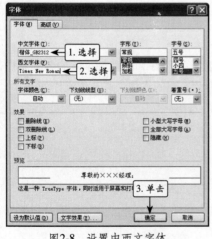

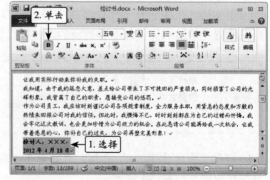

图2-8 设置中西文字体 图2-9 加粗字体

▶ 2.1.3 设置段落对齐方式

段落对齐方式包括左对齐、居中对齐、右对齐、两端对齐和分散对齐等多种效果，下面以设置"检讨书"文档中段落的对齐方式为例，介绍实现的方法，其具体操作如下。

素材文件：素材\第2章\检讨书1.docx
效果文件：效果\第2章\检讨书1.docx
动画演示：演示\第2章\设置段落对齐方式.swf

01 打开"检讨书1.docx"文档，选择第1段段落，单击"开始"选项卡"段落"组中的"居中"按钮≡，如图2-10所示。

02 选择倒数两段段落，单击"段落"组中的"文本右对齐"按钮≡，如图2-11所示。

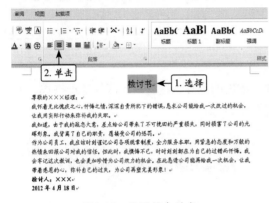

图2-10　设置居中对齐

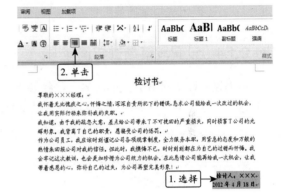

图2-11　设置右对齐

03 选择第3-5段段落，单击"段落"组中的"展开"按钮，如图2-12所示。

04 打开"段落"对话框，在"特殊格式"下拉列表框中选择"首行缩进"选项，单击 确定 按钮，如图2-13所示。

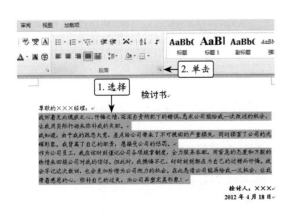

图2-12　选择段落

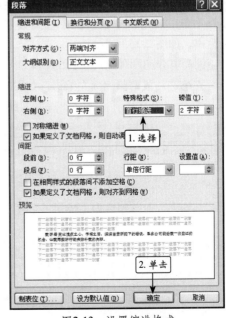

图2-13　设置缩进格式

05 完成段落格式的设置，效果如图2-14所示。

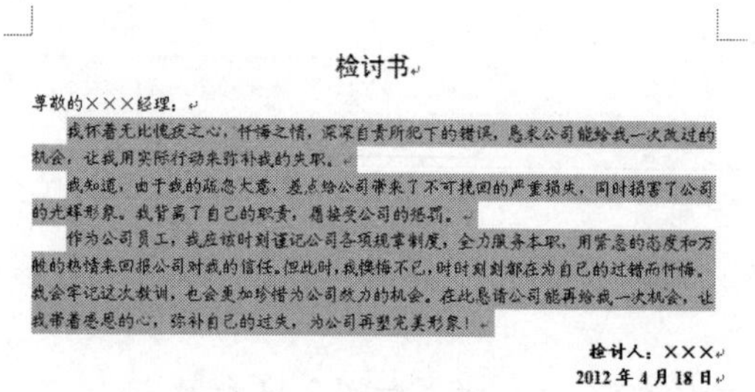

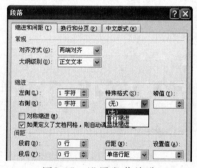

检讨书

尊敬的×××经理：

我怀着无比愧疚之心，忏悔之情，深深自责所犯下的错误，恳求公司能给我一次改过的机会，让我用实际行动来弥补我的失职。

我知道，由于我的疏忽大意，差点给公司带来了不可挽回的严重损失，同时损害了公司的光辉形象。我背离了自己的职责，愿接受公司的惩罚。

作为公司员工，我应该时刻谨记公司各项规章制度，全力服务本职，用紧急的态度和万般的热情来回报公司对我的信任。但此时，我懊悔不已，时时刻刻都在为自己的过错而忏悔。我会牢记这次教训，也会更加珍惜为公司效力的机会。在此恳请公司能再给我一次机会，让我带着感恩的心，弥补自己的过失，为公司再塑完美形象！

检讨人：×××
2012年4月18日

图2-14　设置后的效果

专家点拨　两端对齐与分散对齐的区别

两端对齐是将整个段落中满行的文本对齐版心两侧；分散对齐则是将段落中的所有行文本均对齐版心两侧，二者的区别在段落最后一行的效果可以体现得较为明显。

2.1.4　设置段落缩进与间距

前面设置段落对齐方式的时候，已经涉及了首行缩进的设置，这就是段落的缩进格式。下面将进一步系统地介绍如何对段落的缩进以及间距格式进行设置。

1. 段落缩进的设置

缩进是指文本与页面边界之间的距离，通过对段落的缩进距离进行设置，可以使文档显得更加专业和美观。设置段落缩进的方法为：选择段落并打开“段落”对话框，在“缩进和间距”选项卡“缩进”栏的“左侧”和“右侧”数值框中可设置段落距离页面左边界和右边界的距离；在“特殊格式”下拉列表框中可选择首行缩进或悬挂缩进格式，并能进一步在右侧的“磅值”数值框中设置具体的缩进距离，如图2-15所示。

图2-15　设置段落缩进

下面简要介绍各种缩进格式的效果。

- 左缩进：段落整体向左缩进，如图2-16所示为将段落向左缩进4个字符距离后的效果。

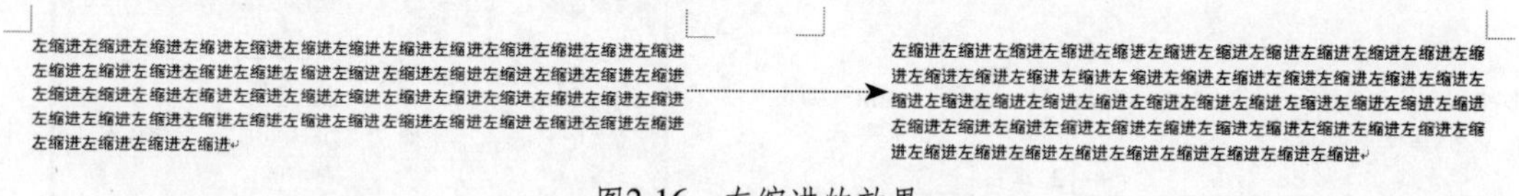

图2-16　左缩进的效果

- 右缩进：段落整体向右缩进，如图2-17所示为将段落向右缩进4个字符距离后的效果。

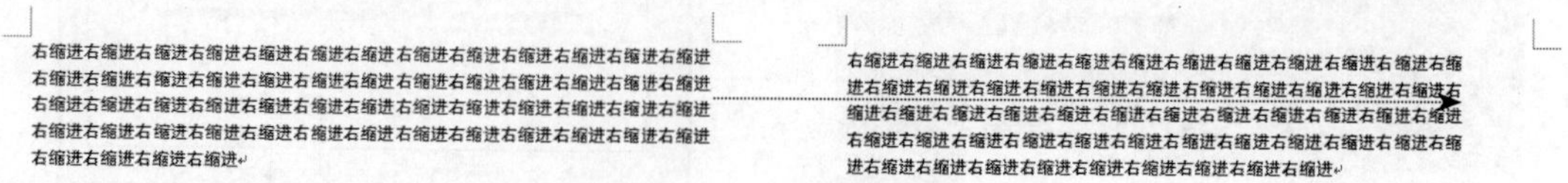

图2-17　右缩进的效果

- 首行缩进：段落第一行向左缩进，如图2-18所示为将段落首行缩进4个字符距离后的效果。

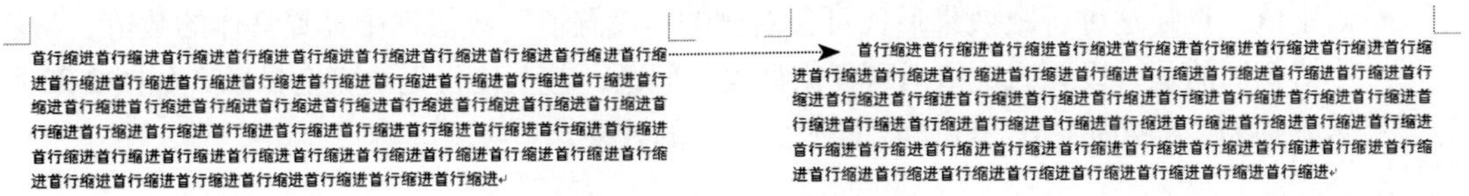

首行缩进首行行缩进首行缩进首行缩进首行缩进首行缩进首行缩进首行行缩进首行行缩进首行缩进首行缩进首行缩进首行缩进首行缩进首行缩进首行行缩进首行缩进

图2-18　首行缩进的效果

- 悬挂缩进：段落除第一行外的其他行向左缩进，如图 2-19 所示为将段落悬挂缩进 4 个字符距离后的效果。

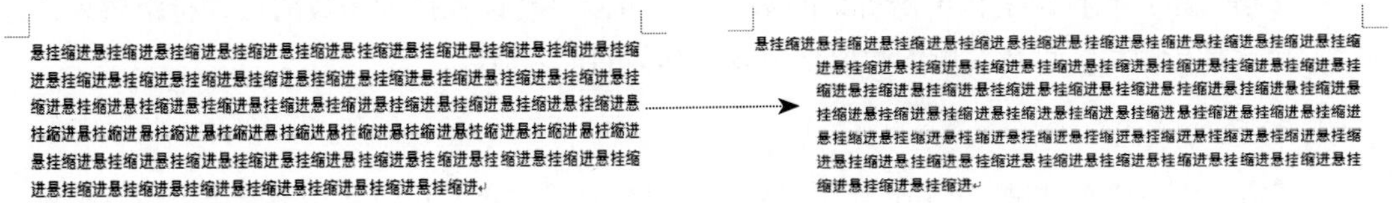

悬挂缩进

图2-19　悬挂缩进的效果

2. 段落间距的设置

段落间距是指段落之间的距离以及段落间行与行之间的距离，包括段前距离、段后距离和行距等设置对象，其设置方法为：选择段落并打开"段落"对话框，在"缩进和间距"选项卡"间距"栏的"段前"和"段后"数值框中可设置段落距前一个段落和后一个段落之间的距离；在"行距"下拉列表框中可设置行与行之间的距离，如图 2-20 所示。

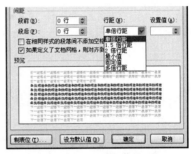

图2-20　设置段落间距

下面重点介绍各种行距的效果。

- 单倍行距：此行距为默认的 Word 行距效果，它会根据字号的大小自动调整行间距离，如图 2-21 所示即为五号字体与四号字体的单倍行距效果。

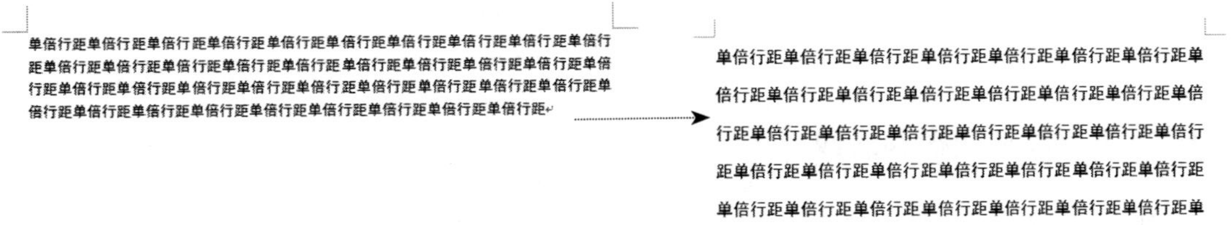

单倍行距

图2-21　单倍行距的效果

- 1.5 倍行距和 2 倍行距：此行距是在单倍行距的基础上，分别将行间距离扩大为 1.5 倍和 2 倍的效果。
- 最小值：选择这种行距效果后，可在右侧的"设置值"数值框中设置具体的数值。如图 2-22 所示为将单倍行距调整为"20 磅最小值"行距的效果。

图2-22　最小值行距的效果

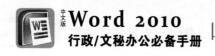

- 固定值：选择这种行距效果后，可在右侧的"设置值"数值框中设置具体的数值。与最小值不同的是，设置固定值后可任意调整行间距，甚至使行无法完全显示。如图2-23所示分别为"8磅固定值"和"12磅固定值"的效果。

图2-23　固定值行距的效果

- 多倍行距：此行距是在单倍行距的基础上，可以手动设置扩大倍数的一种行距效果，选择这种行距后，可在右侧的数值框中输入具体的扩大倍数。

3. 标尺的使用

为了方便调整段落缩进，Word提供了标尺这种工具，使用它可以快捷地对段落缩进距离进行调整。标尺上除了标注了具体的数字，还提供了4种缩进滑块，分别对应了4种不同的缩进功能，如图2-24所示。

图2-24　标尺上的缩进滑块

- "首行缩进"滑块：拖动该滑块可调整段落首行缩进距离。
- "悬挂缩进"滑块：拖动该滑块可调整段落悬挂缩进距离。
- "左缩进"滑块：拖动该滑块可调整段落左缩进距离。
- "右缩进"滑块：拖动该滑块可调整段落右缩进距离。

方法技巧　显示标尺

在"视图"选项卡"显示"组中选中"标尺"复选框，可在文档编辑区中显示标尺。

▶ 2.1.5　添加边框和底纹

为段落添加边框和底纹效果后，可以极大地增加文档的美观性。下面以在"工作计划"文档中添加边框和底纹为例，介绍实现的方法，其具体操作如下。

素材文件：素材 \ 第2章 \ 工作计划 .docx

效果文件：效果 \ 第2章 \ 工作计划 .docx

动画演示：演示 \ 第2章 \ 添加边框和底纹 .swf

01 打开"工作计划 .docx"文档，选择其中所有的文本段落，在"开始"选项卡"段落"组中单击"边框和底纹"按钮右侧的下拉按钮，在弹出的下拉菜单中选择"边框和底纹"命令，如图 2-25 所示。

02 打开"边框和底纹"对话框，单击"边框"选项卡，在"样式"列表框中选择如图 2-26 所示选项，在"颜色"下拉列表框中选择"蓝色"选项。

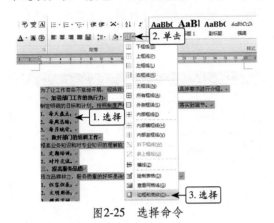

图2-25　选择命令

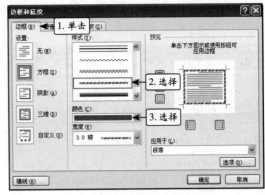

图2-26　设置边框

03 单击"底纹"选项卡，在"填充"下拉列表框中选择如图 2-27 所示的选项，单击 确定 按钮。

04 完成文档的设置，效果如图 2-28 所示。

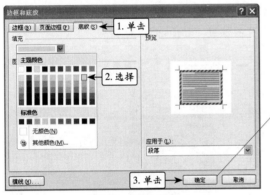

图2-27　设置底纹

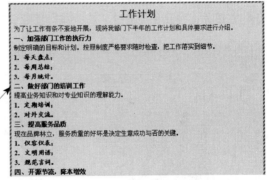

图2-28　设置后的效果

2.2　在文档中插入各种对象

　　小雯非常欣赏那些包含了各种生动对象的漂亮文档，老陈告诉她马上就将教她这方面的知识，让她进一步掌握 Word 编排文档的功能。

2.2.1　插入并设置图片

　　在文档中插入图片不仅可以使文档更加美观，同时也能使文档具有个性。下面以在"活动方案"文档中插入并设置图片为例，介绍实现的方法，其具体操作如下。

　　素材文件: 素材\第 2 章\活动方案 .docx

　　效果文件: 效果\第 2 章\活动方案 .docx

　　动画演示: 演示\第 2 章\插入并设置图片 .swf

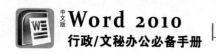

01 打开"活动方案.docx"文档，在"插入"选项卡"插图"组中单击"图片"按钮，如图 2-29 所示。

02 打开"插入图片"对话框，在"插入范围"下拉列表框中选择图片存放的文件夹，在下方选择需插入的图片，然后单击 插入(S) 按钮，如图 2-30 所示。

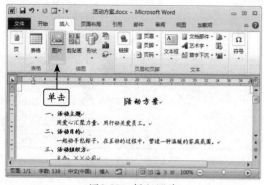

图2-29　插入图片

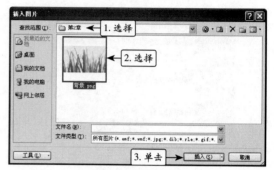

图2-30　选择图片

03 选择图片，在"图片工具 格式"选项卡"排列"组中单击"自动换行"按钮，在弹出的下拉列表中选择"衬于文字下方"选项，如图 2-31 所示。

04 在图片上按住鼠标左键不放，拖动鼠标调整图片的位置，如图 2-32 所示。

图2-31　设置图片排列方式

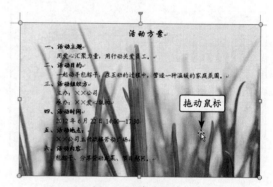

图2-32　移动图片

05 拖动图片下方中间的控制点，适当调整图片的高度，如图 2-33 所示。

06 继续在"图片工具 格式"选项卡"图片样式"组的下拉列表框中选择如图 2-34 所示的选项。

图2-33　调整图片高度

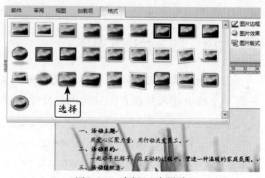

图2-34　选择图片样式

07 完成的图片的插入与设置，效果如图 2-35 所示。

图2-35 设置后的效果

方法技巧 旋转图片

选择图片后，拖动图片上方的绿色控制点可调整图片的角度。也可在"图片工具 格式"选项卡"排列"组中单击 旋转 按钮，在弹出的下拉列表中选择某种旋转效果选项。

▶ 2.2.2 搜索与插入剪贴画

如果电脑中的图片有限，则可直接利用 Word 提供的剪贴画来丰富文档内容。下面继续以在"活动方案"文档中插入剪贴画为例，介绍该对象的搜索、插入和设置等方法，其具体操作如下。

素材文件： 素材\第 2 章\活动方案 1.docx
效果文件： 效果\第 2 章\活动方案 1.docx
动画演示： 演示\第 2 章\搜索与插入剪贴画 .swf

01 打开"活动方案 1.docx"文档，在"插入"选项卡"插图"组中单击"剪贴画"按钮，如图 2-36 所示。

02 打开"剪贴画"任务窗格，在"搜索文字"文本框中输入"粽子"，单击 搜索 按钮，如图 2-37 所示。

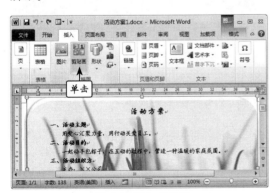

图2-36 插入剪贴画

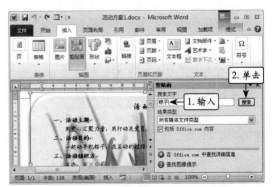

图2-37 搜索剪贴画

操作提示 搜索更多的剪贴画

如果电脑能够连接到互联网中，则可选中"剪贴画"任务窗格中的"包括 Office.com 内容"复选框，以便在互联网中搜索更多符合条件的剪贴画对象。

03 单击列表框中搜索到的剪贴画缩略图，如图 2-38 所示。

04 在"图片工具 格式"选项卡"排列"组中单击"自动换行"按钮，在弹出的下拉列表中选择"浮于文字上方"选项，如图 2-39 所示。

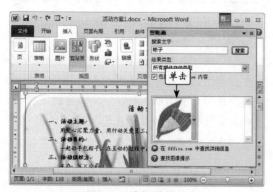

图2-38 选择剪贴画

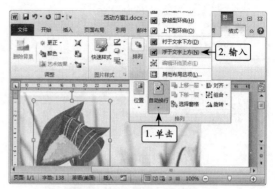

图2-39 设置剪贴画排列方式

05 拖动剪贴画上方的绿色控制点，适当调整其角度，如图 2-40 所示。

06 在"图片工具 格式"选项卡"调整"组中单击"更正"按钮，在弹出的下拉列表中选择如图 2-41 所示的选项。

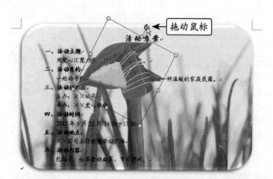

图2-40 旋转剪贴画

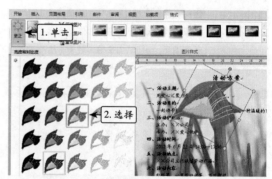

图2-41 设置剪贴画亮度和对比度

07 在"图片样式"组中单击 图片效果·按钮，在弹出的下拉列表中选择"发光"选项，并在弹出的子列表中选择如图 2-42 所示的选项。

08 按照设置图片的方法，调整剪贴画大小和位置即可，效果如图 2-43 所示。

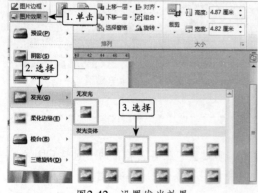

图2-42 设置发光效果

图2-43 移动并缩小剪贴画

▶ 2.2.3　插入艺术字

　　艺术字是一种预设了样式的图形对象，它兼具文本和图形的属性，适合文档中需要强调或突出显示的文本对象。下面以在"工作鉴定"文档中设置标题为例，介绍艺术字的插入和设置方法，其具体操作如下。

素材文件：	素材\第2章\工作鉴定.docx
效果文件：	效果\第2章\工作鉴定.docx
动画演示：	演示\第2章\插入艺术字.swf

01 打开"工作鉴定.docx"文档，在"插入"选项卡"文本"组中单击"艺术字"按钮 ，在弹出的下拉列表中选择如图2-44所示的选项。

02 将插入到文档中的艺术字内容修改为"工作鉴定"，如图2-45所示。

图2-44　选择艺术字样式

图2-45　修改艺术字内容

03 选择艺术字文本，将字体格式设置为"方正启体简体"，如图2-46所示。

04 在"绘图工具 格式"选项卡"艺术字样式"组中单击 文本填充 按钮，在弹出的下拉列表中选择"自动"选项，如图2-47所示。

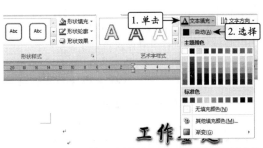

图2-46　设置艺术字字体

图2-47　设置艺术字填充颜色

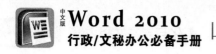
05 在艺术字的边框上拖动鼠标，适当调整其在文档中的位置，如图 2-48 所示。

工作鉴定 ←

通过工作中的日积月累，我明白对于一个经济效益好的零售店来说，应该有一个专业的管理者把握方向，清晰的专业知识做后盾，有一定的管理制度规范员工。细心去观察，用心去与顾客交流，身为店长，我认真审视公司的经营方案，将公司的经营策略正确并及时的传达给每个员工。

我给员工做好思想工作，团结好店内员工，充分调动和发挥员工的积极性，发挥其特长，真心关心自己的员工，可以让员工安心地跟着我一起工作。

通过很多渠道，我了解到同业信息，做到知己知彼，使我们的工作更具有针对性，从而避免带来的不必要的损失。

我让员工看到自己比他们更积极、更努力，身先士卒带动他们的工作态度。

我不断的向员工灌输着全局意识，做事情要从公司整体利益出发。用周到而细微的服务去吸引顾客。

图2-48 调整艺术字位置

专家点拨 增加字体
通过在网上下载或购买光盘来获取字体文件后，将其复制到 "C:\WINDOWS\Fonts" 路径下，即可在 Word 中使用这些字体外观样式。

▶ 2.2.4 绘制自选图形

Word 中含有大量的自选图形，如箭头、线条、矩形、标注等，可以使用这些对象来丰富文档。下面以在"工作鉴定1"文档中绘制"笑脸"图形为例，介绍自选图形的绘制和设置方法，其具体操作如下。

素材文件： 素材\第2章\工作鉴定1.docx
效果文件： 效果\第2章\工作鉴定1.docx
动画演示： 演示\第2章\绘制自选图形.swf

---

01 打开"工作鉴定1.docx"文档，在"插入"选项卡"插图"组中单击"形状"按钮 ，在弹出的下拉列表中选择如图 2-49 所示的选项。

02 按住【Shift】键不放，拖动鼠标绘制等比例的图形对象，如图 2-50 所示。

图2-49 选择自选图形

将公司的经营策略正确并及时的传达给每个员工。

我给员工做好思想工作，团结好店内员工，充分调动和发挥员工的积极性，发挥其特长，真心关心自己的员工，可以让员工安心地跟着我一起工作。

通过很多渠道，我了解到同业信息，做到知己知彼，使我们的工作更具有针对性，从而避免带来的不必要的损失。

我让员工看到自己比他们更积极、更努力，身先士卒带动他们的工作态度。

我不断的向员工灌输着全局意识，做事情要从公司整体利益出发。用周到而细微的服务去吸引顾客。

门店的管理正在逐步走向科学化，管理手段的提升，对店长提出了新的工作要求，我替正视这一改变，并积极配合公司管理决策，认真做好本职工作，为公司创造最大的利益。

←拖动鼠标

黄面萍……
×公司3分店店长

图2-50 绘制自选图形

操作提示 图形对象的等比例调整
利用【Shift】键可以绘制等比例的自选图形，而对于图片、剪贴画、艺术字等对象而言，在按住【Shift】键的同时调整其大小，也能实现等比例调整的目的，避免对象变形。

---

03 在"绘图工具 格式"选项卡"形状样式"组中单击 形状填充 按钮，在弹出的下拉列表中选择如图 2-51 所示的选项。

04 再次在该组中单击 形状轮廓 按钮，在弹出的下拉列表中选择如图 2-52 所示的选项。

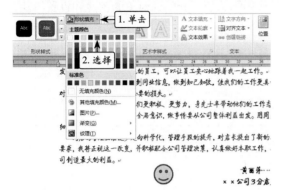

图2-51　设置图形填充颜色

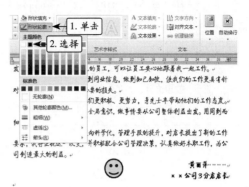

图2-52　设置图形轮廓颜色

05 继续在该组中单击 形状效果 按钮，在弹出的下拉列表中选择"阴影"选项，并在弹出的子列表中选择如图 2-53 所示的选项。

06 继续单击 形状效果 按钮，在弹出的下拉列表中选择"棱台"选项，并在弹出的子列表中选择如图 2-54 所示的选项。

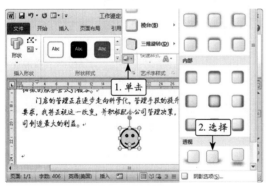

图2-53　设置阴影效果

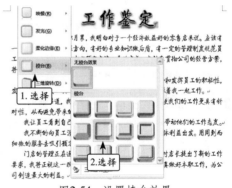

图2-54　设置棱台效果

07 调整自选图形的大小和位置，完成设置，效果如图 2-55 所示。

图2-55　调整图形大小和位置

方法技巧　添加文本

除了线条、箭头等部分自选图形外，其余图形都可以添加文本，其方法为：在自选图形上单击鼠标右键，在弹出的快捷菜单中选择"添加文字"命令，即可在其中输入并设置文本了。

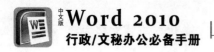

2.2.5 创建SmartArt图形

SmartArt 图形是预设的自选图形集合，使用它可以非常方便地设置具有各种关系的图形效果。下面以在"组织结构图"文档中创建 SmartArt 图形为例，介绍该对象的创建和设置方法，其具体操作如下。

素材文件： 素材 \ 第 2 章 \ 组织结构图 .docx
效果文件： 效果 \ 第 2 章 \ 组织结构图 .docx
动画演示： 演示 \ 第 2 章 \ 创建 SmartArt 图形 .swf

01 打开"组织结构图 .docx"文档，在"插入"选项卡"插图"组中单击"SmartArt"按钮，如图 2-56 所示。

02 打开"选择 SmartArt 图形"对话框，选择"层次结构"选项，在右侧的列表框中选择如图 2-57 所示的选项，然后单击 确定 按钮。

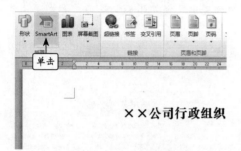

图2-56　插入SmartArt图形

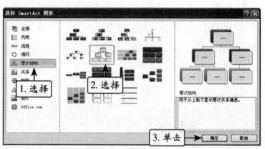

图2-57　选择图形样式

03 在"SmartArt 工具　设计"选项卡"创建图形"组中单击 文本窗格按钮，如图 2-58 所示。

04 打开"在此处键入文字"窗格，单击如图 2-55 所示的位置定位插入光标，按【Tab】键降低级别，如图 2-59 所示。

图2-58　打开文本窗格

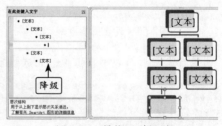

图2-59　调整图形级别

05 按相同方法利用【Enter】键和【Tab】键添加图形并调整级别，最终结构如图 2-60 所示。

06 依次在各个级别中输入文本，然后单击"关闭"按钮，如图 2-61 所示。

07 在"SmartArt 工具 设计"选项卡"SmartArt样式"组中单击"更改颜色"按钮，在弹出的下拉列表中选择如图 2-62 所示的选项。

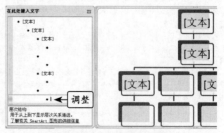

图2-60　设置级别层次

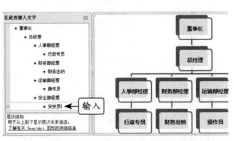

图2-61　输入文本内容

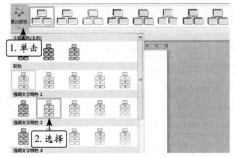

图2-62　选择颜色

08 继续在该组的下拉列表框中选择如图 2-63 所示的选项。

09 完成对 SmartArt 的图形，效果如图 2-64 所示。

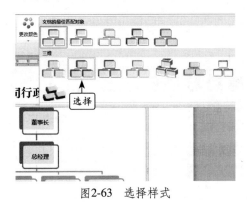

图2-63　选择样式

××公司行政组织结构图

图2-64　设置后的效果

方法技巧　调整结构的其他方法

在 SmartArt 图形的文本窗格中按【Shift+Tab】组合键可将文本级别上升一级。另外，若不需要文本窗格，则可在"SmartArt 工具 设计"选项卡"创建图形"组中单击 添加形状 按钮，在弹出的下拉菜单选择相应命令添加形状。

▶ **2.2.6　插入文本框**

文本框是一种灵活排版的对象，它不受版面的影响，可以放置在文档中的任意位置。下面以在"组织结构图 1"文档中使用文本框为例，介绍该对象的插入和设置方法，其具体操作如下。

素材文件： 素材\第 2 章\组织结构图 1.docx

效果文件： 效果\第 2 章\组织结构图 1.docx

动画演示： 演示\第 2 章\插入文本框 .swf

01 打开"组织结构图 1.docx"文档，在"插入"选项卡"文本"组中单击"文本框"按钮，在弹出的下拉菜单中选择"绘制文本框"命令，如图 2-65 所示。

02 拖动鼠标绘制文本框，如图 2-66 所示。

图2-65　选择命令

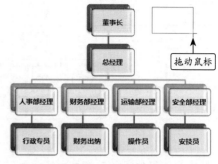

图2-66　绘制文本框

03 在文本框中输入文本内容，如图 2-67 所示。

04 在"绘图工具 格式"选项卡"形状样式"组的下拉列表框中选择如图 2-68 所示的选项。

图2-67　输入文本框内容

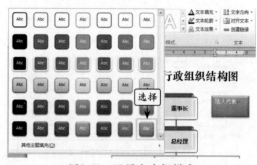

图2-68　设置文本框样式

05 选择文本框中的文本，将其格式设置为"微软雅黑、加粗、居中对齐"，如图 2-69 所示。

06 在"插入"选项卡"插图"组中单击"形状"按钮，在弹出的下拉列表中选择如图 2-70 所示的选项。

图2-69　设置文本格式

图2-70　选择自选图形

07 按住【Shift】键的同时，从右向左拖动鼠标绘制水平箭头图形，并利用"绘图工具 格式"选项卡"形状样式"组中的 形状轮廓 按钮，将其设置为"橙色"，粗细设置为"1.5 磅"，如图 2-71 所示。

08 调整文本框和箭头的位置即可，效果如图 2-72 所示。

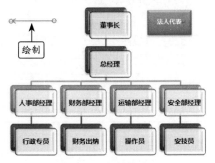

图2-71　绘制箭头

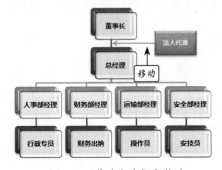

图2-72　移动文本框和箭头

方法技巧　**设置文本框与内部文本的间距**

在文本框边框上单击鼠标右键，在弹出的快捷菜单中选择"设置形状格式"命令，在打开的对话框左侧选择"文本框"选项，并在右侧的"内部边距"栏中便可设置文本框与内部文本之间的间距。

▶ 2.2.7　创建并编辑表格

表格相对于文本而言，可以更加有序地排列和组织文档内容，使文档更具有可读性。下面以在"绩效考核"文档中使用表格为例，介绍表格的创建和编辑方法，其具体操作如下。

素材文件：素材\第2章\绩效考核.docx

效果文件：效果\第2章\绩效考核.docx

动画演示：演示\第2章\创建并编辑表格.swf

01 打开"绩效考核.docx"文档，在"插入"选项卡"表格"组中单击"表格"按钮，在弹出的下拉列表中选择"插入表格"命令，如图2-73所示。

02 打开"插入表格"对话框，在"列数"数值框中输入"3"，在"行数"数值框中输入"20"，单击 确定 按钮，如图2-74所示。

图2-73　插入表格

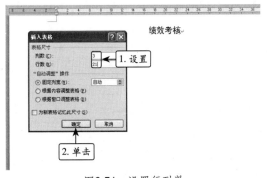

图2-74　设置行列数

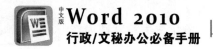

03 单击表格左上角的单元格，定位插入光标，在其中输入"项目"，如图2-75所示。

04 单击其他单元格定位插入光标，并输入需要的内容，如图2-76所示。

图2-75　输入文本　　　　　　　　　　　　图2-76　输入文本

05 向左拖动第2条列线，减小第1列列宽，如图2-77所示。

06 按相同方法调整第2列列宽，如图2-78所示。

图2-77　调整列宽　　　　　　　　　　　　图2-78　调整列宽

07 在第1列第2行至第5行单元格中拖动鼠标选择单元格，并在其上单击鼠标右键，在弹出的快捷菜单中选择"合并单元格"命令，如图2-79所示。

08 按相同方法合并其他单元格，如图2-80所示。

图2-79　合并单元格　　　　　　　　　　　图2-80　合并单元格

09 在其他单元格中输入需要的内容，如图 2-81 所示。

10 选择如图 2-82 所示的单元格，将字号缩小为“小五”。

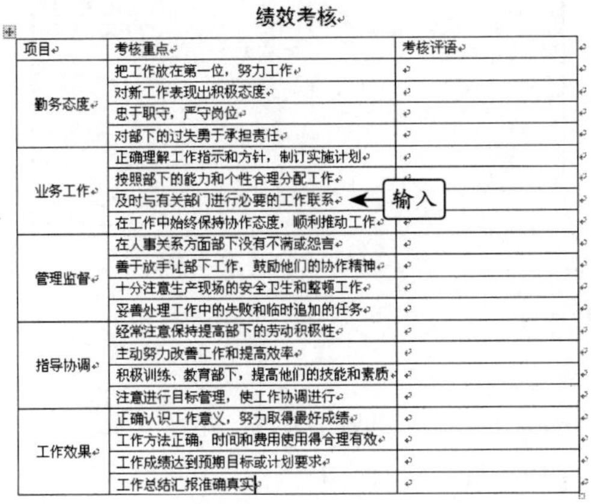

绩效考核

项目	考核重点	考核评语
勤务态度	把工作放在第一位，努力工作	
	对新工作表现出积极态度	
	忠于职守，严守岗位	
	对部下的过失勇于承担责任	
业务工作	正确理解工作指示和方针，制订实施计划	
	按照部下的能力和个性合理分配工作	
	及时与有关部门进行必要的工作联系	
	在工作中始终保持协作态度，顺利推动工作	
管理监督	在人事关系方面部下没有不满或怨言	
	善于放手让部下工作，鼓励他们的协作精神	
	十分注意生产现场的安全卫生和整顿工作	
	妥善处理工作中的失败和临时追加的任务	
指导协调	经常注意保持提高部下的劳动积极性	
	主动努力改善工作和提高效率	
	积极训练、教育部下，提高他们的技能和素质	
	注意进行目标管理，使工作协调进行	
工作效果	正确认识工作意义，努力取得最好成绩	
	工作方法正确，时间和费用使用得合理有效	
	工作成绩达到预期目标或计划要求	
	工作总结汇报准确真实	

图2-81 输入文本

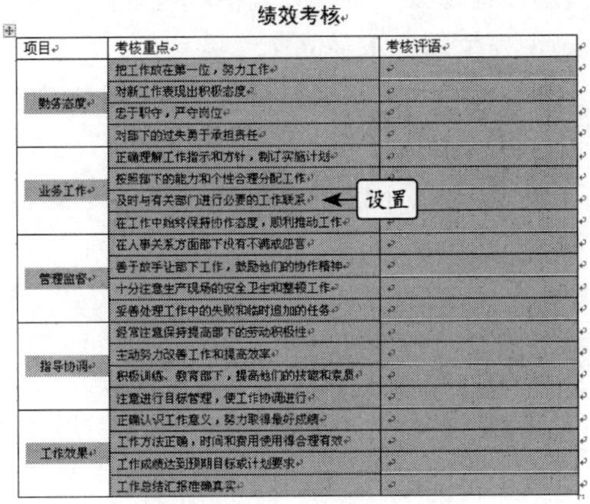

绩效考核

项目	考核重点	考核评语
勤务态度	把工作放在第一位，努力工作	
	对新工作表现出积极态度	
	忠于职守，严守岗位	
	对部下的过失勇于承担责任	
业务工作	正确理解工作指示和方针，制订实施计划	
	按照部下的能力和个性合理分配工作	
	及时与有关部门进行必要的工作联系	
	在工作中始终保持协作态度，顺利推动工作	
管理监督	在人事关系方面部下没有不满或怨言	
	善于放手让部下工作，鼓励他们的协作精神	
	十分注意生产现场的安全卫生和整顿工作	
	妥善处理工作中的失败和临时追加的任务	
指导协调	经常注意保持提高部下的劳动积极性	
	主动努力改善工作和提高效率	
	积极训练、教育部下，提高他们的技能和素质	
	注意进行目标管理，使工作协调进行	
工作效果	正确认识工作意义，努力取得最好成绩	
	工作方法正确，时间和费用使用得合理有效	
	工作成绩达到预期目标或计划要求	
	工作总结汇报准确真实	

图2-82 设置字号

11 选择第 1 行单元格，将文本加粗，并设置为“居中对齐”，如图 2-83 所示。

12 将第 1 列合并的几个单元格中的文本加粗显示即可，如图 2-84 所示。

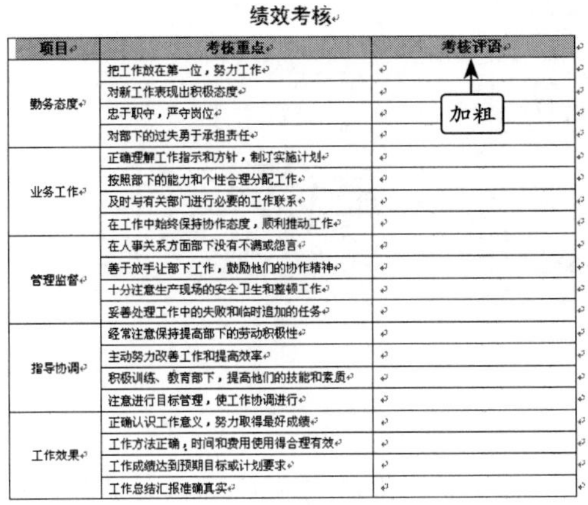

绩效考核

项目	考核重点	考核评语
勤务态度	把工作放在第一位，努力工作	
	对新工作表现出积极态度	
	忠于职守，严守岗位	
	对部下的过失勇于承担责任	
业务工作	正确理解工作指示和方针，制订实施计划	
	按照部下的能力和个性合理分配工作	
	及时与有关部门进行必要的工作联系	
	在工作中始终保持协作态度，顺利推动工作	
管理监督	在人事关系方面部下没有不满或怨言	
	善于放手让部下工作，鼓励他们的协作精神	
	十分注意生产现场的安全卫生和整顿工作	
	妥善处理工作中的失败和临时追加的任务	
指导协调	经常注意保持提高部下的劳动积极性	
	主动努力改善工作和提高效率	
	积极训练、教育部下，提高他们的技能和素质	
	注意进行目标管理，使工作协调进行	
工作效果	正确认识工作意义，努力取得最好成绩	
	工作方法正确，时间和费用使用得合理有效	
	工作成绩达到预期目标或计划要求	
	工作总结汇报准确真实	

图2-83 设置文本

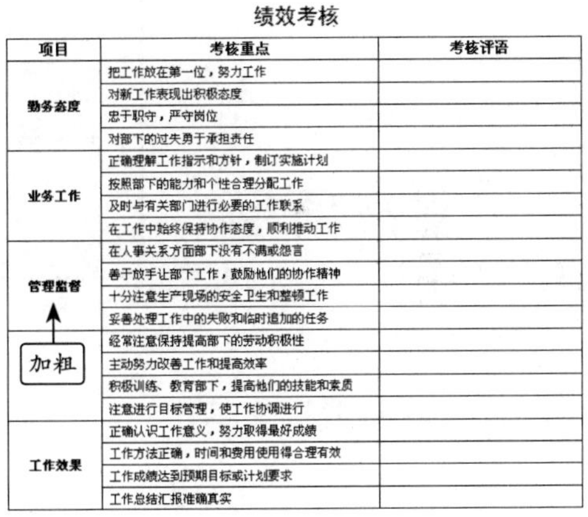

绩效考核

项目	考核重点	考核评语
勤务态度	把工作放在第一位，努力工作	
	对新工作表现出积极态度	
	忠于职守，严守岗位	
	对部下的过失勇于承担责任	
业务工作	正确理解工作指示和方针，制订实施计划	
	按照部下的能力和个性合理分配工作	
	及时与有关部门进行必要的工作联系	
	在工作中始终保持协作态度，顺利推动工作	
管理监督	在人事关系方面部下没有不满或怨言	
	善于放手让部下工作，鼓励他们的协作精神	
	十分注意生产现场的安全卫生和整顿工作	
	妥善处理工作中的失败和临时追加的任务	
指导协调	经常注意保持提高部下的劳动积极性	
	主动努力改善工作和提高效率	
	积极训练、教育部下，提高他们的技能和素质	
	注意进行目标管理，使工作协调进行	
工作效果	正确认识工作意义，努力取得最好成绩	
	工作方法正确，时间和费用使用得合理有效	
	工作成绩达到预期目标或计划要求	
	工作总结汇报准确真实	

图2-84 加粗文本

2.3 特殊中文版式的应用

小雯在练习的过程中，遇到一个不认识的生僻字，她不好意思地向老陈请教，老陈告诉她，以后遇到这种问题，直接利用 Word 来解决就行了。同时还给小雯讲解了其他几种特殊的中文版式的应用方法。

2.3.1 为文本添加拼音指南

Word 允许为文本对象添加对应的拼音注释，其方法为：选择文本对象，在“开始”选项卡“字体”组中单击“拼音指南”按钮，打开“拼音指南”对话框，如图 2-85 所示，在其中设置拼音格式后，单击确定按钮即可。其中部分参数的作用如下。

- "对齐方式"下拉列表框：设置拼音与文本的对齐方式。
- "偏移量"下拉列表框：设置拼音相对于文本的水平位置。
- "字体"下拉列表框：设置拼音字体外观。
- "字号"下拉列表框：设置拼音的大小。

图2-85 添加拼音指南

▶ 2.3.2 设置带圈字符

带圈字符是指为选择的某个文本引用各种形状的圈号效果，其设置方法为：选择文本，在"开始"选项卡"字体"组中单击"带圈字符"按钮字，打开"带圈字符"对话框，在其中设置样式、圈号等属性后，单击 确定 按钮即可，如图 2-86 所示。

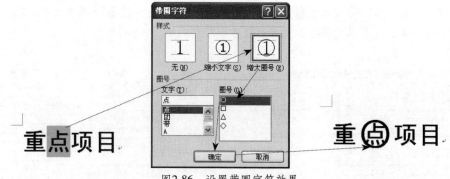

图2-86 设置带圈字符效果

▶ 2.3.3 纵横混排文本

纵横混排文本是指将选择的文本纵向排列，使同一个段落中的文本实现纵横混排的效果。其设置方法为：选择文本，在"开始"选项卡"段落"组中单击"中文版式"按钮ｘ，在弹出的下拉菜单中选择"纵横混排"命令，在打开的对话框中设置纵向排列的文本是否适应行宽，然后单击 确定 按钮即可，如图 2-87 所示。

图2-87 设置纵横混排效果

▶ 2.3.4 设置段落首字下沉

首字下沉可以实现段落中的第 1 个文本突出显示的效果，其设置方法为：选择段落，在"插入"

选项卡"文本"组中单击"首字下沉"按钮，在弹出的下拉菜单中选择下沉样式对应的命令即可，如图 2-88 所示。

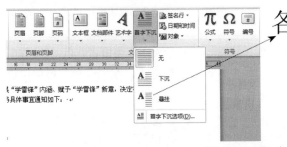

图2-88　设置首字下沉效果

2.4　知识拓展

将相关知识介绍给小雯后，老陈进一步向她解释了美化文档页面背景和文档分栏的操作，小雯也及时将这些拓展的知识记了下来，以便日后工作中可以使用。

2.4.1　美化页面背景

美化页面背景是指为文档的页面设置颜色或填充特殊的效果，其设置方法为：在"页面布局"选项卡"页面背景"组中单击"页面颜色"按钮，在弹出的下拉菜单中选择某种颜色或选择某种命令，并设置需要的颜色或效果即可，如图 2-89 所示。下面简要介绍选择"其他颜色"命令和"填充效果"命令后可以实现的操作。

1. 设置其他颜色

单击"页面颜色"按钮，在弹出的下拉菜单中选择"其他颜色"命令后，将打开"颜色"对话框，其中包含"标准"选项卡和"自定义"选项卡，各选项卡的作用和使用方法分别如下。

- "标准"选项卡：其中以六边形的样式显示了大量已设置好的颜色块，选择某个颜色块后单击"确定"按钮即可应用该颜色，如图 2-90 所示。
- "自定义"选项卡：在"颜色模式"下拉列表框中可选择 RGB 或 HSL 两种颜色模式，然后可在下方的数值框中输入需要的数值，以便精确获取需要的颜色。也可直接在上方的颜色区域单击鼠标或拖动鼠标设置颜色，如图 2-91 所示。

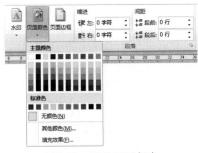

图2-89　设置页面颜色

图2-90　选择其他颜色

图2-91　设置任意颜色

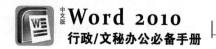

2. 设置填充效果

单击"页面颜色"按钮，在弹出的下拉菜单中选择"填充效果"命令后，将打开"填充效果"对话框，其中包含"渐变"选项卡、"纹理"选项卡、"图案"选项卡和"图片"选项卡，各选项卡的作用和使用方法分别如下。

- "渐变"选项卡：用于设置渐变填充效果，在"颜色"栏中可选择渐变模式；在"透明度"栏中可设置颜色的透明度；在"底纹样式"栏中可设置渐变样式；在"变形"栏中可设置渐变方向，如图 2-92 所示。

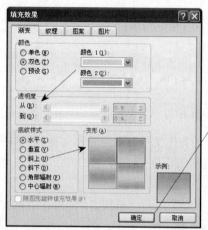

图2-92　设置渐变效果

- "纹理"选项卡：用于为页面添加纹理效果，在"纹理"列表框中选择 Word 提供的某种纹理选项后，单击 确定 按钮即可，如图 2-93 所示。

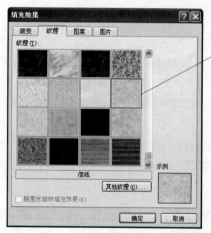

图2-93　设置纹理效果

- "图案"选项卡：用于为页面添加图案效果，在"图案"栏中可选择某种图案样式；在"前景"下拉列表框中可设置所选图案中前景图案的颜色；在"背景"下拉列表框中可设置所选图案的背景颜色，如图 2-94 所示。
- "图片"选项卡：用于为页面添加图片效果，单击其中的 选择图片(L)... 按钮可打开"选择图片"对话框，在其中选择需要的图片即可，如图 2-95 所示。

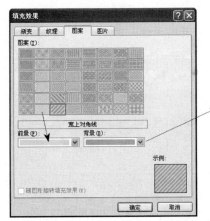

图2-94　设置图案效果

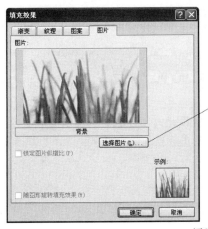

图2-95　设置图片效果

2.4.2　文档的分栏显示

通过对文档进行分栏设置，可以使文本内容在页面中显示为双栏、三栏，设置多栏，达到类似杂志报刊等对象的样式。分栏的具体操作如下。

01 拖动鼠标选择需要分栏的段落，最后一个段落后面的段落标记不能选择，如图2-96所示。

02 在"页面布局"选项卡"页面设置"组中单击"分栏"按钮，在弹出的下拉菜单中选择"更多分栏"命令，如图2-97所示。

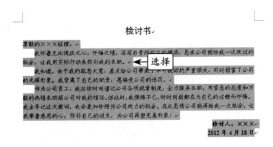

图2-96　选择段落

图2-97　设置分栏

03 打开“分栏”对话框，在“预设”栏中选择“两栏”选项，选中“分隔线”复选框，单击 确定 按钮，如图2-98所示。

04 完成设置，效果如图2-99所示。

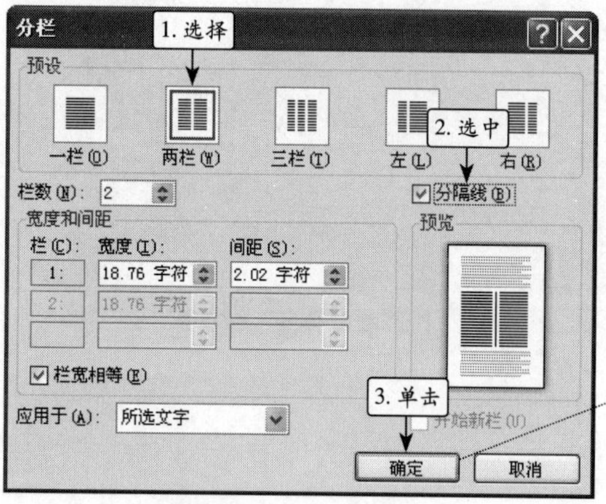

图2-98 设置分栏参数

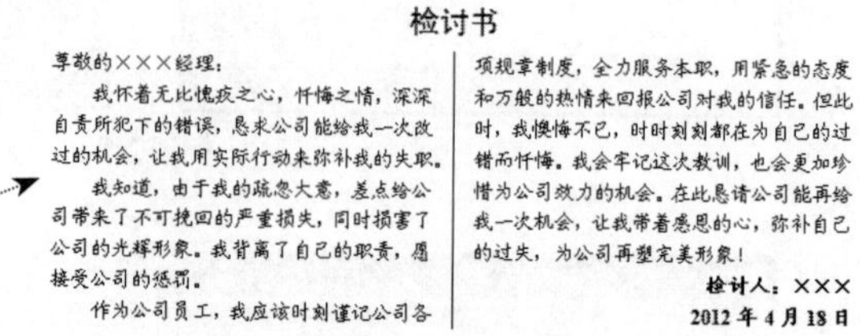

检讨书

尊敬的×××经理：

我怀着无比愧疚之心，忏悔之情，深深自责所犯下的错误，恳求公司能给我一次改过的机会，让我用实际行动来弥补我的失职。

我知道，由于我的疏忽大意，差点给公司带来了不可挽回的严重损失，同时损害了公司的光辉形象。我背离了自己的职责，愿接受公司的惩罚。

作为公司员工，我应该时刻谨记公司各项规章制度，全力服务本职，用紧急的态度和万般的热情来回报公司对我的信任。但此时，我懊悔不已，时时刻刻都在为自己的过错而忏悔。我会牢记这次教训，也会更加珍惜为公司效力的机会。在此恳请公司能再给我一次机会，让我带着感恩的心，弥补自己的过失，为公司再塑完美形象！

检讨人：×××

2012年4月18日

图2-99 分栏的效果

操作提示

选择段落标记后的分栏

设置分栏时，若选择所有段落及最后的段落标记，则分栏的效果将按从左到右的方向，依次排满第1栏后再排第2栏，而无法达到各栏中内容相当的方式排列。

第2篇
会议日程篇

第3章　编写会议纪要

小雯一到公司，就听见大家在纷纷议论着什么事情，一打听才知道原来是政府部门的相关人士正在与公司领导洽谈事宜。过了一会儿，领导便将小雯叫到会议室，要求她编写有关政府信访工作的会议纪要。原来是这样，小雯松了一口气，急忙找到老陈，想听听他对会议纪要的编写有什么意见，希望从中得到有益的信息，从而顺利地完成此项工作。

知识点

- 输入并设置纪要内容
- 设置格式并应用样式
- 添加项目符号和编号
- 添加脚注
- 设置文档页面
- 预览并打印会议纪要

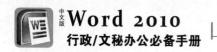

3.1 案例目标

听了小雯的描述后，老陈告诉她，会议纪要的编写并不困难，只要按照一定的格式，如实地将会议内容记录下来就可以了。

效果文件：效果\第3章\会议纪要.docx

如图 3-1 所示即为会议纪要的最终效果，其中清晰地记录了会议的要求和决定，并通过格式设置、样式应用、项目符号和编号的添加等操作，使整个文档内容更加美观和层次分明。

会议要求：

一、**抓"热点"，维护群众利益。**群众反映的"热点"问题，实际上也是党和政府工作的难点。切实解决好群众反映的"热点"、"难点"问题，是我们各级各部门义不容辞的责任。因此各单位各部门要按照"三个代表"的要求，带着对人民群众的深厚感情，处理好群众关心的"热点"、"难点"问题。

- ✓ 认真关注"热点"，认真排查本单位本辖区内的"热点"、"难点"，采取措施，制定预案。
- ✓ 及时处理"热点"，不回避矛盾，不一拖了之，及时予以解决，坚决杜绝激化矛盾引发集体访或越级访。
- ✓ 避免引发新的"热点"，进一步改进工作作风，改善工作方法，坚持依法行政，按政策做好群众思想工作，处理好干群关系，决不能因工作不到位等原因引发新的"热点"问题。

二、**抓领导，落实责任。**信访问题落实得实不实，信访工作水平高不高，单位领导是关键。

- ✓ 信访机构要健全。落实分管领导和专兼职信访干部，保证来访有人接，案件有人查。
- ✓ 工作责任要落实，要把信访工作作为一项重要工作抓实抓好，尤其是重点涉访单位至少每季度专题研究一次信访工作，排查本辖区本部门职能权限内可能触及群众利益、引发信访的问题，并制定解决问题的措施，把矛盾解决在基层。
- ✓ 加大案件查办力度，严格按照"五定"原则进行落实，即定责任单位、定包案领导、定办案责任人、定办结时限、定办案质量。一定要做到办结一案，解决一事，减少一访，稳定一方。

[1] 缠访：主要是指信访人反映的问题虽经多次处理，但其仍然不服，采取有违常理的偏激行为，甚至是国家明令禁止的不法行为，以反复纠缠的手段表达申诉的非正常上访行为。

- ✓ 加强部门之间的团结协作，在涉及下岗职工、清退计划外用工、安置职工、工资待遇等热点问题上，各相关部门要相互通气，耐心答复上访人，做好政策解释、思想疏导工作，减少群众上访。
- ✓ 加强对乡镇部门信访室的业务指导，加强信息沟通，掌握信访动态，发现苗头及时超前化解。
- ✓ 要发挥治保调解组织的作用，积极化解矛盾，报告信息，齐抓共管，构筑大信访格局。

四、**抓制度，严明纪律。**严格按"分级负责，归口办理"的原则解决信访问题。

- ✓ 要纠正怕负责任的思想，要敢于负责，正视信访问题，不推诿扯皮，确保一方稳定。
- ✓ 要纠正不负责任的做法，牢固树立责任意识，切实履行信访工作职责，不回避矛盾，把问题解决在基层。
- ✓ 严肃工作纪律，对重大会议、重大节庆期间的集体上访、越级上访，需要接人的，涉访单位在接到通知后必须无条件服从，在规定时间内赶到指定地点，做好接人工作。

五、**抓督查，促工作。**县信访局要切实履行部门职能作用，按照县信访领导小组的要求，抓好各级各部门的信访指导和督查工作。县上对信访工作建立信访督查通报制度，对信访工作重视不够、工作不力，信访增加、信访问题久拖不决的乡镇和部门要通报批评，严重的，追究主要领导责任。对重视信访工作，化解矛盾及时，稳定工作做的好的乡镇和部门进行表彰奖励。

会议决定：

1. 会议决定 6 月中旬对信访工作进行半年检查，检查结果将在全县进行通报，并纳入年终考核。
2. 林业局要加强对退耕还林信访问题的研究，建立健全退耕还林监管处理工作机制，并迅速拿出工作方案报信访领导小组。

2012 年 5 月 15 日

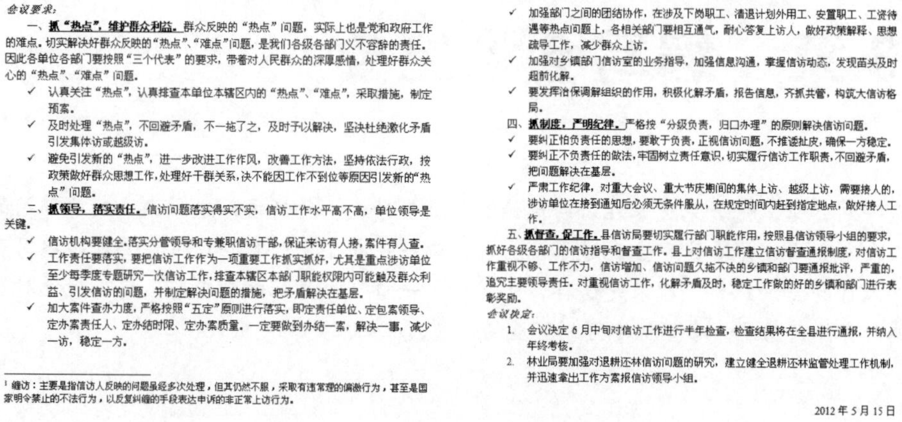

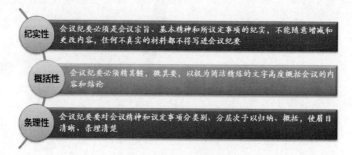

图3-1　会议纪要最终效果

3.2 职场秘笈

为了让小雯能编写出更加准确和符合要求的会议纪要，老陈特地将会议纪要的特点、类别和结构等重要知识给小雯进行了讲解。

3.2.1 会议纪要的特点

会议纪要一般来讲，都具备纪实性、概括性和条理性等特点，具体如图 3-2 所示。

纪实性
会议纪要必须是会议宗旨、基本精神和所议定事项的纪实，不能随意增减和更改内容，任何不真实的材料都不得写进会议纪要
概括性
会议纪要必须精其髓，概其要，以极为简洁精炼的文字高度概括会议的内容和结论
条理性
会议纪要要对会议精神和议定事项分类别、分层次予以归纳、概括，使眉目清晰、条理清楚

图3-2　会议纪要特点

▶ 3.2.2 会议纪要的类别

根据会议纪要内容的不同，可将会议纪要分为工作会议纪要、座谈会议纪要、办公会议纪要、汇报会议纪要、代表会议纪要和联席会议纪要等多种类别，具体如图 3-3 所示。

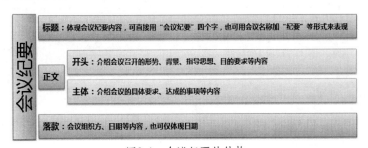

工作会议纪要	• 侧重于记录贯彻有关工作方针、政策，及其相应要解决的问题
座谈会议纪要	• 内容比较单一、集中，侧重于工作的、思想的、理论的、学习的某一个问题或某一方面问题
办公会议纪要	• 对本单位或本系统有关工作问题的讨论、商定、研究、决议的文字记录，以备查考
汇报会议纪要	• 侧重于汇报前一段工作情况，研究下一步工作，经常是为召开工作会议进行的准备会议
代表会议纪要	• 侧重于记录会议议程和通过的决议，以及今后工作的建议
联席会议纪要	• 指不同单位、团体，为了解决彼此有关的问题而联合举行会议，在此种会议上形成的纪要，侧重于记录两边达成的共同协议

图3-3　会议纪要分类

▶ 3.2.3 会议纪要的结构

不同类别的会议纪要有不同的结构，一般来说，标题、正文和落款这 3 种组成部分是所有会议纪要都需要具备的内容，如图 3-4 所示。

会议纪要	标题：体现会议纪要内容，可直接用"会议纪要"四个字，也可用会议名称加"纪要"等形式来表现
	正文	开头：介绍会议召开的形势、背景、指导思想、目的要求等内容
		主体：介绍会议的具体要求、达成的事项等内容
	落款：会议组织方、日期等内容，也可仅体现日期

图3-4　会议纪要的结构

专家点拨 🖎 **会议纪要的文号**

重要的会议纪要需要体现出文号，写在标题的正下方，由年份、序号组成，用阿拉伯数字表示，并用"【】"符号括起来，如：【2012】102 号。办公会议纪要对文号一般不做必须要求，但在办公例会中一般要有文号，如"第 ×× 期"、"第 ×× 次"，写在标题的正下方。

▶ 3.3 制作思路

老陈要求小雯将会议纪要的制作思路梳理一下并整理出来，这样才能更好地完成任务。

会议纪要的制作思路大致如下：

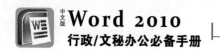

（1）创建文档，输入标题、正文和落款，并设置格式，如图 3-5 所示。

（2）为文档中需要强调的文本设置格式或应用样式，如图 3-6 所示。

会议纪要
2012 年 5 月 15 日，××乡信访工作领导小组组长张瑞华同志主持召开了今年第二季度信访领导小组会议，现纪要如下：
会议通报了××乡第一季度来访情况、集体访情况、案件查办情况以及信访工作存在的问题。对第二季度信访动态进行了分析，排查了村务公开、退耕还林、企业改制、清退代课教师、交通治理等群众关心的热点问题。
会议认为，一季度我乡信访工作由于各级各部门高度重视，采取了积极有效措施，加大了案件查办力度，一些多年的缠访问题、一些影响投资环境的问题、一些久拖未决的经济纠纷均得到妥善解决，保证了全乡经济的健康发展。

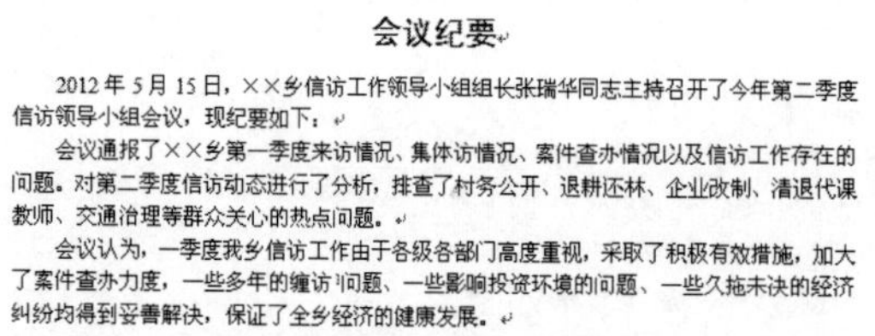

图3-5 输入纪要内容并设置标题和正文格式

会议要求：
一、**抓“热点”，维护群众利益。**群众反映的“热点”问题，实际上也是党和政府工作的难点。切实解决好群众反映的“热点”、“难点”问题，是我们各级各部门义不容辞的责任。因此各单位各部门要按照“三个代表”的要求，带着对人民群众的深厚感情，处理好群众关心的“热点”、“难点”问题。
认真关注“热点”，认真排查本单位本辖区内的“热点”、“难点”，采取措施，制定预案。
及时处理“热点”，不回避矛盾，不一拖了之，及时予以解决，坚决杜绝激化矛盾引发集体访或越级访。
避免引发新的“热点”，进一步改进工作作风，改善工作方法，坚持依法行政，按政策做好群众思想工作，处理好干群关系，决不能因工作不到位等原因引发新的“热点”问题。
二、**抓领导，落实责任。**信访问题落实得实不实，信访工作水平高不高，单位领导是关键。

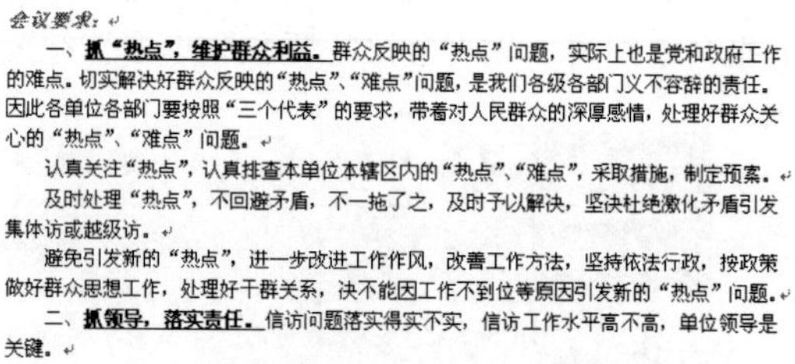

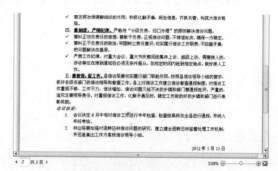

图3-6 设置格式并应用样式

（3）为部分段落添加项目符号和编号，并为生僻词组添加注释，如图 3-7 所示。

（4）设置文档页面，然后预览并打印文档，如图 3-8 所示。

四、**抓制度，严明纪律。**严格按“分级负责，归口办理”的原则解决信访问题。
✓ 要纠正怕负责任的思想，要敢于负责，正视信访问题，不推诿扯皮，确保一方稳定。
✓ 要纠正不负责任的做法，牢固树立责任意识，切实履行信访工作职责，不回避矛盾，把问题解决在基层。
✓ 严肃工作纪律，对重大会议、重大节庆期间的集体上访、越级上访，需要接人的，涉访单位在接到通知后必须无条件服从，在规定时间内赶到指定地点，做好接人工作。
五、**抓督查，促工作。**县信访局要切实履行部门职能作用，按照县信访领导小组的要求，抓好各级各部门的信访指导和督查工作。县上对信访工作建立信访督查通报制度，对信访工作重视不够、工作不力，信访增加、信访问题久拖不决的乡镇和部门要通报批评，严重的，追究主要领导责任。对重视信访工作，化解矛盾及时，稳定工作做的好的乡镇和部门进行表彰奖励。
会议决定：
1. 会议决定 6 月中旬对信访工作进行半年检查，检查结果将在全县进行通报，并纳入年终考核。
2. 林业局要加强对退耕还林信访问题的研究，建立健全退耕还林监督处理工作机制，并迅速拿出工作方案报信访领导小组。

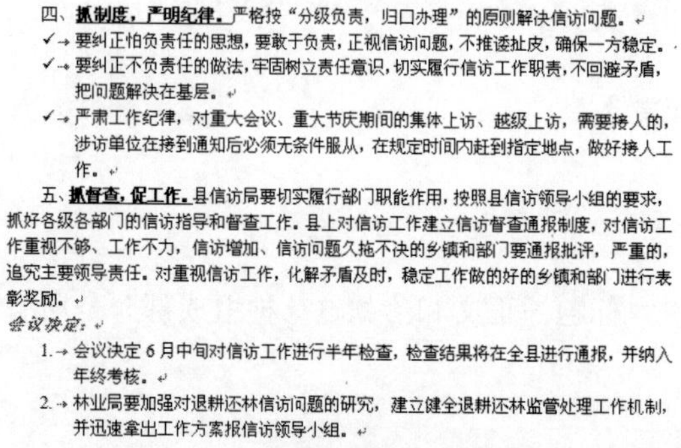

图3-7 添加项目符号和编号

图3-8 预览并打印会议纪要

3.4 操作步骤

准备工作做好以后，小雯马上就开始在老陈的指导下，完成培训后的第 1 个任务了，下面就看看她是否能顺利完成吧。

3.4.1 编辑文档内容

会议纪要的内容要准确、简要，下面将如实地根据会议召开的情况，在新建的文档中输入纪要内容，并适当设置格式。

1. 输入并设置纪要内容

下面首先创建“会议纪要”文档，并在其中输入纪要内容，然后对标题、正文和落款的格式进行适当设置，其具体操作如下。

动画演示：演示\第 3 章\输入并设置纪要内容.swf

01 启动 Word 2010，将自动创建的空白文档以"会议纪要"为名进行保存，如图3-9所示。

02 输入"会议纪要"，按【Enter】键换行，如图3-10所示。

图3-9　保存文档

图3-10　输入标题

03 输入关于会议纪要的召开背景，按【Enter】键换行，如图3-11所示。

04 按相同方法利用【Enter】键输入会议纪要的其他内容，注意最后落款的日期上方空出一行，如图3-12所示。

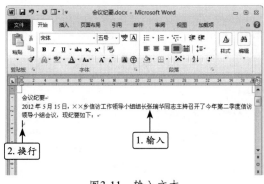

图3-11　输入文本

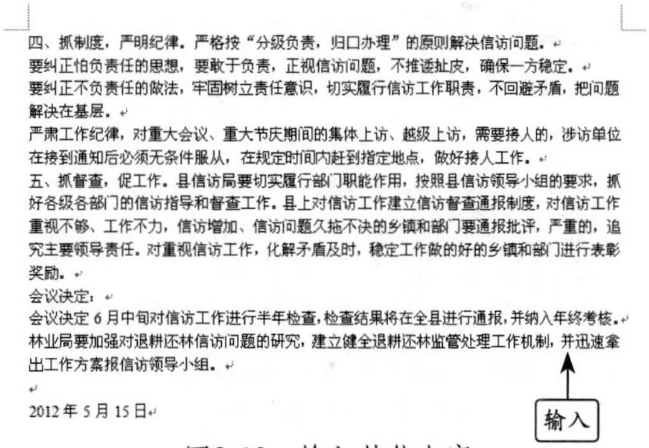

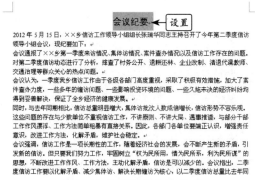

图3-12　输入其他内容

05 选择标题段落，将格式设置为"黑体、三号、居中对齐"，如图3-13所示。

06 在选择的标题段落上单击鼠标右键，在弹出的快捷菜单中选择"段落"命令，如图3-14所示。

图3-13　设置标题字体格式

图3-14　设置标题段落格式

07 打开"段落"对话框的"缩进和间距"选项卡，在"间距"栏中将段前和段后距离均设置为"0.2行"，单击 确定 按钮，如图3-15所示。

08 完成对标题段落的设置，效果如图3-16所示。

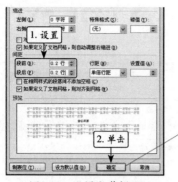

图3-15 设置段落间距

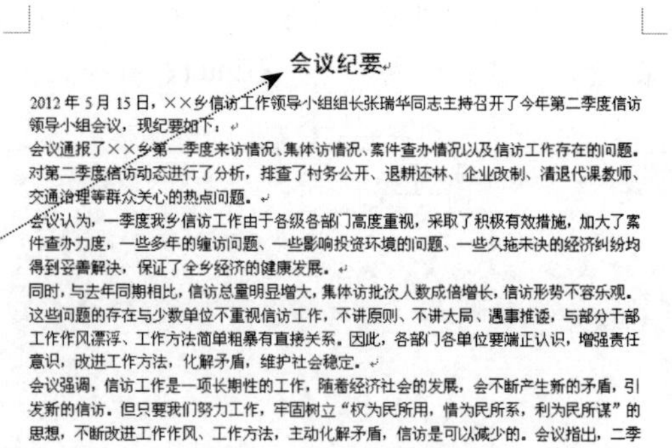

图3-16 设置后的标题

09 选择第2段段落，向右拖动标尺上的"首行缩进"滑块至两个文本的距离，如图3-17 所示。

10 释放鼠标完成段落首行缩进的调整，双击"开始"选项卡"剪贴板"组中的格式刷按钮，如图3-18 所示。

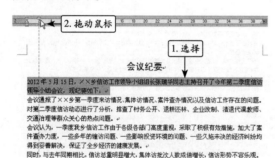

图3-17 设置首行缩进

图3-18 使用格式刷工具

11 此时鼠标指针将变为 形状，拖动鼠标选择第3段段落，如图3-19 所示。

12 释放鼠标即可将第2段的段落格式应用到第3段段落上，继续拖动鼠标选择除落款外的其他段落，如图3-20 所示。

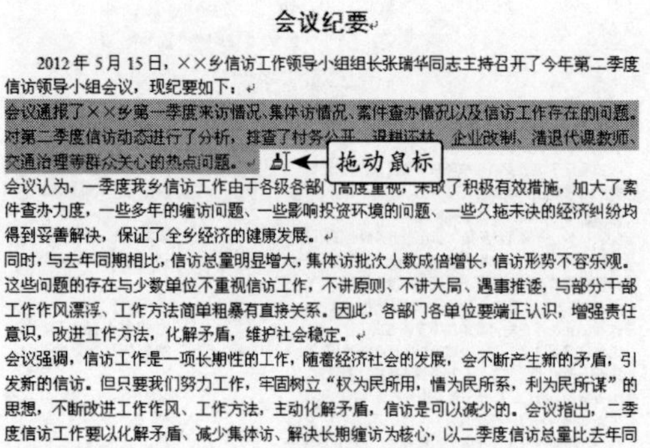

图3-19 选择段落复制格式

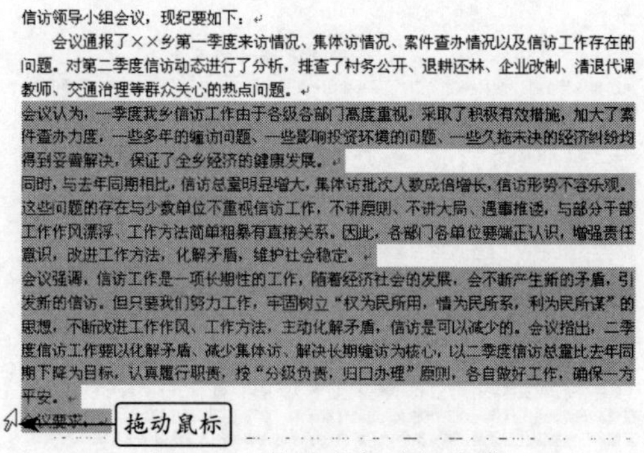

图3-20 拖动鼠标选择段落

13 释放鼠标设置选择的所有段落，效果如图3-21 所示，然后按【Esc】键退出复制格式的状态。

14 选择日期所在的段落，将其设置为"右对齐"，如图3-22 所示。

加强对乡镇部门信访室的业务指导，加强信息沟通，掌握信访动态，发现苗头及时超前化解。

要发挥治保调解组织的作用，积极化解矛盾，报告信息，齐抓共管，构筑大信访格局。

四、抓制度，严明纪律，严格按"分级负责，归口办理"的原则解决信访问题。

要纠正怕负责任的思想，要敢于负责，正视信访问题，不推诿扯皮，确保一方稳定。要纠正不负责任的做法，牢固树立责任意识，切实履行信访工作职责，不回避矛盾，把问题解决在基层。

严肃工作纪律，对重大会议、重大节庆期间的集体上访，越级上访，需要接人的，涉访单位在接到通知后必须无条件执行，在规定的时间内赶到指定地点，做好接人工作。

五、抓督查，促工作，最大限度地解决信访问题。各级信访部门要切实履行职能作用，按照县信访领导小组的要求，抓好各级各部门的信访指导和督查工作。县上对信访工作建立信访普遍通报制度，对信访工作重视不够、工作不力，信访增加，信访问题久拖不决的乡镇和部门要通报批评，严重的，追究主要领导责任。对重视信访工作、化解矛盾及时，稳定工作做的好的乡镇和部门进行表彰奖励。

会议决定：

会议决定 6 月中旬对信访工作进行半年检查，检查结果将在全县进行通报，并纳入年终考核。

林业局要加强对退耕还林信访问题的研究，建立健全退耕还林监管处理工作机制，并迅速拿出工作方案报信访领导小组。

2012 年 5 月 15 日

图3-21 复制格式

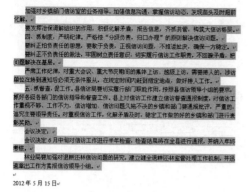

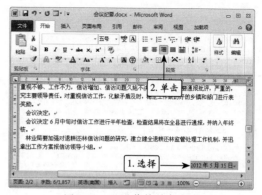

图3-22 设置落款对齐方式

 方法技巧 **格式刷的使用**

格式刷是复制格式的有效工具，上述操作中通过双击 格式刷 按钮来实现多次复制格式的目的。若单击该按钮，则复制一次格式后就将自动退出该状态。

2. 设置格式并应用样式

为了突出和强调纪要中的部分段落和文本，下面将通过使用下划线、样式等工具来设置对象的格式，其具体操作如下。

 动画演示：演示 \ 第3章 \ 设置格式并应用样式 .swf

01 选择会议要求中如图 3-23 所示的文本，将其加粗显示。

02 重新选择如图 3-24 所示的文本，单击"开始"选项卡"字体"组中的"下划线"按钮 **U** 为其添加下划线。

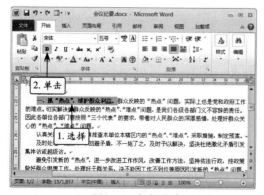

图3-23 加粗文本

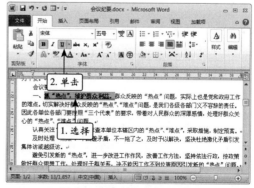

图3-24 为文本添加下划线

03 按相同方法将会议要求下的其他段落中的文本设置为相同的格式，效果如图 3-25 所示。

04 选择"会议要求"段落，在"开始"选项卡"样式"组的下拉列表框中选择如图 3-26 所示的选项，为其应用该样式效果。

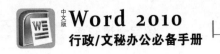

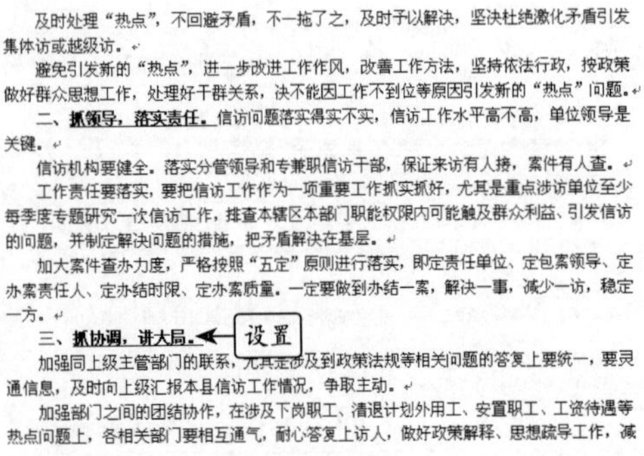

及时处理"热点",不回避矛盾,不一拖了之,及时予以解决,坚决杜绝激化矛盾引发集体访或越级访。

避免引发新的"热点",进一步改进工作作风,改善工作方法,坚持依法行政,按政策做好群众思想工作,处理好干群关系,决不能因工作不到位等原因引发新的"热点"问题。

二、抓领导,落实责任。信访问题落实确实不实,信访工作水平不高,单位领导是关键。

信访机构要健全,落实分管领导和专职信访干部,保证来访有人接,案件有人查。

工作责任要落实,要把信访工作作为一项重要工作抓实抓好,尤其是重点涉访单位至少每季度专题研究一次信访工作,排查本辖区本部门职能权限内可能触及群众利益、引发信访的问题,并制定解决问题的措施,把矛盾解决在基层。

加大案件查办力度,严格按照"五定"原则进行落实,即定责任单位、定包案领导、定办案责任人、定办结时限、定办案质量,一定要做到办结一案,解决一事,减少一访,稳定一方。

三、抓协调,讲大局。 ← **设置**

加强同上级主管部门的联系,尤其是涉及到政策法规等相关问题的答复上要统一,要灵通信息,及时向上级汇报本县信访工作情况,争取主动。

加强部门之间的团结协作,在涉及下岗职工、清退计划外用工、安置职工、工资待遇等热点问题上,各相关部门要相互通气,耐心答复上访人,做好政策解释、思想疏导工作,减

图3-25　设置文本

图3-26　应用样式

05 通过标尺上的"首行缩进"滑块取消"会议要求"段落的首行缩进,如图 3-27 所示。

06 利用格式刷工具将"会议要求"段落的格式复制到"会议决定"段落,如图 3-28 所示。

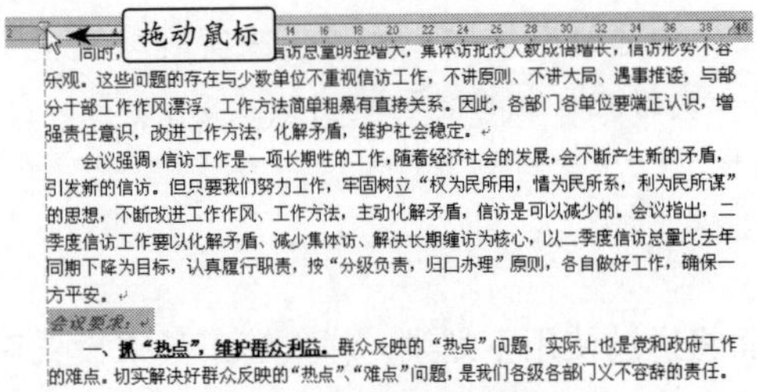

拖动鼠标

图3-27　调整首行缩进

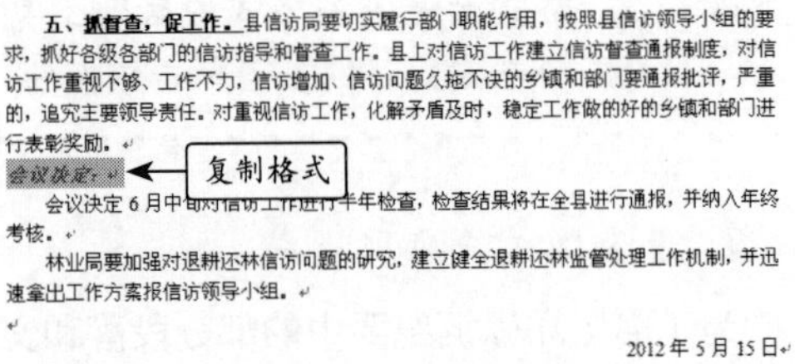

复制格式

2012 年 5 月 15 日

图3-28　复制格式

3. 添加项目符号和编号

为增加会议纪要的可读性和层次感,下面将在指定的段落上添加项目符号和编号对象,其具体操作如下。

 动画演示:演示\第 3 章\添加项目符号和编号.swf

01 选择会议要求第一点下的若干段落,单击"开始"选项卡"段落"组中"项目符号"按钮 右侧的下拉按钮,在弹出的下拉列表中选择如图 3-29 所示的选项。

02 此时所选段落左侧将统一添加上具有并列关系的符号,效果如图 3-30 所示。

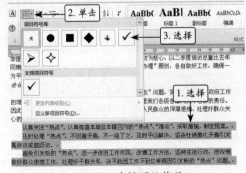

图3-29　选择项目符号

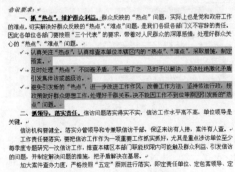

图3-30　添加项目符号

03 按相同方法为其他会议要求下的段落添加相同的项目符号，如图 3-31 所示。

04 选择会议决定下的两个段落，单击"段落"组中"编号"按钮▤右侧的下拉按钮，在弹出的下拉列表中选择如图 3-32 所示的选项。

图3-31　添加项目符号

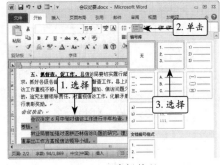

图3-32　选择编号

05 所选段落左侧将添加上所选的编号，效果如图 3-33 所示。

访工作重视不够、工作不力，信访增加、信访问题久拖不决的乡镇和部门要通报批评，严重的，追究主要领导责任。对重视信访工作，化解矛盾及时、稳定工作做的好的乡镇和部门进行表彰奖励。

会议决定：

1. 会议决定 6 月中旬对信访工作进行半年检查，检查结果将在全县进行通报，并纳入年终考核。
2. 林业局要加强对退耕还林信访问题的研究，建立健全退耕还林监管处理工作机制，并迅速拿出工作方案报信访领导小组。

2012 年 5 月 15 日

图3-33　添加编号

操作提示　项目符号和编号的应用

将插入光标定位在应用了项目符号或编号的段落后，按【Enter】键换行后将自动应用对应的项目符号或编号。

4. 添加脚注

由于文档中的某些词语不易理解，因此需要通过添加注释的方法，使文档使用者能清楚该词语的含义，其具体操作如下。

动画演示： 演示\第 3 章\添加脚注 .swf

01 选择第 3 段中的"缠访"一词，在"引用"选项卡"脚注"组中单击"插入脚注"按钮 AB¹，如图 3-34 所示。

02 此时插入光标将调整到词组所在页面的最下方，输入需要注释的具体内容即可，如图 3-35 所示。

03 将鼠标指针移至插入了脚注的词语处并稍作停留，此后将自动弹出脚注框，以随时查看脚注内容，如图 3-36 所示。

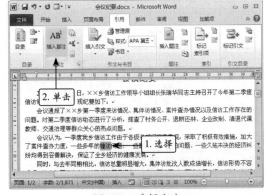

图3-34　选择文本

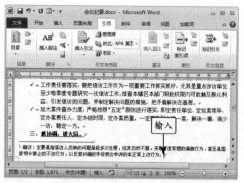

图3-35　输入脚注内容

图3-36　弹出脚注框

操作提示　**脚注的删除**

插入脚注后，词语右侧将显示编号，代表当前文档中插入的第几个脚注，删除该编号即可删除页面下方的脚注内容。

3.4.2　打印文档

文档编辑成功后，还需要将其以合适的页面布局打印多份出来，给与会人员过目。

1. 设置文档页面

为了使文档打印出来后，能充分的适应纸张大小，下面需要对文档的页面大小和页边距等对象进行设置，其具体操作如下。

动画演示：演示\第3章\设置文档页面.swf

01 在"页面布局"选项卡"页面设置"组中单击"纸张大小"按钮，在弹出的下拉菜单中选择"其他页面大小"命令，如图3-37所示。

02 打开"页面设置"对话框的"纸张"选项卡，在"纸张大小"列表框中选择16开对应的选项，如图3-38所示。

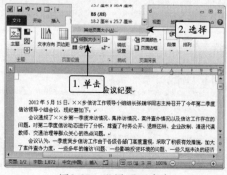

图3-37　设置页面大小

图3-38　选择纸张大小

03 单击"页边距"选项卡，将左右边距的大小均设置为"1.5厘米"，单击 确定 按钮，如图 3-39 所示。

04 此时文档中的内容将根据页面大小的更改自动重新排列，如图 3-40 所示。

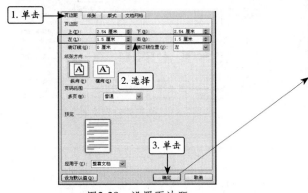

图3-39 设置页边距　　　　　　　　　　　　　　　　图3-40 设置后的文档效果

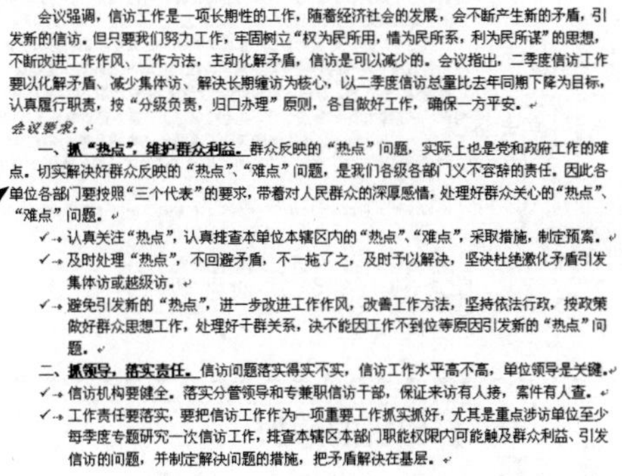

2. 预览并打印会议纪要

完成所有操作后，下面需要对文档进行预览，确认无误后便可将其打印出来了，其具体操作如下。

动画演示：演示\第3章\预览并打印会议纪要.swf

01 单击"文件"选项卡，选择"打印"选项，如图 3-41 所示。

02 拖动界面右下角的显示比例滑块，将其调整到 100% 的预览状态，如图 3-42 所示。

图3-41 进入打印界面

图3-42 调整预览比例

03 单击预览区域，然后滚动鼠标滚轮或拖动滚动条预览页面内容，如图 3-43 所示。

04 单击预览区域左下方的"下一页"按钮▶切换到下一页页面进行预览，如图 3-44 所示。

05 确认无误后，在"设置"下拉列表框中选择"打印所有页"选项，在"打印面数"下拉列表框中选择"单面打印"选项。

06 在"打印机"下拉列表框中选择已连接好的打印机选项，在"打印"数值框中输入"10"，最后单击"打印"按钮🖨即可，如图 3-45 所示。

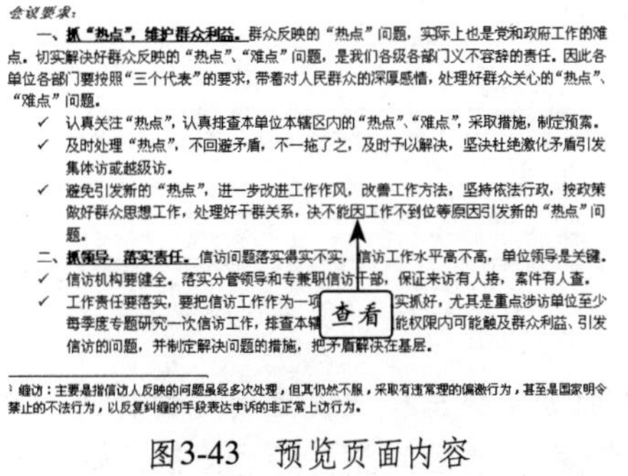

图3-43 预览页面内容

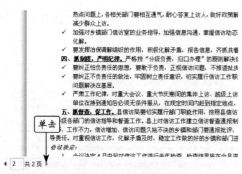

图3-44　切换预览页面

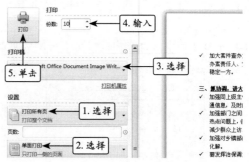

图3-45　设置并打印文档

专家点拨　打印机的添加

购买打印机后，按照说明书将打印机正确连接到电脑上，然后安装该设备的驱动程序后，Word 会自动识别打印机，并在"打印机"下拉列表框中显示对应的选项。

▶ 3.5　知识拓展

在老陈的指导下，小雯学会了使用样式来快速为对象应用更为专业的格式，为了让小雯掌握更多的有关样式的知识，老陈进一步将如何创建样式和编辑样式的知识教给她。

3.5.1　创建样式

某些用户在日常工作中有可能经常使用某一些相同的样式，但这种样式并没有显示在 Word 的样式集中，此时便可根据手动创建所需样式，以便随时调用。下面介绍创建样式的方法，其具体操作如下。

01 为某个段落设置需要的格式，并将该段落选择，如图 3-46 所示。

02 在"开始"选项卡"样式"组的下拉列表框中选择"将所选内容保存为新快速样式"命令，如图 3-47 所示。

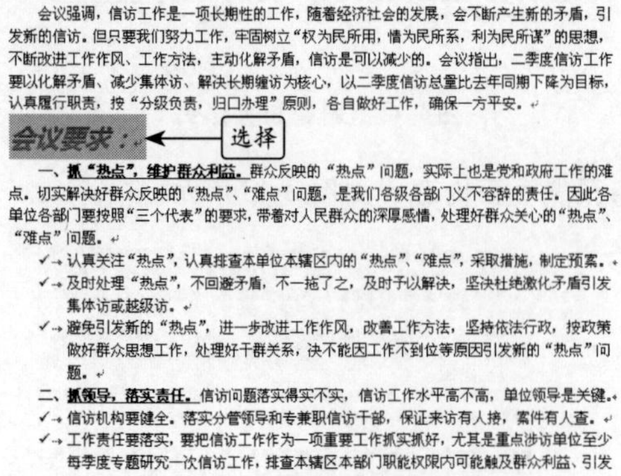

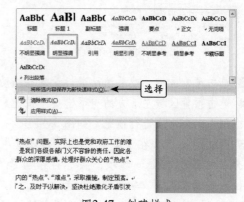

图3-46　设置并选择段落

图3-47　创建样式

03 打开"根据格式设置创建新样式"对话框，在"名称"文本框中输入该样式的名称，如"小标题"，然后单击 确定 按钮，如图 3-48 所示。

04 选择需要应用样式的段落，如图 3-49 所示。

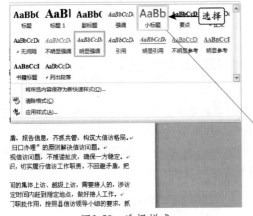

图3-48 设置样式名称   图3-49 选择段落

05 在"样式"下拉列表框中选择新建的样式对应的选项，如图 3-50 所示。

06 此时所选段落便应用了该样式的效果，如图 3-51 所示。

图3-50 选择样式   图3-51 应用样式

3.5.2 编辑样式

如果样式随工作需要发生了变化，则可随时对样式进行编辑，使其能符合工作的需要。下面介绍编辑样式的方法，其具体操作如下。

01 在"样式"下拉列表框的某个样式选项上单击鼠标右键，在弹出的快捷菜单中选择"修改"命令，如图 3-52 所示。

02 打开"修改样式"对话框，在"名称"文本框中可重新设置样式名称，单击对话框左下角的 格式(O)▼ 按钮，在弹出的下拉菜单中选择"字体"命令，如图 3-52 所示。

03 打开"字体"对话框，在其中可修改字体格式，这里将字体设置为"隶书"，将字号设置为"二号"，然后单击 确定 按钮，如图 3-54 所示。

04 返回"修改样式"对话框，再次单击 格式(O)▼ 按钮，在弹出的下拉菜单中选择"段落"命令，如图 3-55 所示。

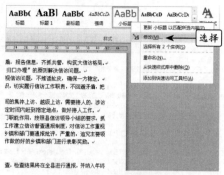

图3-52　修改样式

图3-53　修改样式名称

图3-54　修改字体

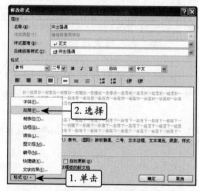

图3-55　设置段落

05 打开"段落"对话框，在其中可修改段落格式，这里将对齐方式设置为"居中"，段前段后距离均设置为"0.2行"，然后单击 确定 按钮，如图3-56所示。

06 按相同方法设置其他格式，完成后在"修改样式"对话框中单击 确定 按钮即可，如图3-57所示。文档中应用了该样式的段落将自动调整为修改后的样式。

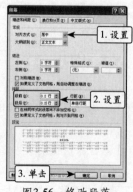

图3-56　修改段落

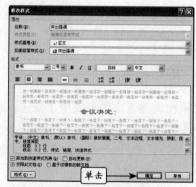

图3-57　确认修改操作

▶ 3.6　实战演练

　　老陈告诉小雯，相比于会议纪要而言，会议记录就没有那么正式了，只要能快速、准确和如实地记录下会议内容即可。同时，老陈也安排了两个与会议记录相关的实例让小雯尝试独立完成。

3.6.1 制作会议记录

某公司召开了项目论证的会议，现需要将会议内容如实地记录下来，并制作出如图 3-58 所示的会议记录文档。

效果文件：效果\第 3 章\会议记录 .docx

重点提示：（1）输入会议召开的时间、地点、出席人、出席人数、缺席人数、主持人和记录人等信息，以及会议的主要内容。

（2）为会议情况的段落添加灰色底纹。

（3）为会议标题应用"不明显参考"样式。

××网络公司项目论证会议记录

时间： 2012 年 5 月 20 日	
地点： 公司会议室	
出席人： 总经理、副总经理、办公室主任及公司 4 个部门主管	
出席人数： 7 人	
缺席人数： 0 人	
主持人： 刘旭科（副总经理）	
记录人： 张峰（办公室主任）	

一、主持人讲话。
今天主要讨论一下××集团委托我公司开发的网站如何有效开展的问题。
二、发言。

技术部主管，首要问题是确定方向，与对方沟通后，按照其要求，网站将以产品推广为主要目的。

资料部主管，应该获得大量产品的资料和图片，让网站能够全方位立体地展现产品效果。

市场部主管，可以进行市场前期调查，以便掌握用户对产品推广网站的各种需求，做到有的放矢。

总经理，前期调查必不可少，同时需要随时与××集团沟通，各主管的意见均可行。

三、会议决定。

一周内由市场部做出市场调查报告，技术部与资料部应主动与对方交流，一方面获取资料，一方面避免项目后期的制作偏离方向。两周内完成这些工作，然后着手项目的制作。

散会。

图3-58 会议记录最终效果

 3.6.2 制作会议签到表

某公司为加强对会议与会人员出席情况的管理，需要制作出如图 3-59 所示的会议签到表，以便与会人员进行签到。

效果文件：效果\第 3 章\会议签到表 .docx

重点提示：（1）插入 18 行 5 列表格。

（2）适当合并某些单元格。

（3）依次输入表格内容并设置格式。

会议签到表

会议内容：				
会议地点：		会议时间：		
主持人：		记录人员：		
与会人员签到				
序号	部门	姓名	签到	备注
1				
2				
3				
4				
5				
6				
7				
8				
9				
缺席原因				

图3-59 会议签到表最终效果

第2篇
会议日程篇

第4章　制作培训会议通知

一天，老陈找到小雯，手里拿着一些文件资料，着急地告诉小雯，这几天他要外出公干几天，现在手上有一份重要的文件需要交给小雯来制作。小雯询问文件的具体内容后才知道，原来是公司旁边那所学校的校安办需要对其教职工宿舍的安全工程小组进行培训，现在需要制作有关该培训会议的通知，由于相关人员临时离职，因此只有找到他们公司代办操作。小雯点点头，答应接受这项任务。

知识点

- 制作会议通知的文件头
- 完善文件号和标题
- 输入称谓和通知背景
- 添加编号并输入通知各项目
- 输入并设置落款
- 插入表格并输入内容
- 调整表格布局
- 设置表格边框

4.1 案例目标

老陈继续告诉小雯，此次制作的会议通知文件不仅要体现会议的时间、地点和与会人员等信息，还需要将会议的整个议程体现出来，让与会人员做好相关准备。

效果文件: 效果\第4章\培训会议通知.docx

如图4-1所示即为培训会议通知的最终效果，主要包含了文件头、文件号、标题、称谓以及通知内容等对象，其中会议议程的内容通过表格进行组织，让议程中的各个项目更加清晰地进行展示，以方便他人浏览。

××学校教职工宿舍安全工程领导小组办公室文件

校安办 【2012】3 号

关于召开××学校教职工宿舍安全工程培训会议的通知

我校安全工程领导小组成员单位：

根据我市教育部等有关部门印发的《学校教职工宿舍安全工程实施细则》、《教职工宿舍安全工程监督检查办法》等文件的要求，为落实我校教职工宿舍安全改造工程实施方案，切实做好安全工程工作，校安办决定于近期从管理和技术层面对项目经办人进行培训。现将培训活动的安排通知如下：

一、**会议时间**：2012 年 5 月 20 日
二、**会议地点**：主教学楼多媒体一室
三、**与会人员**：校安办成员单位、教职工宿舍安全工程项目经办人
四、**会议议程**：

序号	时间	内容	主持人
1	9:00－9:40	校安办成员单位领导讲话	邹红
2	9:45－10:20	安全工程项目负责人讲话	
3	10:25－11:40	安全演练	
4	12:00-14:00	休会	
5	14:10－15:20	宿舍安全工程流程图讲解	黄晓
6	15:25-15:55	播放、解读宿舍安全工程加固视频、案例	
7	16:00-16:20	会间休息	
8	16:25-17:20	项目负责人、经办人提问解答	黄晓
9	17:25-17:55	校安办主任讲话并总结	

五、**其他事项**：请各与会人员接到通知后做好工作安排，务必准时参加，不得缺席。

图4-1 培训会议通知最终效果

4.2 职场秘笈

为避免小雯制作出的文件出现错误或不规范，老陈将会议议程与会议日程的区别以及会议议程的内容等相关知识给小雯进行了讲解。

▶ 4.2.1 会议议程与会议日程的区别

会议议程是为了使会议顺利召开所做的内容和程序工作，是会议需要遵循的程序。它包括会议的议事程序和列入会议的各项议题。

与会议日程相比，会议议程是整个会议议题性活动顺序的总体安排，但不包括会议期间的仪

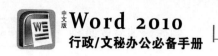

式性、辅助性活动。会议日程则是将各项会议活动落实到单位时间,包括仪式性、辅助性活动等内容。另外,会议程序一般是一次单元性会议活动或单独的仪式性活动的详细顺序和步骤,其时间往往不超过一天,而会议日程的时间跨度往往是超过一天的情况,二者的区别如图4-2所示。

▶ 4.2.2 会议议程的内容

会议议程是为会议顺利召开而制作的文件,因此其格式应该包含如图4-3所示的内容。

图4-2 会议议程与会议日程的区别　　　　图4-3 会议议程包含的内容

▶ 4.3 制作思路

如何快速有效地完成任务是小雯的当务之急。为了达到这一目的,老陈要求她在着手工作之前,先将整个任务的制作思路进行梳理,这样在制作时会起到事半功倍的效果。

培训会议通知的制作思路大致如下:

(1)通过对段落进行不同的格式设置,制作通知的文件头、文件号和标题等内容,如图4-4所示。

(2)输入通知的具体内容,并适当设置某些文本和段落的格式,如图4-5所示。

××学校教职工宿舍安全工程领导小组办公室文件

校安办 【2012】3号

关于召开××学校教职工宿舍安全工程培训会议的通知

图4-4 制作文件头、文件号和标题

(3)插入表格,将会议议程的具体事项输入到其中,并适当设置和美化表格,如图4-5所示。

图4-5 输入并设置通知内容

图4-6 插入表格并输入内容

▶ 4.4 操作步骤

老陈将所有准备工作给小雯交待完后就转身离开了,下面就只剩下小雯单独完成此项任务。

4.4.1 编排通知标题

根据要求，培训会议通知文件需要制作文件头、文件名和标题等内容，下面就首先对这些对象进行处理。

1. 制作会议通知的文件头

文件头的制作将选用"华文中宋"这种显得较为官方的字体，然后通过对字体进行缩放等设置后，使其呈现出文件头特有的效果，其具体操作如下。

> **动画演示：** 演示 \ 第 4 章 \ 制作会议通知的文件头 .swf

01 新建空白 Word 文档，将其以"培训会议通知"为名进行保存，如图 4-7 所示。

02 按两次【Enter】键，依次在 3 个段落中输入文件头、文件号和标题名称，如图 4-8 所示。

图4-7 创建文档

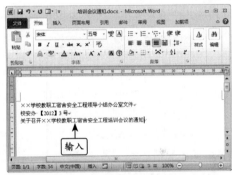

图4-8 输入文本内容

03 选择第 1 段段落，在"开始"选项卡"字体"组的"字号"下拉列表框中输入"55"，如图 4-9 所示。

04 按【Enter】键应用字号，然后继续将段落的字体格式设置为"华文中宋、加粗、红色"，如图 4-10 所示。

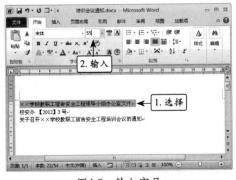

图4-9 输入字号

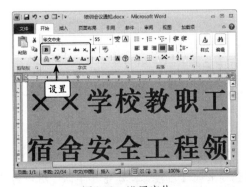

图4-10 设置字体

05 按【Ctrl+D】组合键打开"字体"对话框，单击"高级"选项卡，在"缩放"下拉列表框中选择"33%"选项，然后单击 确定 按钮，如图 4-11 所示。

06 继续单击"段落"组中的"展开"按钮 ，如图 4-12 所示。

图4-11　缩放字体　　　　　　　　　　图4-12　设置段落

07 打开"段落"对话框的"缩进和间距"选项卡，在"对齐方式"下拉列表框中选择"居中"选项，在"行距"下拉列表框中选择"固定值"选项，在右侧的数值框中输入"60 磅"，单击 确定 按钮，如图 4-13 所示。

08 完成文件头的设置，效果如图 4-14 所示。

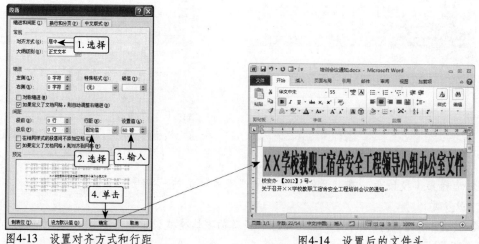

图4-13　设置对齐方式和行距　　　　　图4-14　设置后的文件头

2. 完善文件号和标题

下面将通过字体设置继续完善已输入的文件号和标题，并将利用直线图形来创建分栏线，其具体操作如下。

动画演示：演示 \ 第 4 章 \ 完善文件号和标题 .swf

01 选择第 2 段段落，单击"字体"组中的"展开"按钮 ，如图 4-15 所示。

02 打开"字体"对话框的"字体"选项卡，在"中文字体"下拉列表框中选择"仿宋 _ GB2312"选项，在"字形"列表框中选择"加粗"选项，在"字号"列表框中选择"四号"选项，如图 4-15 所示。

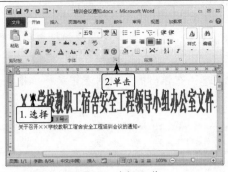

图4-15 选择段落

图4-16 设置字体

03 单击"高级"选项卡，在"间距"下拉列表框中选择"加宽"选项，单击 确定 按钮，如图 4-16 所示。

04 单击"段落"组中的"居中"按钮 ≡，完成文件号的设置，如图 4-17 所示。

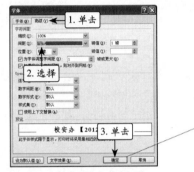

图4-17 设置字体间距

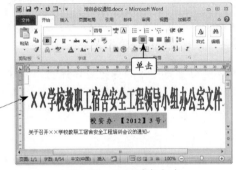

图4-18 设置对齐方式

05 选择第 3 段段落，将字体设置为"黑体、三号、加粗"，如图 4-19 所示。

06 打开"字体"对话框，在"高级"选项卡的"缩放"下拉列表框中选择"80%"选项，单击 确定 按钮，如图 4-20 所示。

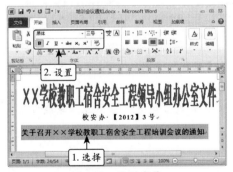

图4-19 设置字体

图4-20 缩放字体

 方 法 技 巧 **重设字体参数**

单击"字体"对话框左下角的 设为默认值(D) 按钮，可将所有参数重设为默认状态，以便用户重新对格式进行设置。

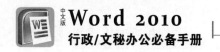
07 保持段落的选择状态，在"段落"组中单击"分散对齐"按钮，完成通知标题的设置，如图 4-21 所示。

08 在"插入"选项卡"插图"组中单击"形状"按钮，在弹出的下拉列表中选择如图 4-22 所示的选项。

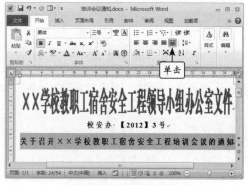

图4-21 设置对齐方式

图4-22 选择形状

09 以页面上方的版心标记为参照物，按住【Shift】键的同时拖动鼠标，绘制水平的直线，长度与两个版心标记之间的距离为准，如图 4-23 所示。

10 选择直线，在"绘图工具　格式"选项卡"形状样式"组中的 形状轮廓▾ 按钮，在弹出的下拉列表中选择"红色"选项，如图 4-24 所示。

图4-23 绘制直线

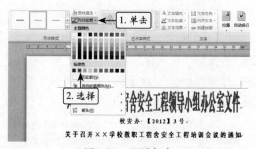

图4-24 设置颜色

11 再次单击 形状轮廓▾ 按钮，在弹出的下拉列表中选择"粗细"选项，在弹出的子选项中选择"2.25 磅"选项，如图 4-25 所示。

12 按住【Shift】键的同时，向下拖动鼠标，将直线的位置调整至文件号下方，完成设置，如图 4-26 所示。

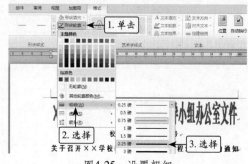

图4-25 设置粗细

图4-26 调整直线位置

4.4.2 输入并设置通知内容

制作通知的内容相对简单，下面将介绍这部分内容的制作方法。

1. 输入称谓和通知背景

正式的通知文件一般包含称谓，即被通知的对象。下面依次输入并设置称谓和与通知发布的背景相关的文本，其具体操作如下。

动画演示: *演示 \ 第 4 章 \ 输入称谓和通知背景 .swf*

---

01 在标题段落后按【Enter】键换行，然后单击"开始"选项卡"字体"组中的"清除格式"按钮，如图 4-27 所示。

02 再次按【Enter】键换行，如图 4-28 所示。

图4-27　清除格式

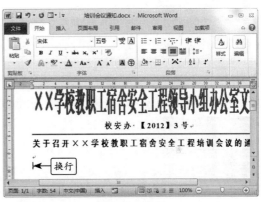
图4-28　换行

03 输入通知的称谓，然后按【Enter】键换行，如图 4-29 所示。

04 拖动标尺上的"首行缩进"滑块，将新行的首行缩进调整两个文本的距离，如图 4-30 所示。

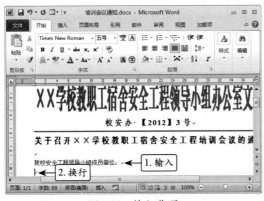
图4-29　输入称谓

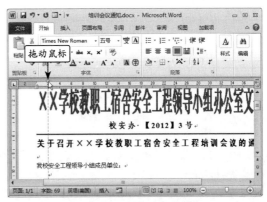
图4-30　调整首行缩进

05 输入此通知文档发布的背景内容即可，效果如图 4-31 所示。

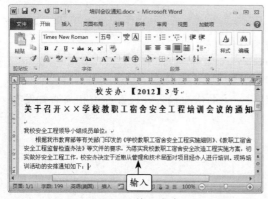

图4-31　输入文本

2. 添加编号并输入通知各项目

下面将通过为通知的各项目添加编号的方式，自动生成各项目编号，然后依次输入项目内容并设置文本格式，其具体操作如下。

动画演示：演示\第4章\添加编号并输入通知各项目.swf

01 在输入的通知发布背景段落后按【Enter】键换行，单击"开始"选项卡"段落"组中的"编号"按钮三右侧的下拉按钮，在弹出的下拉列表中选择如图4-32所示的选项。

02 此时插入光标所在的段落将自动添加所选的编号，如图4-33所示。

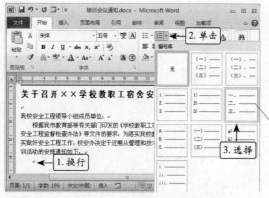

图4-32　选择编号样式

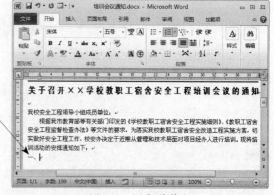

图4-33　添加的编号

操作提示

自动编号的注意事项

添加的自动编号是无法通过拖动鼠标将其选择的，直接在其上拖动鼠标将对该编号的缩进格式进行调整，因此在操作时一定要小心，避免无意间更改了编号的缩进格式。

03 在编号后输入会议时间，如图4-34所示。

04 按【Enter】键自动添加编号，继续输入会议地点，如图4-35所示。

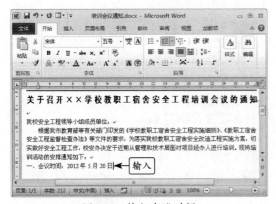

图4-34 输入会议时间

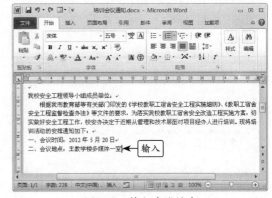

图4-35 输入会议地点

05 按照相同方法利用【Enter】键依次输入会议的与会人员、会议议程和其他事项等项目，如图 4-36 所示。

06 将项目文本加粗，效果如图 4-37 所示。

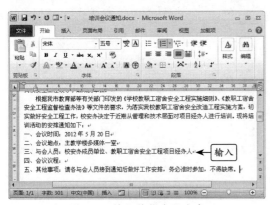

图4-36 输入其他会议内容

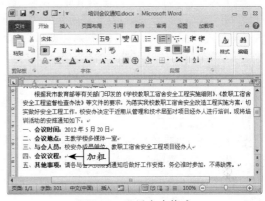

图4-37 设置文本格式

3. 输入并设置落款

此通知的落款包含发布通知的主体和日期，下面输入并设置这方面的内容，其具体操作如下。

动画演示：演示 \ 第 4 章 \ 输入并设置落款 .swf

01 在最后的文本段落后面按两次【Enter】键，取消自动添加编号后实现换行的目的，如图 4-38 所示。

02 再次按【Enter】键，输入通知的发布方，如图 4-39 所示。

方法技巧 **设置编号格式**

单击"段落"组中的"编号"按钮▤右侧的下拉按钮，在弹出的下拉菜单中选择"定义新编号格式"命令，在打开的对话框中单击 字体(F)... 按钮即可设置编号格式。

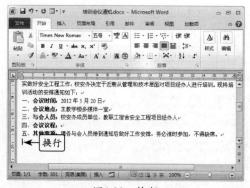

图4-38　换行

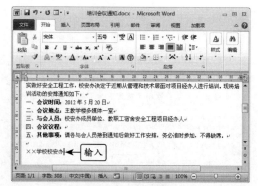

图4-39　输入落款

03 继续按【Enter】键，输入通知发布的日期，如图 4-40 所示。

04 加粗两段落款段落，并将其对齐方式设置为"右对齐"，如图 4-41 所示。

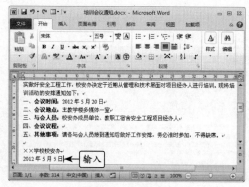

图4-40　输入日期

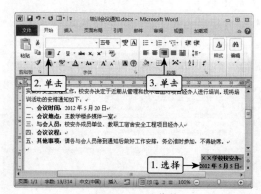

图4-41　设置落款

▶ 4.4.3　编辑会议议程

会议议程是本通知最重要的内容之一，本案例将采用表格的形式，更加有层次地组织和编辑会议议程的各个项目。

1. 插入表格并输入内容

下面首先插入适当行列的表格，并依次输入表格内容，其具体操作如下。

动画演示：演示＼第 4 章＼插入表格并输入内容 .swf

01 在"四、会议议程"段落后按两次【Enter】键，取消自动添加的编号并换行，如图 4-42 所示。

02 再次按【Enter】键换行，然后在"插入"选项卡"表格"组中单击"表格"按钮▦，在弹出的下拉菜单中选择"插入表格"命令，如图 4-43 所示。

03 打开"插入表格"对话框，在"列数"数值框中输入"4"，在"行数"数值框中输入"10"，然后单击▭确定▭按钮，如图 4-44 所示。

04 此时将在文档中插入 10 行 4 列的表格，如图 4-45 所示。

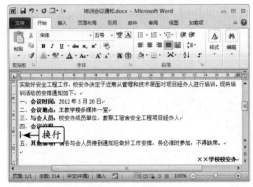

图4-42　换行

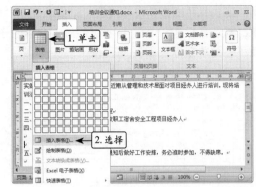

图4-43　插入表格

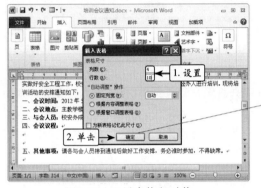

图4-44　设置表格行列数

图4-45　插入的表格

05 在表格的各个单元格中依次输入相应的内容，如图 4-46 所示。

序号	时间	内容	主持人
1	9:00～9:40	校安办成员单位领导讲话	邹红
2	9:45～10:20	安全工程项目负责人讲话	
3	10:25～11:40	安全演练	
4	12:00-14:00	休会	
5	14:10～15:20	宿舍安全工程流程图讲解	黄晓
6	15:25-15:55	播放、解读宿舍安全工程加固视频、案例	
7	16:00-16:20	会间休息	
8	16:25-17:20	项目责任人、经办人提问解答	黄晓
9	17:25-17:55	校安办主任讲话并总结	

五、其他事项：请各与会人员接到通知后做好工作安排，务必准时参加，不得缺席。

图4-46　输入表格内容

> **方法技巧**　**单元格的定位**
> 除了通过单击鼠标将插入光标定位到单元格中以外，按【→】键或【Tab】键可定位到右侧相邻的单元格，按【←】键或【Shift+Tab】组合键可选择左侧相邻的单元格。

2. 调整表格布局

为增加表格的可读性，下面需要对表格布局进行调整，包括调整行高列宽，合并单元格等内容，然后设置字体格式，其具体操作如下。

 动画演示： 演示 \ 第 4 章 \ 调整表格布局 .swf

01 依次拖动表格各列的列线，调整表格各列的列宽，效果如图 4-47 所示。

02 拖动鼠标选择如图 4-48 所示的 3 个单元格，在其上单击鼠标右键，在弹出的快捷菜单中选择"合并单元格"命令。

图4-47 调整列宽

图4-48 合并单元格

03 继续将最后一列第 6 行至第 7 行的单元格合并，并将第 9 行至第 10 行的单元格合并，如图 4-49 所示。

04 按相同方法将"休会"及其右侧的单元格合并，并将"会间休息"及其右侧的单元格合并，如图 4-50 所示。

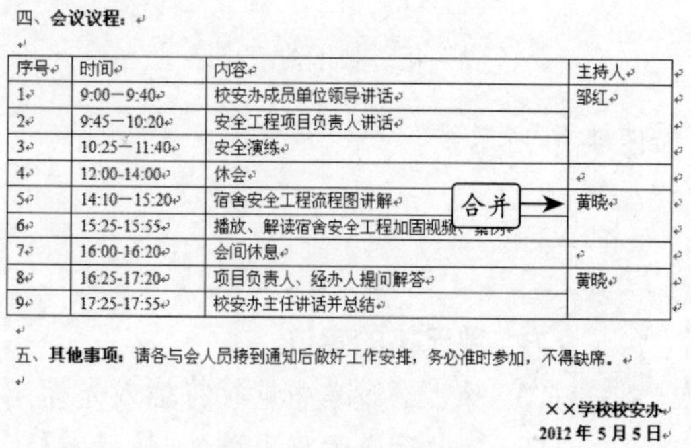

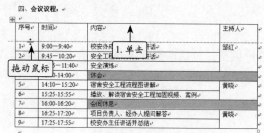
图4-49 合并单元格

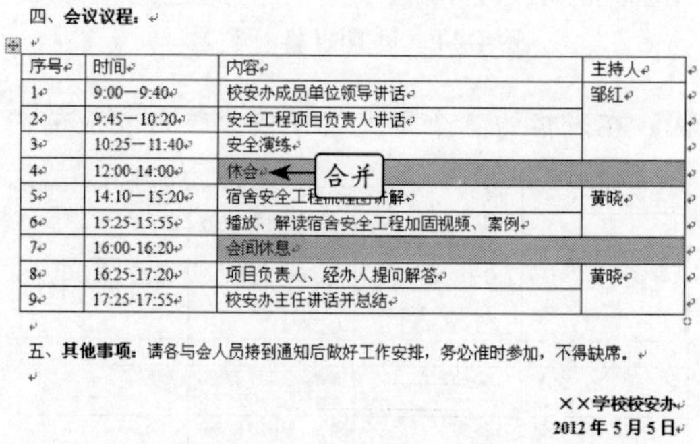

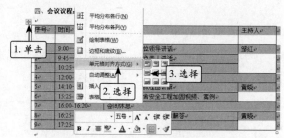
图4-50 合并单元格

05 向下拖动第 1 行的行线，增加第 1 行的行高，如图 4-51 所示。

06 单击表格左上角的"全选"按钮，在选择的表格上单击鼠标右键，在弹出的快捷菜单中选择"单元格对齐方式"命令，在弹出的子菜单中选择如图 4-52 所示的选项。

图4-51 调整行高

图4-52 设置对齐方式

07 将表格中具体的序号以及合并的几个单元格的对齐方式设置为"居中",效果如图4-53所示。

08 最后将表格中的表头以及部分单元格字体加粗,效果如图4-54所示。

图4-53　调整单元格对齐方式　　　　　　　　　　　　　图4-54　设置字体

3. 设置表格边框

为适当美化表格,下面将对表格的边框进行适当设置,其具体操作如下。

> **动画演示**: 演示\第4章\设置表格边框.swf

01 再次单击表格左上角的"全选"按钮⊞,在选择的表格上单击鼠标右键,在弹出的快捷菜单中选择"边框和底纹"命令,如图4-55所示。

02 打开"边框和底纹"对话框的"边框"选项卡,在左侧选择"自定义"选项,在右侧的"宽度"下拉列表框中选择"1.5磅"选项,如图4-56所示。

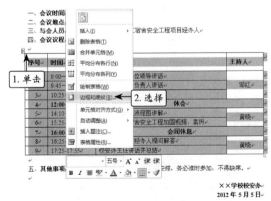

图4-55　设置表格边框

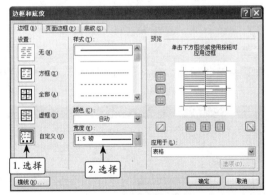

图4-56　设置边框粗细

03 依次单击对话框右侧"预览"栏中表格四周的边框,此时"预览"栏中的边框将应用选择的边框粗细效果,如图4-57所示。

04 再次单击"预览"栏中表格左右两侧的边框,取消其显示状态,表示将去除该位置对应的边框效果,然后单击 确定 按钮,如图4-58所示。

图4-57 应用边框

图4-58 去除边框

05 此时文档中的表格将应用设置的效果，即上下外边框应用"1.5磅"的边框，左右外边框取消显示，如图 4-59 所示。

06 拖动鼠标选择"休会"文本所在的一行单元格，在其上单击鼠标右键，在弹出的快捷菜单中选择"边框和底纹"命令，如图 4-60 所示。

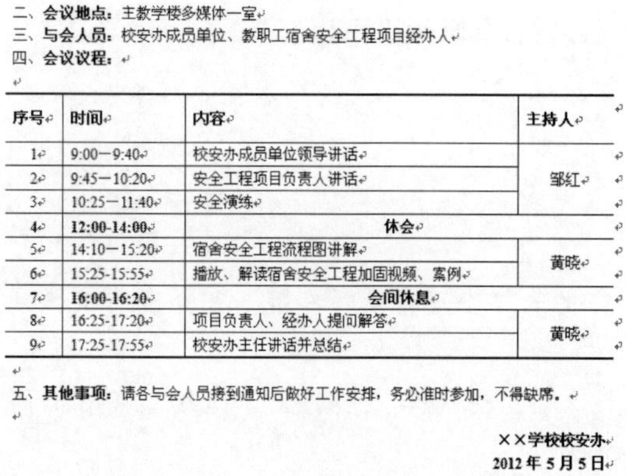

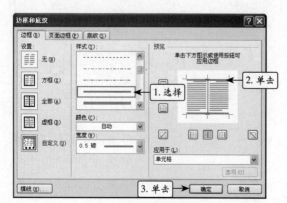

图4-59 设置的边框效果

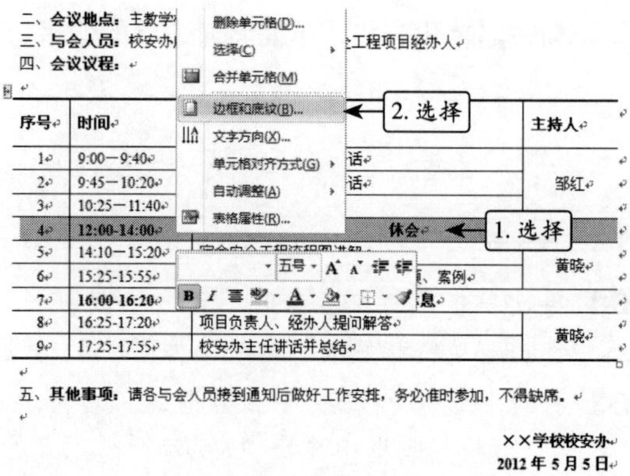

图4-60 设置边框

07 再次打开"边框和底纹"对话框，在"样式"列表框中选择如图 4-61 所示的选项，并单击右侧"预览"栏上下外边框，然后单击 确定 按钮。

08 按照相同的方法将"会间休息"一行单元格的边框设置为相同的效果，如图 4-62 所示。

图4-61 设置边框样式

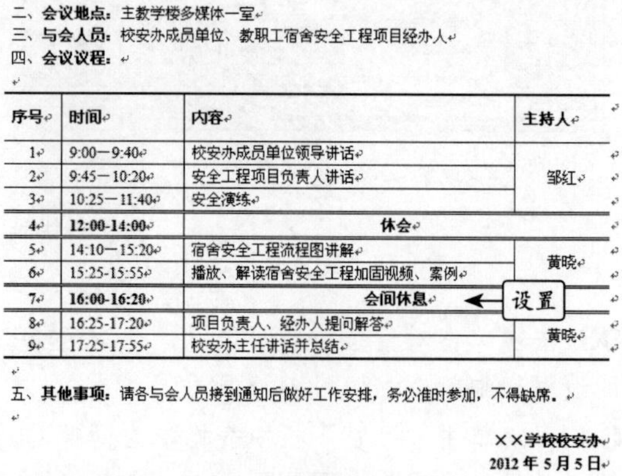

图4-62 设置后的效果

▶ 4.5 知识拓展

　　小雯完成任务后不久老陈就回来了，原来公司对行程临时做了调整，老陈不用出差了。看到小雯顺利完成任务后，老陈比较高兴，决定给她补充有关表格使用方法的知识，包括应用Word内置表格和手动绘制表格。

4.5.1 应用内置表格

　　Word预设有若干已经设置好的表格，工作中可直接使用这些表格来完成操作，下面介绍应用内置表格和创建内置表格的方法。

- 应用内置表格：在"插入"选项卡"表格"组中单击"表格"按钮▦，在弹出的下拉菜单中选择"快速表格"命令，在弹出的子菜单中选择某个表格样式即可，此时将在文档中创建出所选样式的表格，如图4-63所示。将其中的内容进行修改后即可将其变为需要的表格了，如图4-64所示。

图4-63　应用的内置表格	图4-64　修改内容后的表格

- 创建内置表格：当工作中经常使用某种格式的表格，但Word中又没有这种表格时，则可将其创建为内置表格，其方法为：制作需要的表格并将其选择，单击"表格"组中的"表格"按钮▦，在弹出的下拉菜单中选择"快速表格"命令，在弹出的子菜单中选择"将所选内容保存到快速表格库"命令，此时将打开如图4-65所示的对话框，在其中可设置该表格的名称等信息，完成后单击 确定 按钮，此时在"快速表格"子菜单中便可选择创建的表格了，如图4-66所示。

图4-65　设置表格信息

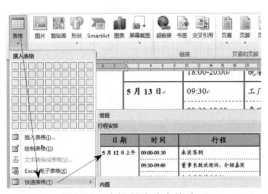

图4-66　选择创建的表格选项

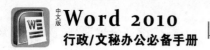

4.5.2 绘制表格

对于一些结构复杂的表格，可通过绘制表格的方法进行绘制，其方法为：单击"表格"组中的"表格"按钮，在弹出的下拉菜单中选择"绘制表格"命令，此时便可拖动鼠标绘制表格了，并可在"表格工具 设计"选项卡"绘图边框"组中设置绘制表格时的各种参数，下面介绍绘制表格时的一些常用操作。

- 绘制表格外边框：拖动鼠标显示矩形虚线框，释放鼠标即可绘制出表格的外边框，如图 4-67 所示。

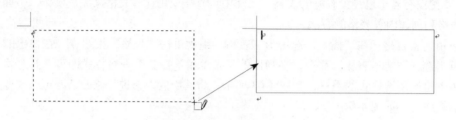

图4-67 绘制表格外边框

- 绘制表格行列：在表格外边框中水平或垂直拖动鼠标即可绘制任意行或列，如图 4-68所示。

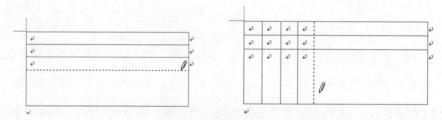

图4-68 绘制表格行列

- 修改绘制参数：在"绘图边框"组上方的下拉列表框中可选择边框样式；在下方的下拉列表框中可选择边框粗细；单击 笔颜色 按钮，可在弹出的下拉列表中选择边框颜色，如图 4-69 所示。
- 擦除边框：在"绘图边框"组中单击"擦出"按钮，然后将鼠标指针移动到需要擦除的表格边框上，单击鼠标或按住鼠标左键不放并拖动鼠标，便可擦除对应的表格边框，如图 4-70 所示。

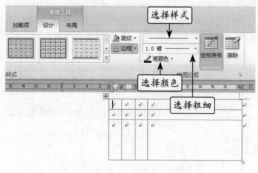

图4-69 设置表格参数

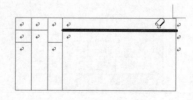

图4-70 擦除边框

▶ 4.6 实战演练

学会了会议议程的编辑后,小雯希望学会更多的有关会议日程方面的文档处理方法,为此她向老陈求教,希望老陈能教她更多的知识。老陈想了想,决定安排两个案例让小雯操作,包括会议日程安排的编辑以及会议行程表的制作等。

▶ 4.6.1 制作会议日程

某企业需要举行会期为两天的约谈会议,现需要制作出如图 4-71 所示的会议日程文档,详细体现每个时间段的会议日程内容,以便与会人员提前做好准备。

 效果文件: 效果\ 第 4 章 \ 会议日程 .docx

重点提示: (1) 时间、项目和地点之间利用【Tab】键来自动对齐。
　　　　　　(2) 具体的时间段及对应的内容通过添加下划线强调。
　　　　　　(3) 分组报告的具体内容格式需要单独设置,具体为"宋体、10 号、加粗、倾斜、灰色"。

××企业教育研讨会议日程安排

5 月 12 日 (星期六)

时间	项目	地点
8:30—9:40	大会开幕、领导讲话	会议楼报告厅
9:40—9:50	领导离席	
9:50—10:50	标委会主任主题报告	
10:50—11:10	茶水、休息	
11:10—12:10	特邀专家主题报告	
12:10—14:00	午餐、休息	幸福园
14:00—17:30	分组主题报告	
	教育咨询建设相关标准研究与应用	*101 会议楼*
	教学、测试、评价相关标准研究	*105 会议楼*
17:30—19:00	晚餐	幸福园
19:00—21:30	分组自由讨论会	

5 月 13 日 (星期日)

时间	项目	地点
8:30—9:30	特邀专家主题报告	会议楼报告厅
9:30—9:45	休息	
9:45—10:45	特邀专家主题报告	
10:45—11:00	休息	
11:00—12:00	特邀专家主题报告	
12:00—14:00	午餐	幸福园
14:00—17:30	分组主题报告	
	教育标准应用研究	*101 会议楼*
	教育标准启动研讨	*105 会议楼*
17:30—19:30	晚餐	幸福园

图4-71 会议日程最终效果

▶ 4.6.2 制作会议行程安排表

某企业需要接待投资商来参观企业及工厂的各方面情况,为方便投资商合理地安排时间,现需要将整个参观过程制作成会议行程安排表,效果如图 4-72 所示。

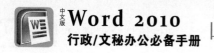

效果文件: 效果 \ 第 4 章 \ 会议行程安排表 .docx

重点提示：（1）创建 19 行 3 列的表格，并适当调整表格布局。

（2）单元格颜色可利用"段落"组中的"底纹"按钮 📷 填充。

（3）为表格添加双线、粗线和虚线 3 种效果的边框样式。

会议行程安排表

日 期	时 间	行 程
5 月 12 日上午	09:00-09.30	来宾签到
	09:30-09:40	董事长致欢迎词，介绍嘉宾
	09:40-10:20	企业总体情况介绍
	10:20-11:10	项目总体技术方案介绍
	11:10-11:40	最新研究状况介绍
	12:00-14:00	自助餐
5 月 12 日下午	14:00-14:40	产品系统结构总体介绍
	14:40-16:00	产品详细展示
	16:00-16:30	休息
	16:30-18:00	研究成果展示
	18:00-20:00	晚餐
5 月 13 日	09:30	工厂总部集合
	09:30-10:30	参观装配车间
	10:30-12:00	参观生产车间
	12:00-13:00	午餐及休息
	13.00-14.00	参观仓库
	14.30-16.30	参观研发车间
	16.30-17.30	参观成果展览室
	18.00-20.00	晚餐

图4-72　会议行程安排表最终效果

第3篇
档案管理篇

第5章　编写档案管理制度

由于上月某位同事借走的公司档案文件未能如实归还，这引起了领导的高度重视，决定整顿档案管理制度，落实责任，避免这类事件再次发生。现在小雯就接到了领导安排的任务，要求重新编写档案管理制度，并让各部门同事都能尽快地了解制度的具体内容。小雯接到任务后就马上找到老陈，并和老陈一同商量起档案管理制度的编写工作。

知识点

- 创建多级列表
- 缩进段落
- 自定义多级列表格式
- 应用并修改多级列表
- 设置页面大小
- 插入分页符
- 添加页面边框效果

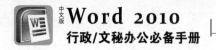

为了让各部门员工尽快了解并熟悉最新的档案管理制度，老陈建议小雯将文档按章节分页，并制作成类似卡片大小的页面，以便员工可将其放在办公桌或其他可以随时查看的地方。

效果文件: 效果 \ 第 5 章 \ 档案管理制度 .docx

如图 5-1 所示即为档案管理制度的最终效果，本例的关键在于为制度的具体内容制作不同级别的，且可以自动更改的标题，然后通过分页、添加页面边框和设置页面大小等操作，将文档制作成卡片效果，便于打印出来后使用。

图5-1　档案管理制度最终效果

档案管理是公司管理的重要一环，为了让小雯制作的档案管理制度更加合理和准确，符合公司的实际情况，老陈需要先给小雯讲讲有关档案及档案管理的知识。

5.2.1 档案及档案管理简介

公司档案是指公司在生产经营和管理活动中形成的，对国家、社会和公司有保存价值的各种形式的文件材料。而档案管理就是档案的收集、整理、保管、鉴定、统计和提供利用的各种活动，包括档案收集、档案整理、档案价值鉴定、档案保管、档案编目和档案检索、档案统计、档案编辑和研究、档案提供利用等内容。

档案管理的对象是各种档案文件，服务对象则是档案使用者，所要解决的基本矛盾是档案的分散、零乱、质杂、量大、孤本等状况，与利用档案要求集中、系统、优质、专指、广泛等之间的矛盾。档案需求的满足程度取决于档案管理水平的不断提高，档案管理水平则要适应不断增长的需求，二者处在从不适应到适应的不断矛盾过程中，从而推动档案管理工作向前发展。

▶ 5.2.2 公司档案的归档范围

公司档案的归档范围如图 5-2 所示。

> 重要的会议材料，包括会议的通知、报告、决议、总结、典型发言、会议记录等
>
> 本公司对外的正式发文与有关单位来往的文书
>
> 本公司的各种工作计划、总结、批复、统计报表及简报
>
> 本公司与有关单位签订的合同、协议书等文件材料
>
> 本公司职工薪酬福利方面的文件材料
>
> 本公司的大事记及反映本公司重要活动的剪报、照片、录音、录像等

图5-2 档案归档范围

▶ 5.3 制作思路

在开始任务之前，小雯按照老陈的要求，将整个任务的制作思路进行了整理并记录下来，以便能更加有计划地进行操作。

档案管理制度的制作思路大致如下：

（1）输入档案管理制度的标题、章名及各条细则内容，然后设置格式，如图 5-3 所示。

（2）通过缩进段落、自定义多级列表格式等方法，为制度内容应用多级列表，如图 5-4 所示。

（3）调整页面大小，并通过添加分页符和页面边框等方法设置文档效果，如图 5-5 所示。

××公司档案管理制度

档案管理机构及其职责

公司档案工作实行二级管理。其中：一级管理是指公司综合处的统筹管理；二级管理是指各处及各部门的档案资料管理工作。

公司档案业务归属综合处，由综合处指定人员兼职负责。各处、各部门指定人员兼职档案资料管理工作。

公司档案管理员按照国家有关规定，以及公司档案工作制度、条例统一管理公司的档案；各处、各部门的档案管理人员应参照公司的有关管理规定做好工作，负责收集、整理、保管本部门或本单位的档案资料。

档案管理人员要严格执行公司档案管理规定，认真细致地做好档案保管以及利用工作，充分发挥档案资料的作用。

公司档案管理员负有责任对二级档案管理工作进行监督和指导。每年对二级档案管理进行一次检查验收。

归档制度

凡是反映公司企业开发、生产经营、企业管理及工程建设等活动，具有查考

图5-3 输入内容并设置格式

第1章. →档案管理机构及其职责

1.1 →公司档案工作实行二级管理。其中：一级管理是指公司综合处的统筹管理，二级管理是指各处及各部门的档案资料管理工作。

1.2 →公司档案业务归属综合处，由综合处指定人员兼职负责。各处、各部门指定人员兼职档案资料管理工作。

1.3 →公司档案管理员按照国家有关规定，以及公司档案工作制度、条例统一管理公司的档案；各处、各部门的档案管理人员应参照公司的有关管理规定做好工作，负责收集、整理、保管本部门或本单位的档案资料。

1.4 →档案管理人员要严格执行公司档案管理规定，认真细致地做好档案保管以及利用工作，充分发挥档案资料的作用。

1.5 →公司档案管理人员有责任对二级档案管理工作进行监督和指导。每年对二级档案管理进行一次检查验收。

第2章. →归档制度

2.1 →凡是反映公司企业开发、生产经营、企业管理及工程建设等活动，具有

图5-4 添加多级列表

第4章. →档案借阅制度

4.1 →档案属于公司机密，未经许可不得外借、外传。外单位人员未经公司领导批准不得调阅。

4.2 →借阅同部门保管的档案材料，须经档案所属部门负责人批准。借阅档案材料，属借阅人经办的，由他门负责人批准；借阅非本部门经办的档案材料，须经综合处处长批准。因档案须在办公室指定的地方，不得携带外出。需要借出档案的，须经综合处处长批准。

4.3 →借阅档案时，必须履行登记、签收手续。

4.4 →借出档案材料的时间到期不得超过一周，如果时可以续借，过期由档案管理员催还。需要长期借出的，须经综合处处长经理批准。

4.5 →借出档案时，应在借出的档案位置上，放一代替卡，标明卷号，借阅时间、借阅单位或档案，以便查阅和催还。

4.6 →借阅档案者必须妥善保管档案，不得任意转借或复印、不得拆卸、损污文件，归还时须保证档案材料整洁无损。不得涂改勾划。

4.7 →借出档案材料，因保管不慎丢失时，要及时追查，并报告主管部门及时处理。

图5-5 分页并添加边框

▶ 5.4 操作步骤

有了前面所有准备工作的铺垫，小雯信心满满地准备开始完成本次任务了。

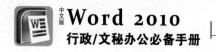

5.4.1 创建档案管理制度文档

本档案管理制度的内容分为4章，每一章下又包含若干细则，下面首先就来创建这些制度内容，然后对文本和段落进行适当的设置。

1. 输入档案管理制度内容

下面首先创建并保存Word文档，然后依次输入档案管理制度的各项内容和要求，其具体操作如下。

动画演示：演示\第5章\输入档案管理制度内容.swf

01 新建空白Word文档，将其以"档案管理制度"为名进行保存，输入文档名称，按【Enter】键换行，如图5-6所示。

02 输入第1章档案管理制度的名称，按【Enter】键换行，如图5-7所示。

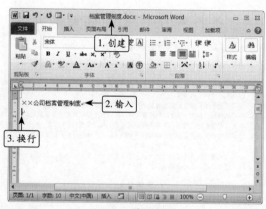

图5-6　输入标题

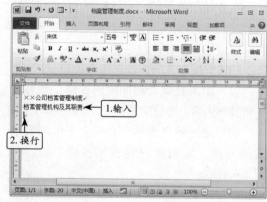

图5-7　输入制度章名

03 输入第1章档案管理制度的具体细则内容，如图5-8所示。

04 继续输入档案管理制度的其他章节标题和细则内容，如图5-9所示。

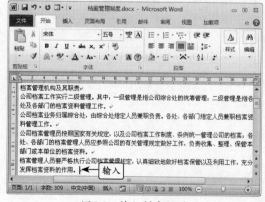

图5-8　输入制度细则

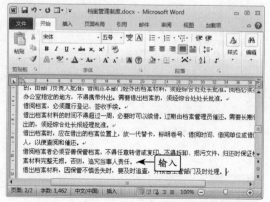

图5-9　输入其他内容

2. 设置档案管理制度格式

为了使整个档案管理制度更加美观并具有层次感，下面依次对输入的内容进行格式设置，其具体操作如下。

动画演示：演示\第5章\设置档案管理制度格式.swf

01 选择标题段落，将其格式设置为"华文新魏、30号、加粗、居中对齐"，如图5-10所示。

02 保持标题段落的选择状态，单击"开始"选项卡"字体"组中的"文本效果"按钮 A·，在弹出的下拉列表中选择"阴影"选项，在弹出的子选项中选择如图5-11所示选项。

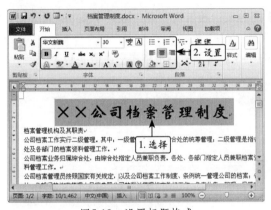

图5-10　设置标题格式

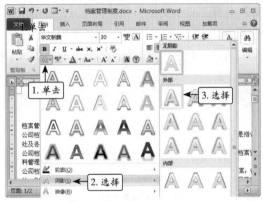

图5-11　为标题添加阴影

03 此时标题段落将应用所选的阴影效果，如图5-12所示。

04 选择标题下一段的段落，将其格式设置为"华文新魏、三号、居中对齐"，如图5-13所示。

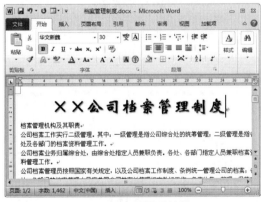

图5-12　应用阴影效果

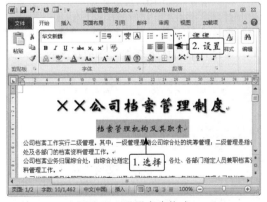

图5-13　设置章名格式

05 保持段落的选择状态并打开"段落"对话框，将段前和段后间距分别设置为"0.5行"和"0.2行"，然后单击 确定 按钮，如图5-14所示。

06 完成段落间距的设置，如图5-15所示。继续保持该段落的选择状态，按【Ctrl+Shift+C】组合键复制此段落格式。

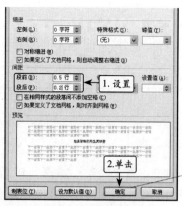

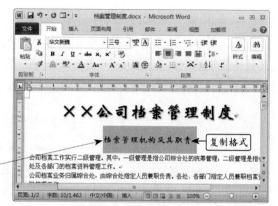

图5-14 设置段落间距　　　　　　　　　　图5-15 复制段落格式

07 选择"归档制度"段落，按【Ctrl+Shift+V】组合键，将前面复制的格式应用到此段落上，如图5-16所示。

08 选择"档案保管制度"段落，再次按【Ctrl+Shift+V】组合键应用格式，如图5-17所示。

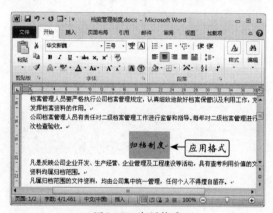

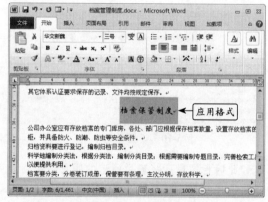

图5-16 应用格式　　　　　　　　　　图5-17 应用格式

09 继续选择"档案借阅制度"段落，按【Ctrl+Shift+V】组合键应用格式，如图5-18所示。

10 选择具体的制度细则对应的所有段落，如图5-19所示。

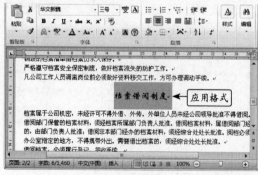

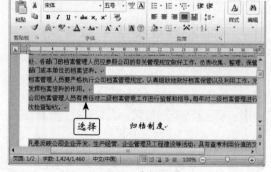

图5-18 应用格式　　　　　　　　　　图5-19 选择段落

11 将所选段落的格式设置为"楷体_GB2312、小四"，如图5-20所示。

12 保持段落的选择状态，将段前和段后距离均设置为"0.2"行，如图5-21所示。

图5-20 设置段落格式

图5-21 设置段落间距

13 完成对档案管理制度中所有段落的格式设置，如图 5-22 所示。

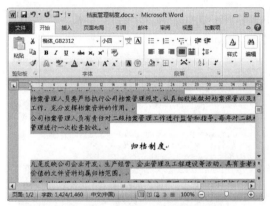

图5-22 设置后的文档效果

> **操作提示 复制格式的介绍**
>
> 上例中通过快捷键的方式实现了格式刷工具复制格式的效果，实际上按【Ctrl+Shift+C】组合键即是将所选段落的格式复制到剪贴板中以便使用，按【Ctrl+Shift+V】组合键则是将剪贴板中复制的格式应用到当前段落中。很显然，快捷键比格式刷工具的使用更加方便。

▶ 5.4.2 创建多级列表

多级列表的使用可以使文档段落的层次结构体现得更加清晰，适用于层次较复杂的文档中。下面就在档案管理制度文档中使用多级列表。

1. 缩进段落

缩进段落的目的是为了让不同级别的内容应用不同级别的列表样式，其具体操作如下。

 动画演示：演示\第5章\缩进段落 .swf

01 选择"档案管理机构及其职责"段落下的所有细则段落，单击"开始"选项卡"段落"组中的"增加缩进量"按钮，如图 5-23 所示。

02 此时所选段落将整体增加左缩进距离，按【Ctrl+Shift+C】组合键复制段落格式，如图 5-24 所示。

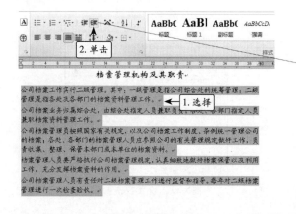

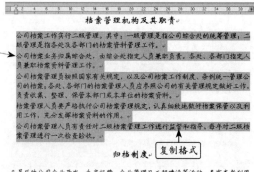

图5-23　选择段落　　　　　　　　　图5-24　增加段落缩进

03 选择"归档制度"段落下的所有细则段落，按【Ctrl+Shift+V】组合键应用格式，如图 5-25 所示。

04 按相同方法为其他制度下的细则段落应用格式，如图 5-26 所示。

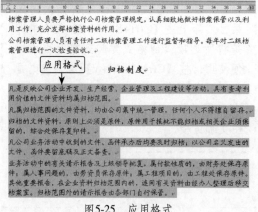

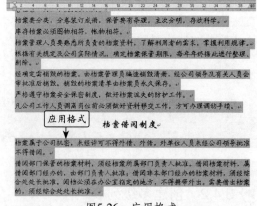

图5-25　应用格式　　　　　　　　　图5-26　应用格式

2. 自定义多级列表格式

为了让添加的多级列表更符合公司的要求，可以对这些多级列表格式进行设置，其具体操作如下。

动画演示： 演示＼第 5 章＼自定义多级列表格式 .swf

01 单击"开始"选项卡"段落"组中的"多级列表"按钮 ，在弹出的下拉菜单中选择"定义新的多级列表"命令，如图 5-27 所示。

02 打开"定义新多级列表"对话框，在"输入编号的格式"文本框中已有的"1"数字前输入"第"，如图 5-28 所示。

03 继续在"输入编号的格式"文本框中已有的"1"数字后输入"章"和"."，如图 5-29 所示。

04 选择"单击要修改的级别"列表框中的"2"选项，将对齐位置设置为"0厘米"，文本缩进位置设置为"1.3厘米"，单击 确定 按钮，如图 5-30 所示。

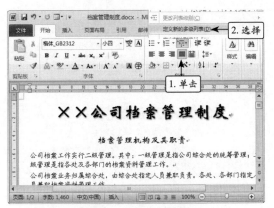

图5-27　设置多级列表

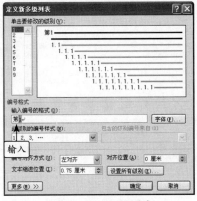

图5-28　设置1级列表

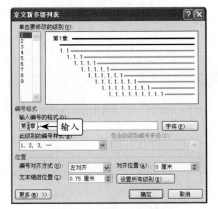

图5-29　设置1级列表

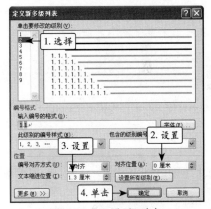

图5-30　设置2级列表

 方法技巧　更改各级编号样式

在"定义新多级列表"对话框中选择需进行设置的级别后，可在"此级别的编号样式"下拉列表框中选择该级别对应的编号样式，当选择的非1级列表时，还可在"包含的级别编号来自"下拉列表框中选择是否包含上级编号。

3. 应用并修改多级列表

下面将为文档各段落应用设置好的多级列表，然后适当修正某些段落上多级列表的格式，其具体操作如下。

动画演示：演示\第5章\应用并修改多级列表.swf

01 选择需要添加所有多级列表的段落，如图5-31所示。

02 单击"开始"选项卡"段落"组中的"多级列表"按钮，在弹出的下拉列表中选择前面自定义的多级列表选项，如图5-32所示。

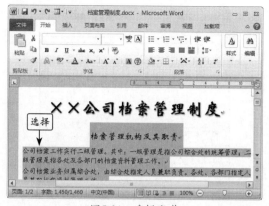

图5-31 选择段落

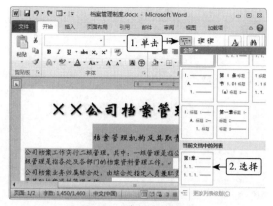

图5-32 选择多级列表

03 此时所选段落将依次添加多级列表中的 1 级列表样式，如图 5-33 所示。

04 选择第 1 章制度下的所有细则段落，如图 5-34 所示。

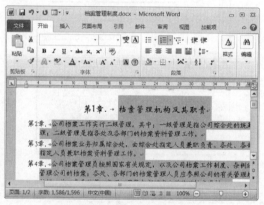

图5-33 应用多级列表

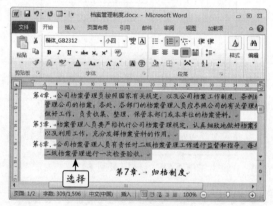

图5-34 选择段落

05 再次单击"段落"组中的"多级列表"按钮 ，在弹出的下拉列表中选择"更改列表级别"选项，在弹出的子选项中选择"1.1"对应的选项，即将列表级别更改为 2 级样式，如图 5-35 所示。

06 此时所选段落将自动应用 2 级列表对应的编号样式，如图 5-36 所示。

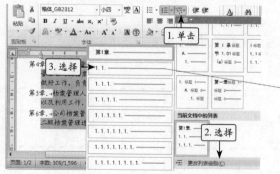

图5-35 选择级别样式

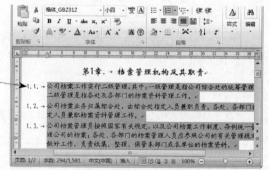

图5-36 应用后的段落效果

07 选择第 2 章制度下的细则段落，如图 5-37 所示。

08 单击"段落"组中的"多级列表"按钮 ，在弹出的下拉列表中选择"更改列表级别"选项，在弹出的子选项中选择"1.1"对应的选项，如图 5-38 所示。

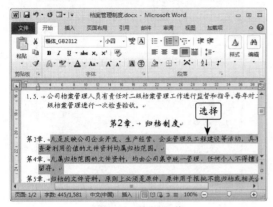

图5-37　选择段落

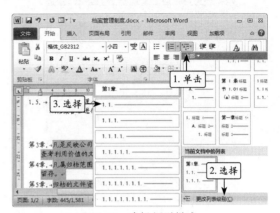

图5-38　选择级别样式

09 此时所选段落将自动应用 2 级列表对应的编号样式，如图 5-39 所示。

10 按相同方法更改其他章节制度下的细则段落编号级别，如图 5-40 所示。

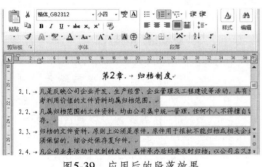

图5-39　应用后的段落效果

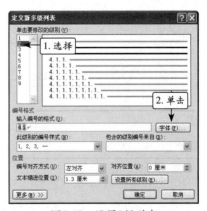

图5-40　设置其他段落编号级别

11 单击"段落"组中的"多级列表"按钮 ，在弹出的下拉菜单中选择"定义新的多级列表"命令，如图 5-41 所示。

12 在"单击要修改的级别"列表框中选择"2"选项，单击 字体(F)... 按钮，如图 5-42 所示。

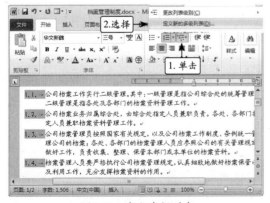

图5-41　定义多级列表

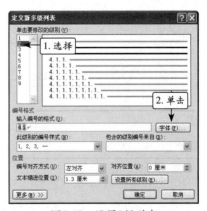

图5-42　设置2级列表

13 打开"字体"对话框，将中文字体设置为"楷体 _GB2312"，单击 确定 按钮，如图 5-43 所示。

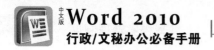

14 在返回的对话框中单击 确定 按钮，如图 5-44 所示。

图5-43　设置字体

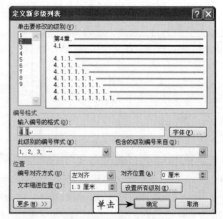

图5-44　确认设置

15 此时文档中所有应用了 2 级列表样式的段落将自动更改设置后的编号格式，如图 5-45 所示。

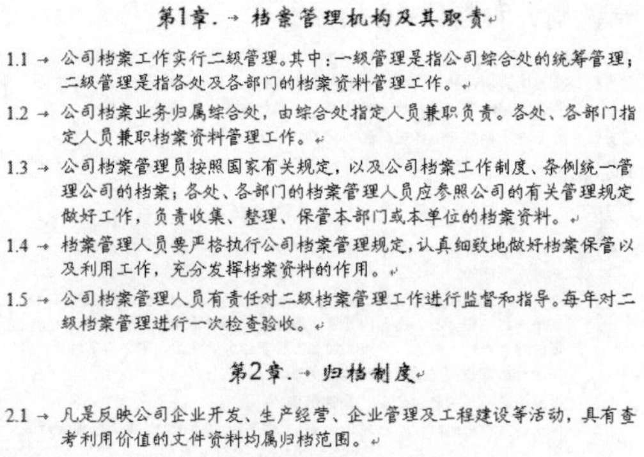

第1章. → 档案管理机构及其职责

1.1 → 公司档案工作实行二级管理。其中：一级管理是指公司综合处的统筹管理，二级管理是指各处及各部门的档案资料管理工作。

1.2 → 公司档案业务归属综合处，由综合处指定人员兼职负责。各处、各部门指定人员兼职档案资料管理工作。

1.3 → 公司档案管理员按照国家有关规定，以及公司档案工作制度、条例统一管理公司的档案；各处、各部门的档案管理人员应参照公司的有关管理规定做好工作，负责收集、整理、保管本部门或本单位的档案资料。

1.4 → 档案管理人员要严格执行公司档案管理规定，认真细致地做好档案保管以及利用工作，充分发挥档案资料的作用。

1.5 → 公司档案管理人员有责任对二级档案管理工作进行监督和指导。每年对二级档案管理进行一次检查验收。

第2章. → 归档制度

2.1 → 凡是反映企业开发、生产经营、企业管理及工程建设等活动，具有查考利用价值的文件资料均属归档范围。

图5-45　设置后的效果

> **方法技巧　更改应用的范围**
>
> 若想在更改多级列表后，使应用的范围仅为当前段落，则可在"定义新多级列表"对话框中单击 更多(M)>> 按钮，在展开的"将更改应用于"下拉列表框中选择"当前段落"选项即可。

▶ 5.4.3　创建档案管理制度卡片

为了使创建的档案管理制度文档在外观上更符合卡片的效果，下面需要进一步对文档的页面大小和内容进行设置。

1. 设置页面大小

下面首先调整文档的页面大小，其具体操作如下。

动画演示：演示 \ 第 5 章 \ 设置页面大小 .swf

01 在"页面布局"选项卡"页面设置"组中单击"纸张大小"按钮，在弹出的下拉菜单中选择"其他页面大小"命令，如图 5-46 所示。

02 打开"页面设置"对话框的"纸张"选项卡，将高度设置为"17 厘米"，单击 确定 按钮，如图 5-47 所示。

图5-46　设置纸张大小

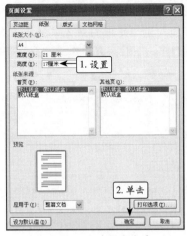

图5-47　更改纸张高度

2. 插入分页符

通过插入分页符，可以将档案管理制度中每一章的内容控制在一个页面中，其具体操作如下。

动画演示： 演示\第5章\插入分页符.swf

01 将插入光标定位到第1章制度下最后的细则段落中，单击"页面设置"组中的 分隔符▾ 按钮，在弹出的下拉列表中选择"分页符"选项，如图5-48所示。

02 此时插入光标后的所有内容将自动移动到下一页页面中显示，如图5-49所示。

图5-48　选择分页符

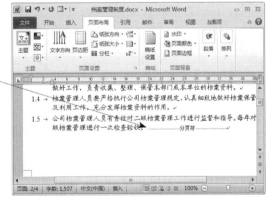

图5-49　分页效果

专家点拨

分页符标记的显示与隐藏

在Word操作界面的"文件"选项卡左侧单击 选项 按钮，在打开的对话框左侧选择"显示"选项，并在右侧选中"空格"复选框即可在文档中显示插入的分页符标记，取消选中该复选框则可隐藏分页符标记。

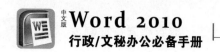

03 在下一页上方删除自动添加的编号段落，效果如图 5-50 所示。

04 将插入光标定位到第 2 章制度下最后的细则段落中，单击"页面设置"组中的 分隔符· 按钮，在弹出的下拉列表中选择"分页符"选项，如图 5-51 所示。

图5-50 删除多余的段落

图5-51 选择分页符

05 此时将在下一页自动添加编号段落，将该段落删除即可，如图 5-52 所示。

06 按相同方法将第 4 章制度的内容进行分页即可，如图 5-53 所示。

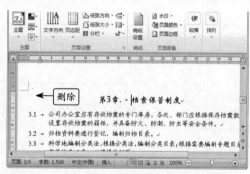

图5-52 分页后的效果

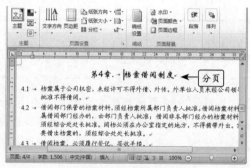

图5-53 分页其他内容

3. 添加页面边框效果

最后将为文档页面添加漂亮的边框效果来美化文档，其具体操作如下。

动画演示： 演示 \ 第 5 章 \ 添加页面边框效果 .swf

01 在"页面布局"选项卡"页面背景"组中单击"页面边框"按钮，如图 5-54 所示。

02 在打开对话框的"艺术型"下拉列表框中选择如图 5-55 所示的选项，单击 确定 按钮。

03 完成页面边框的添加，效果如图 5-56 所示。

图5-54 添加页面边框

图5-55 选择边框样式

图5-56 添加的页面边框效果

5.5 知识拓展

完成工作后,老陈准备给小雯补充一些有用的知识,主要是针对如何为文本添加渐变填充效果以及 Word 的各种分隔符的作用,小雯对这些知识的内容也比较感兴趣,央求老陈赶快给她介绍。

5.5.1 为文本添加渐变填充效果

文本不仅仅只能填充单色,还可以填充漂亮的渐变色,其具体操作如下。

01 选择需设置渐变填充效果的文本,单击"开始"选项卡"字体"组中"字体颜色"按钮 **A** 右侧的下拉按钮,在弹出的下拉菜单中选择"渐变"命令,在弹出的子菜单中选择"其他渐变"命令,如图 5-57 所示。

02 打开"设置文本效果格式"对话框,选中"渐变填充"单选项,选择下方"渐变光圈"栏中左侧的滑块,通过下方"颜色"下拉列表框选择"红色"选项,如图 5-58 所示。

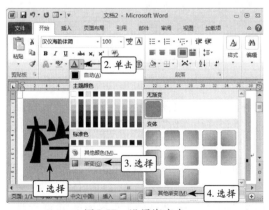

图5-57 设置渐变色

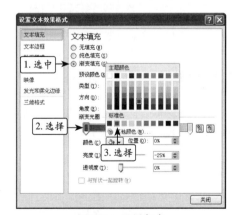

图5-58 设置颜色

03 将中间的滑块拖动到左侧,通过"颜色"下拉列表框将其颜色设置为"橙色",如图 5-59 所示。

04 通过单击"渐变光圈"栏中的空白位置添加新的滑块,并设置成需要的颜色,如图 5-60 所示。

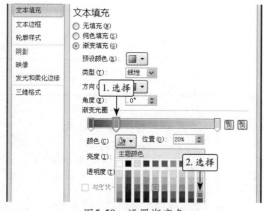

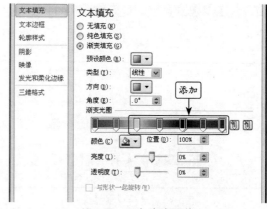

图5-59　设置渐变色　　　　　　　　　　图5-60　添加渐变滑块

05 在"类型"下拉列表框中选择"线性"的渐变类型，在"方向"下拉列表框中选择渐变方向，完成后单击 关闭 按钮，如图5-61所示。

06 完成渐变效果的填充，如图5-62所示。

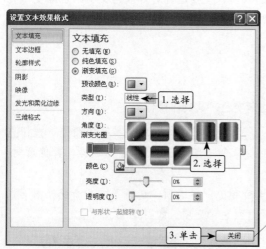

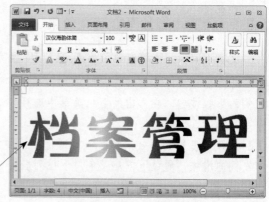

图5-61　设置渐变类型和方向　　　　　　图5-62　设置后的填充效果

5.5.2　认识各种分隔符的作用

除了分页符之外，Word还提供了其他若干种分隔符，在"页面布局"选项卡"页面设置"组中单击 分隔符 按钮，在弹出的下拉列表中即可选择需要的分隔符了。下面简要介绍它们的作用。

- 分栏符：当对文档进行分栏后，选择该分隔符可使标记处在下一栏开始。若未分栏，则会在下一页开始。
- 自动换行符：可对文档中的文本实现"软回车"的换行效果，适用于制作的网页文档。
- 分节符：分节符包括"下一页"、"连续"、"偶数页"和"奇数页"等类型，选择相应的分隔符，可使文本或段落分节，同时余下的内容将根据所选分隔符类型在下一页、本页、下一偶数页或下一奇数页上显示。

5.6 实战演练

通过对档案管理制度的制作，小雯不仅掌握了多级列表、分页符和页面边框等知识，而且对档案管理制度有了新的认识。为了更全面地理解与档案管理相关的知识，老陈又给她准备了两个实例，要求她独立完成制作。

5.6.1 制作档案销毁制度

为严格管理档案销毁工作，现需要制作出如图 5-63 所示的档案销毁制度文件。

素材文件：素材\第5章\档案销毁制度.docx
效果文件：效果\第5章\档案销毁制度.docx

重点提示：（1）为标题段落应用阴影效果、映像效果，并添加"0.25 磅"粗细的黄色轮廓。
（2）设置段落格式后，添加样式为"（一）、（二）、（三），…"的编号。

档案销毁制度

（一）为了优化档案管理，加强档案的保管和有效利用，档案室要对已超过保管期限的档案及时进行鉴销。

（二）鉴销档案必须在分管领导和主任主持下，由档案管理员和鉴定小组共同进行。

（三）鉴销档案必须以国家档案局和上级建设机关部门颁布发的《档案保管期限表》为依据，并编制本单位档案保管期限。

（四）销毁档案必须从严掌握，慎重从事。鉴定结果后，对确无保存价值的档案，要编制销毁清册，提出销毁报告，呈报领导审批。

（五）档案室销毁档案，应指定两名及两名以上工作人员负责鉴销。为防止遗失和泄密，严禁将档案卖给旧物资部门或收购人员。档案销毁后，监销人员必须在销毁清册上签字。

（六）档案销毁报告及销毁清册归入全宗卷，留档存查。

图5-63 档案销毁制度最终效果

5.6.2 制作档案复印制度

为了合理使用档案资源，节约公司成本，现需要制作如图 5-64 所示的档案复印制度文档。

素材文件：素材\第5章\档案复印制度.docx
效果文件：效果\第5章\档案复印制度.docx

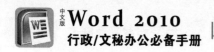
重点提示：(1) 为标题段落应用预设的橙色填充效果。

(2) 设置其他段落格式。

(3) 缩进 2 级列表对应的段落，然后自定义多级列表样式，并为所有段落添加多级列表。

档案复印制度

1. 档案馆复印机仅限于复印档案材料，不作其他用途。

  1-1 使用复印机时必须严格遵守操作规程，出现故障时不得擅自修理，必须及时报告，由专业人员维修。

  1-2 复印机应妥善维护，非工作时间须切断电源。定期对复印机进行维修和保养。

2. 档案材料的复印应严格按照公司制度执行。

  2-1 复印档案材料须经档管理人员同意，由其亲自操作，并做好复印登记。

  2-2 保持复印室内清洁卫生，做好防火、防盗等工作。

  2-3 严格遵守保密制度。对秘密级以上的档案一般不准复印，特殊情况应严格按照有关规定执行。

图5-64　档案复印制度最终效果

第 3 篇
档案管理篇

第 6 章　制作节能项目计划书

市场部制作了一份有关节能项目的计划书，公司领导非常重视这一文件，要求行政部相关人员将该计划书进行整理，以便存档备份。鉴于小雯最近出色地完成了多次任务，部门主管将此工作再次交给了她，并给予了她充分的信任和表扬。小雯受到赞赏后心情自然非常高兴，可冷静下来后就开始分析这次任务了，同时也找到老陈，想听听他对此任务的意见……

知识点

- 设置计划书格式
- 插入封面
- 设置封面背景
- 添加文件水印
- 制作电子公章

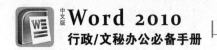
6.1 案例目标

小雯手上只获得了节能项目计划书的内容，为此，她希望老陈帮她想想应该怎样将该文档制作成公司领导希望见到的重点档案文件。老陈想了一会儿，便给小雯作了解释。

> 素材文件：素材\第6章\节能项目计划书.docx
> 效果文件：效果\第6章\节能项目计划书.docx

如图 6-1 所示即为整理后的节能项目计划书的最终效果，本例将简单的计划书内容通过一系列设置后，变成了专业的用于档案保管的重要文件，并盖上了公司公章，使整个文件达到了重点档案文件这一要求。

图6-1　节能项目计划书最终效果

6.2 职场秘笈

不同公司都将根据自身的结构特点和经验方针等，为各种档案文件进行分级和管理，鉴于小雯对这方面知识的不足，老陈将给她补补这方面的知识以及公章的概念。

6.2.1 公司档案级别介绍

一般情况下，公司都会将作为档案保存的文件进行级别分类，确定出相应文件的重要程度、保密级别以及保管期限等属性。如表 6-1 所示即为某公司档案级别的分类参考。

表6-1　公司档案级别划分

档案级别	文　件	保密级别	保管期限
公司档案	集团总部颁发的针对本公司执行的重要文件、材料、通知等	普通	长期
公司档案	各类公司级通知、通报、奖惩、任免、晋升等文件	普通	长期
公司档案	年终工作总结、重大的会议纪要、备忘录	普通	长期
公司档案	公司对外发文	普通	长期
公司档案	重大案件司法文书等法律文件及其他应由公司保管的文件	秘密	长期

（续表）

档案级别	文　　件	保密级别	保管期限
公司档案	公司各类证照、公司印鉴	秘密	长期
公司档案	土地合同、协议；总包合同及相关资料	秘密	永久
公司档案	公司重大历史活动图片及影音资料、奖状、锦旗、纪念品等	秘密	永久
公司档案	政府部门批复性文件	机密	永久
部门档案	总部往来转账通知、房地产往来收据发票、各类凭证、账簿等财务档案	普通	短期
部门档案	税务文件、财务报表、审计验资报告等财务档案	机密	长期
部门档案	预算资料、结算资料等成本类档案	机密	永久
部门档案	营销推广基础资料、工作计划、专项报告等销售档案	秘密	长期
部门档案	客户档案	秘密	长期
部门档案	工程涉及档案	秘密	永久
部门档案	项目开发档案	秘密	永久
部门档案	设计类档案	秘密	长期

▶ 6.2.2　公司公章规格

公司公章是公司处理内外部事务的印鉴，加盖公章的文件便具有法律效力。为了便于管理，公司中使用的不同类型的公章具有不同的规格要求，具体如图6-2所示。

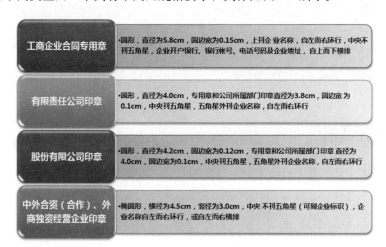

图6-2　不同公章的规格

▶ **6.3　制作思路**

小雯根据老陈介绍的任务情况，将制作思路进行了整理和规划，并请老陈看看这种思路是否可行。

节能项目计划书的制作思路大致如下：

（1）通过添加项目符号、编号等操作设置文本和段落格式，如图6-3所示。

（2）插入封面，输入并设置字体，然后插入图片作为封面背景，如图6-4所示。

- → **项目内容:** 通过对企业的能源消耗情况进行调查，得到能源消耗数据，交予专业团队进行系统的科学的分析，得出节能潜力及具体实施办法。将方案递交给企业和单位相关部门，制定出切实可行的实施方案，由该企业和单位的相关部门部门开展执行。项目实施开展第一阶段，将此时的能耗数据与上次数据进行比对分析，对项目实施的成效进行评估，制定第二阶段实施方案。循环往复，直至达到项目的目标。

- → **项目运作方式:** 在试点企业和单位前期试运作此项目，如运作成功，将其模式向各企业和单位推广实施，寻求新的企业和单位加入此项目。当参与此项目的企业和单位在 10 所以上时，建立由各企业单位成员共同组成的团队，共同共享项目的所有资源，并建立定期交流沟通机制，形成项目联动机制，共同制定阶段性目标，共同实施活动。

- → **具体实施办法:**
  1) → 对能源消耗状况进行调研，得出能源消耗报告书。
  2) → 与专业人士及组织进行协商，进行节能潜力分析。
  3) → 制定出节能具体实施方案。
  4) → 开展节能意识及节能方案的宣传推广活动。
  5) → 根据节能方案与相关部门沟通，共同实施节能方案。

图6-3　设置文本段落格式　　　　　　　　图6-4　插入并设置封面

（3）在文档中添加并设置文字水印，如图 6-5 所示。

（4）通过绘制圆形、五角星图形和艺术字来制作电子公章，如图 6-6 所示。

- → **项目目标:** 在 2017 年使参与此项目的所有单位和企业能耗降低 20%。
- → **项目时间:** 2012 年～2017 年。
- → **项目范围:** ××市大中型企业和单位。
- → **项目内容:** 通过对企业的能源消耗情况进行调查，得到能源消耗数据，交予专业团队进行系统的科学的分析，得出节能潜力及具体实施办法。将方案递交给企业和单位相关部门，制定出切实可行的实施方案，由该企业和单位的相关部门部门开展执行。项目实施开展第一阶段，将此时的能耗数据与上次数据进行比对分析，对项目实施的成效进行评估，制定第二阶段实施方案。循环往复，直至达到项目的目标。
- → **项目运作方式:** 在试点企业和单位前期试运作此项目，如运作成功，将其模式向各企业和单位推广实施，寻求新的企业和单位加入此项目。当参与此项目的企业和单位在 10 所以上时，建立由各企业单位成员共同组成的团队，共同共享项目的所有资源，并建立定期交流沟通机制，形成项目联动机制，共同制定阶段性目标，共同实施活动。
- → **具体实施办法:**
  1) → 对能源消耗状况进行调研，得出能源消耗报告书。
  2) → 与专业人士及组织进行协商，进行节能潜力分析。
  3) → 制定出节能具体实施方案。
  4) → 开展节能意识及节能方案的宣传推广活动。

1) → 对能源消耗状况进行调研，得出能源消耗报告书。
2) → 与专业人士及组织进行协商，进行节能潜力分析。
3) → 制定出节能具体实施方案。
4) → 开展节能意识及节能方案的宣传推广活动。
5) → 根据节能方案与相关部门沟通，共同实施节能方案。
6) → 执行节能方案。
7) → 再次对企业和单位的能耗状况进行调研，与上次数据进行对比，根据反馈对项目本身进行分析、改进。

图6-5　添加水印　　　　　　　　　　图6-6　添加电子公章

▶ 6.4　操作步骤

老陈对小雯整理出的制作思路给予了肯定的回答，现在就让她着手完成任务，小雯也信心满满地开始工作了。

▶ 6.4.1　设置计划书格式

为了方便日后查看节能项目计划书的内容，首先需要对其中的文本和段落进行适当的格式设置。

1．自定义项目符号

当 Word 默认的项目符号样式不满足需要时，便可通过自定义项目符号来设置段落，其具体操作如下。

　　　　动画演示: 演示 \ 第 6 章 \ 自定义项目符号 .swf

01 打开"节能项目计划书.docx"文档，选择第1段至"具体实施办法："段落，单击"开始"选项卡"段落"组中的"项目符号"按钮 ≣· 右侧的下拉按钮，在弹出的下拉菜单中选择"定义新项目符号"命令，如图6-7所示。

02 打开"定义新项目符号"对话框，单击 图片(P)... 按钮，如图6-8所示。

图6-7 选择新的项目符号

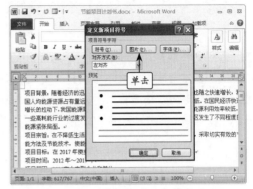

图6-8 选择图片项目符号

03 打开"图片项目符号"对话框，在"搜索文字"文本框中输入"poetic"，单击右侧的 搜索(G) 按钮，然后在下方的列表框中选择如图6-9所示的选项，并单击 确定 按钮。

04 返回"定义新项目符号"对话框，单击 确定 按钮，如图6-10所示。

图6-9 搜索项目符号

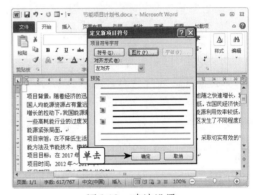

图6-10 确认设置

05 此时所选段落便将应用选择的图片项目符号，效果如图6-11所示。

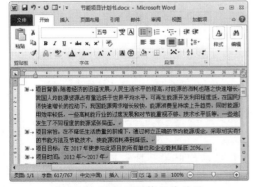

图6-11 添加项目符号的效果

方法技巧 **使用特殊符号作为项目符号**

在"定义新项目符号"对话框中单击 符号(S)... 按钮，可在打开的"符号"对话框中选择某种特殊符号作为项目符号的样式。

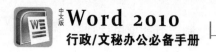

2. 添加并设置编号

下面将继续对部分段落添加编号，并适当对格式进行设置，其具体操作如下。

 动画演示: 演示 \ 第 6 章 \ 添加并设置编号 .swf

01 选择文档最后的 7 个段落，单击"开始"选项卡"段落"组中的"编号"按钮 ≣ 右侧的下拉按钮，在弹出的下拉菜单中选择"定义新编号格式"命令，如图 6-12 所示。

02 打开"定义新编号格式"对话框，在"编号样式"下拉列表框中选择"1, 2, 3, …"选项，在下方的"编号格式"文本框中将原有的"."修改为")"，然后单击 确定 按钮，如图 6-13 所示。

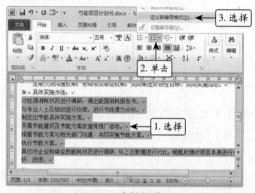

图6-12　选择新编号

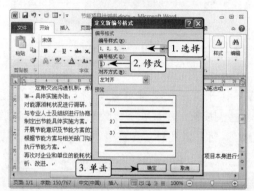

图6-13　设置编号格式

03 保持段落的选择状态，向右拖动标尺中的"首行缩进"滑块到两个文本的距离，调整编号所在段落的首行缩进，如图 6-14 所示。

04 继续向右拖动标尺中的"悬挂缩进"滑块，使跨行的文本与首行文本左对齐，如图 6-15 所示。

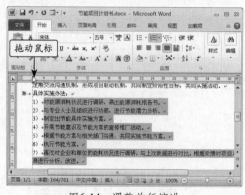

图6-14　调整首行缩进

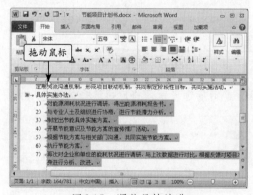

图6-15　调整悬挂缩进

 操作提示 **精确调整标尺滑块**
在拖动标尺上的任意滑块时，按住【Alt】键的同时拖动鼠标可以更精确地调整滑块移动的距离。

3. 设置文本和段落格式

完成项目符号和编号的添加后，下面将对文档中的文本和段落格式进行美化，其具体操作如下。

 动画演示：演示 \ 第 6 章 \ 设置文本和段落格式 .swf

01 选择所有添加了项目符号的段落，单击"字体"组中的"展开"按钮，如图 6-16 所示。

02 打开"字体"对话框，在"中文字体"下拉列表框中选择"楷体_GB2312"选项，在"字号"列表框中选择"小四"选项，单击 确定 按钮，如图 6-17 所示。

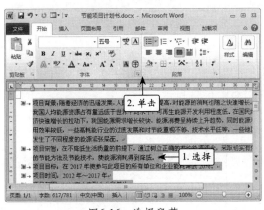

图6-16　选择段落

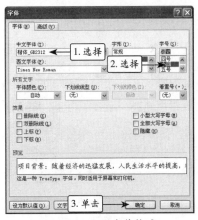

图6-17　设置字体格式

03 保持段落的选择状态，单击"段落"组中的"展开"按钮，如图 6-18 所示。

04 打开"段落"对话框，将段前和段后间距均设置为"0.3 行"，单击 确定 按钮，如图 6-19 所示。

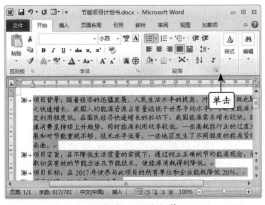

图6-18　设置段落

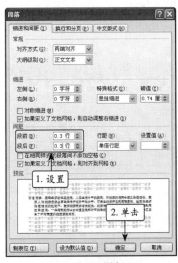

图6-19　设置间距

05 选择"项目背景："文本，在"样式"组的下拉列表框中选择"要点"选项，如图 6-20 所示。

06 按相同方法为所有添加了项目符号段落中冒号前的文本（包含冒号）应用"要点"样式，如图 6-21 所示。

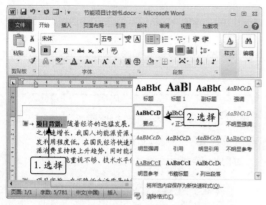

图6-20　应用样式

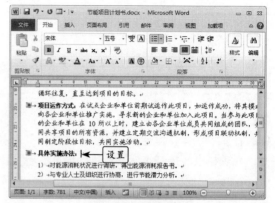

图6-21　应用样式

07 选择所有添加了编号的段落，单击"字体"组中的"展开"按钮，如图 6-22 所示。

08 打开"字体"对话框，在"中文字体"下拉列表框中选择"楷体_GB2312"选项，在"字号"列表框中选择"小四"选项，单击 确定 按钮，如图 6-23 所示。

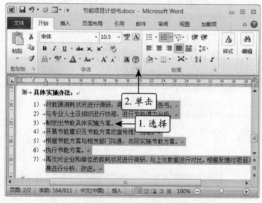

图6-22　选择段落

图6-23　设置字体

09 完成对段落的字体设置，效果如图 6-24 所示。

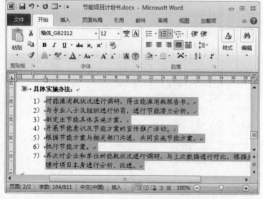

图6-24　设置字体后的段落

> **方法技巧　添加着重号**
>
> 当某些段落中的文本需要重点强调时，可选择该文本，然后打开"字体"对话框，并在"着重号"下拉列表框中选择"·"选项，确认后即可在所选文本下方添加着重号进行强调。

▶ 6.4.2 添加计划书封面

为了让计划书更加专业，可以为其添加并制作专门的文件封面，这样也能适当美化文档。

1. 插入封面

Word 预设了许多封面样式，下面将通过使用其中一种默认的样式来插入封面，然后输入并设置封面内容，其具体操作如下。

 动画演示: 演示\第6章\插入封面.swf

01 在"插入"选项卡"页"组中单击"封面"按钮，在弹出的下拉列表中选择如图 6-25 所示。
02 此时将在文档开头插入一页页面，其中将包含所选的封面内容和样式，如图 6-26 所示。

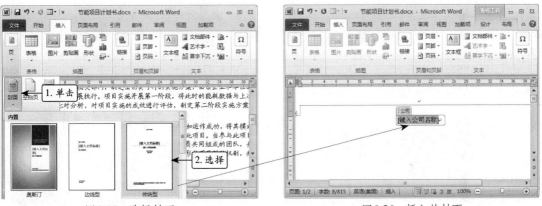

图6-25 选择封面　　　　　　　　　　图6-26 插入的封面

03 在"[键入公司名称]"文本框中输入公司的名称，如图 6-27 所示。
04 继续修改封面中其他文本框的内容，修改如图 6-28 所示。

图6-27 修改公司名称　　　　　　　　图6-28 修改标题等内容

05 选择封面下方文本框中的文本，按【Delete】键将其删除，如图 6-29 所示。
06 选择封面上方输入的公司名称文本，将其格式设置为"黑体、小四"，如图 6-30 所示。

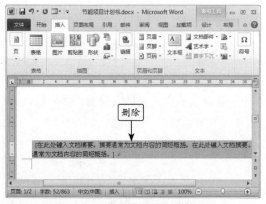

图6-29　删除封面下方的摘要

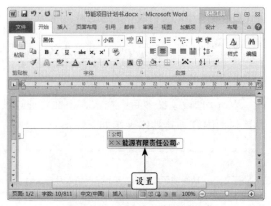

图6-30　设置公司名称格式

07 将文档标题的格式设置为"华文新魏、48号"，如图 6-31 所示。

08 将文档副标题的格式设置为"华文行楷、26号"，如图 6-32 所示。

图6-31　设置标题格式

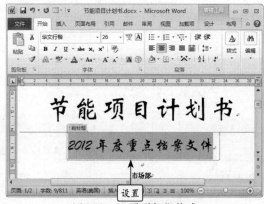

图6-32　设置副标题格式

专家点拨　**认识内容控件**

封面中包含的各个文本框实际上是利用开发工具中的各种内容控件插入的，这些控件可以方便文档使用者操作，在本书后面的案例中将会涉及控件的使用。

2. 设置封面背景

为了使封面更加美观，下面将通过插入电脑中自带的图片来设置封面背景，其具体操作如下。

动画演示：演示\第6章\设置封面背景.swf

01 将插入光标定位到封面中的空白行中，在"插入"选项卡"插图"组中单击"图片"按钮，如图 6-33 所示。

02 打开"插入图片"对话框，选择"我的文档/图片收藏/示例图片"文件夹中如图 6-34 所示的图片选项，然后单击 [插入(S) ▾] 按钮。

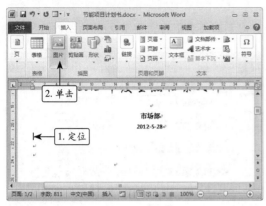

图6-33　插入图片

图6-33　选择系统自带的图片

03 选择插入的图片，单击"图片工具　格式"选项卡"排列"组中的"自动换行"按钮，在弹出的下拉列表中选择"衬于文字下方"选项，如图 6-35 所示。

04 将图片拖动到封面的左上角，如图 6-36 所示。

图6-35　设置图片排列方式

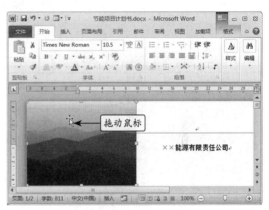

图6-36　移动图片

05 拖动图片右边框中间的控制点，将宽度增加到与页面宽度相同的大小，如图 6-37 所示。

06 拖动图片下边框中间的控制点，将高度增加到与页面高度相同的大小，如图 6-38 所示。

图6-37　增加图片宽度

图6-38　增加图片高度

07 在"图片工具 格式"选项卡"调整"组中单击"颜色"按钮，在弹出的下拉列表中选择如图 6-39 所示的选项。

08 继续在该组中单击"艺术效果"按钮，在弹出的下拉列表中选择如图 6-40 所示的选项。

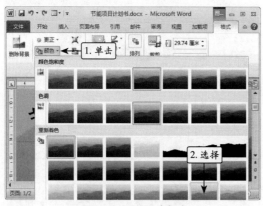

图6-39 设置图片颜色

图6-40 设置图片艺术效果

09 完成图片的设置，效果如图 6-41 所示。

图6-41 设置的图片效果

方法技巧 裁剪图片

当插入的图片中包含不需要的部分时，可将这些区域裁剪掉，其方法为：选择图片，在"图片工具 格式"选项卡"大小"组中单击"裁剪"按钮，此时图片上将出现裁剪标记，拖动这些标记确定图片裁剪后剩余的部分，然后单击图片以外的任意位置即可确认操作。

▶ 6.4.3 添加文件水印

由于此文档被公司作为重要的档案文件保存，因此下面将在文件中添加"严禁借阅"的水印字样，其具体操作如下。

动画演示：演示\第6章\添加文件水印.swf

01 将插入光标定位到第 2 页的空白行中，在"页面布局"选项卡"页面背景"组中单击"水印"按钮，在弹出的下拉菜单中选择"自定义水印"命令，如图 6-42 所示。

02 打开"水印"对话框，选中"文字水印"单选项，在"文字"下拉列表框中输入"严禁借阅"，在"字体"下拉列表框中选择"华文新魏"选项，在"字号"下拉列表框中输入"150"，如图 6-43 所示。

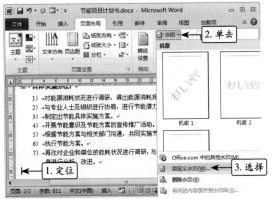

图6-42 自定义水印

图6-43 设置水印内容和格式

03 在"颜色"下拉列表框中选择"蓝色"选项，选中"半透明"复选框，单击 [确定] 按钮，如图 6-44 所示。

04 完成水印的添加，效果如图 6-45 所示。

图6-44 设置水印颜色

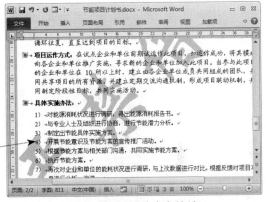

图6-45 设置的水印效果

6.4.4 制作电子公章

使用 Word 强大的图形设置功能可以完成电子公章的绘制和美化，下面便来进行这项工作。

1. 绘制圆圈和五角星图形

通过椭圆和五角星图形可以绘制公章的外形，其具体操作如下。

 动画演示： 演示 \ 第6章 \ 绘制圆圈和五角星图形.swf

01 在"插入"选项卡"插图"组中单击"形状"按钮，在弹出的下拉列表中选择如图 6-46 所示的选项。

02 按住【Shift】键的同时绘制正圆图形，如图 6-47 所示。

图6-46 选择图形

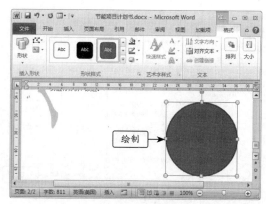

图6-47 绘制正圆

03 选择绘制的正圆,在"绘图工具 格式"选项卡"形状样式"组中单击 形状填充 ▼ 按钮,在弹出的下拉列表中选择"无填充颜色"选项,如图6-48所示。

04 继续单击该组中的 形状轮廓 ▼ 按钮,在弹出的下拉列表中选择"红色"选项,然后将轮廓粗细设置为"4.5磅",如图6-49所示。

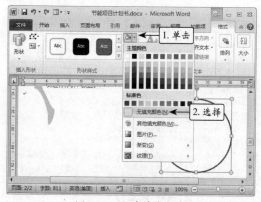

图6-48 取消填充颜色

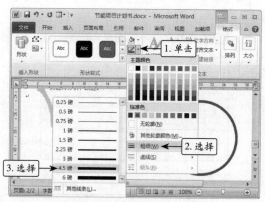

图6-49 设置轮廓颜色和粗细

05 再次利用"形状"按钮 选择"五角星"形状,并利用【Shift】键绘制正五角星图形,如图6-50所示。

06 去掉正五角星的轮廓颜色,并为其填充"红色",效果如图6-51所示。

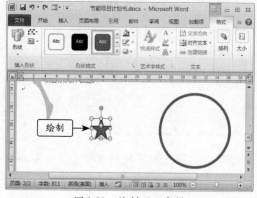

图6-50 绘制正五角星

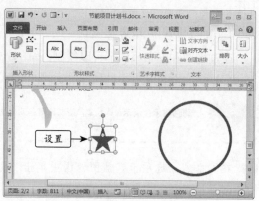

图6-51 设置图形填充和轮廓颜色

2. 制作公章中的公司名称

下面将通过插入艺术字来制作公章中的公司名称，其具体操作如下。

 动画演示：演示\第6章\制作公章中的公司名称.swf

01 在"插入"选项卡"文本"组中单击"艺术字"按钮**A**，在弹出的下拉列表中选择如图 6-52 所示的选项。

02 将艺术字内容修改为公司名称，如图 6-53 所示。

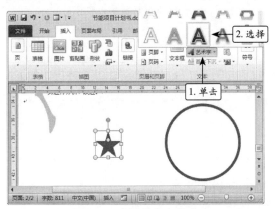

图6-52　选择艺术字样式　　　　　　　　图6-53　更改艺术字内容

03 利用"绘图工具 格式"选项卡"艺术字样式"组中的**A 文本效果·**按钮去掉艺术字的阴影效果和棱台效果，然后去除艺术字的轮廓颜色，将填充色设置为"红色"，如图 6-54 所示。

04 选择所有艺术字中的文本，将字体格式设置为"仿宋_GB2312、加粗"，如图 6-55 所示。

图6-54　设置艺术字效果和颜色　　　　　　图6-55　设置艺术字字体

05 再次在"艺术字样式"组中单击**A 文本效果·**按钮，在弹出的下拉列表中选择"转换"选项，在弹出的子选项中选择如图 6-56 所示形状样式。

06 此时艺术字的排列样式将变为所选的形状效果，如图 6-57 所示。

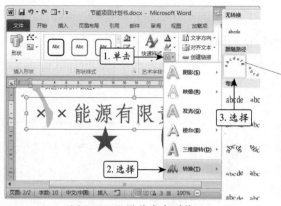

图6-56 设置艺术字形状

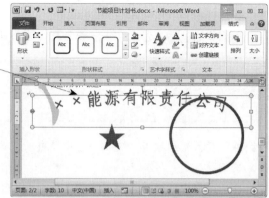

图6-57 设置后的艺术字效果

3. 整理并美化图形

接下来将进一步对图形和艺术字进行适当美化，使制作的电子公章更加美观，其具体操作如下。

动画演示：演示\第6章\整理并美化图形.swf

01 将艺术字的高度和宽度调整为与正圆相似的大小，如图6-58所示。

02 拖动艺术字上紫色的控制点，调整艺术字的形状弧度，如图6-59所示。

图6-58 调整艺术字尺寸

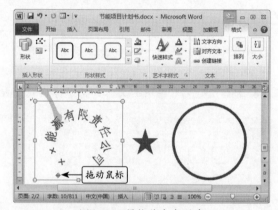

图6-59 调整艺术字弧度

03 利用【Shift】同时选择3个图形对象，在"绘图工具格式"选项卡"排列"组中单击 对齐 按钮，在弹出的下拉列表中选择"左右居中"选项，如图6-60所示。

04 再次单击 对齐 按钮，在弹出的下拉列表中选择"上下居中"选项，如图6-61所示。

操作提示 对齐图形对象的目的

依次对所选的图形对象进行左右居中对齐和上下居中对齐，这样可以达到将所选图形对象按中心对齐的效果。

图6-60 左右居中对齐　　　　　　　　图6-61 垂直居中对齐

05 选择艺术字对象，拖动绿色控制点适当调整角度，并调整艺术字与正圆的距离，效果如图 6-62 所示。

06 重新选择 3 个图形对象，在"绘图工具 格式"选项卡"排列"组中单击 组合 按钮，在弹出的下拉列表中选择"组合"选项，如图 6-63 所示。

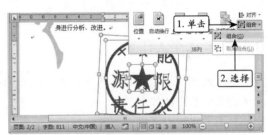

图6-62 调整艺术字角度和位置　　　　　图6-63 组合图形

07 选择组合的图形，利用"形状样式"组中的 形状效果 按钮为图形添加如图 6-64 所示的棱台效果。

08 适当调整组合图形在文档中的位置即可，如图 6-65 所示。

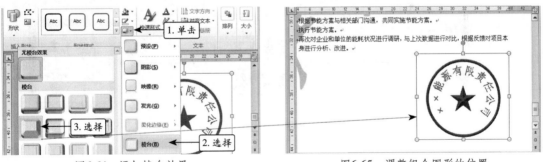

图6-64 添加棱台效果　　　　　　　　图6-65 调整组合图形的位置

6.5 知识拓展

为了让小雯可以更加熟练地使用水印工具和制作印章，老陈将这两方面的知识给她进行了一定的拓展讲解。

6.5.1 为文件添加图片水印

Word 不仅允许为文档添加文字水印，还允许使用各种图片添加图片水印，其方法为：打开文档，在"页面布局"选项卡"页面背景"组中单击"水印"按钮 ，在弹出的下拉菜单中选择"自定义水印"命令，打开"水印"对话框，如图 6-66 所示。选中"图片水印"单选项，利

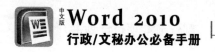

用 选择图片(P)... 按钮选择图片，在“缩放”下拉列表框中可设置图片缩放比例；选中“冲蚀”复选框可得到具有冲蚀效果的图片，确认后即可，效果如图 6-67 所示。

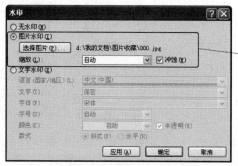

图6-66　设置图片水印

2、文件的更改：

（1）任何原因造成文件的个别字句需要更改，且更改后不影响整个文件版面的整洁美观，由原编制形成的部门负责人书面写明更改位置和如何更改（数据性或原则性的须报直属部经理签字认可），连同编制形成部门负责人的私章送原发放人，由原发放人根据原发放范围及存档予以更改。

（2）文件发放人根据更改字数多少和繁简情况，可到现场为原件人更改，也可以收回后予以更改，再返还给原收件人。但在更改时必须用双线划掉原字句，在划掉的字句对应上方行距空间写上新字句，并在更改处盖上原编制形成部门负责人的私章。

3、文件的换页：

（1）任何原因造成文件单页大面积修改，需换页的，由原编制形成将需修改页面进行修改并打印、复印好，由其部门负责人书面写明换页情况（属数据性、原则性修改须部经理签字认可）送原文件发放人，由原文件发放人根据原发放范围予以换页。

（2）所有需换页的文件，由文件发放人统一换页并注明执行时间，将原页销毁。

4、文件的回收、作废：

（1）因公司制度汇总、部门调整、规划变化等原因，造成原文件内容与新文件内容重复、冲突而失效的，由汇总部门或新文件编制形成部门负责人，安排原发放人予以回收。

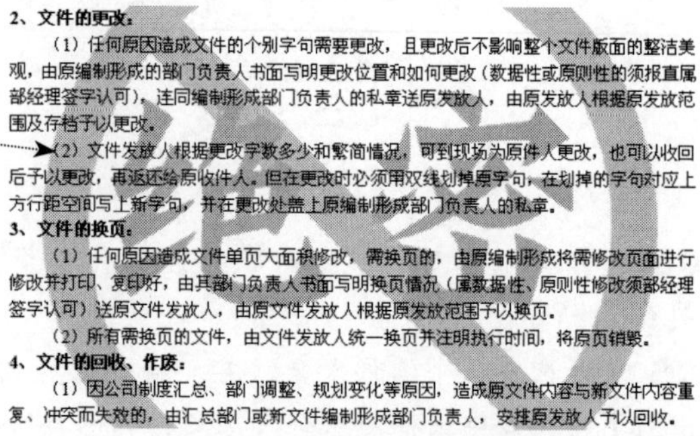

图6-67　添加的图片水印效果

6.5.2　制作个人印章

除了公司印章之外，个人印章也是工作中经常使用的对象，利用 Word 也可轻易地制作出个人印章，其方法如下。

01 绘制文本框，去除文本框的填充和轮廓颜色，并在其中输入“印”，设置为需要的字体，颜色设置为“红色”，如图 6-68 所示。

02 复制 3 个文本框，分别将文本修改为姓名中的 3 个字，然后排列文本框，如图 6-69 所示。

03 绘制图文框图形，取消轮廓颜色，填充颜色设置为“红色”，并适当调整形状粗细，放置到文本框处即可，如图 6-70 所示。

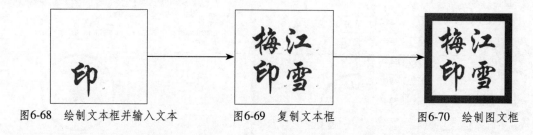

图6-68　绘制文本框并输入文本

图6-69　复制文本框

图6-70　绘制图文框

6.6　实战演练

小雯再一次顺利完成了任务，老陈给予表扬之后，希望她再接再厉，继续完成下面两个案例的制作。

6.6.1　为公司文件管理办法制作封面

现需要为公司文件管理办法文档制作封面效果，如图 6-71 所示。

素材文件：素材\第 6 章\公司文件管理办法.docx、背景.jpg

效果文件：效果\第 6 章\公司文件管理办法.docx

重点提示：（1）选择 Word 预设的“堆积型”封面样式。

（2）插入“背景 .jpg”图片，设置图片的位置。

（3）调整图片亮度和对比度，并裁剪掉不需要的区域。

文件管理

公司文件管理办法

行政部

为了控制公司文件发放的适当范围、作废文件的及时回收，确保各部门、车间所使用的公司文件的有效性，特制定本规定。

1、文件的发放：

（1）财务部、生产部、营销部办公室以本部门名义形成且在本部门管辖范围内发放的文件，各自安排发放和回收。需要在公司各横向关联部门之间发放实施的文件，由办公室安排专人统一发放和回收。

（2）各部门需办公室安排发放文件时，必须将文件打印并复印好，由部经理书面写明发放范围、发放时间并签名后送综合管理部，由办公室主任安排文件发放人予以发放。

（3）任何文件，发放人须建立“文件发放回收登记表”。发放到各部门的所有文件，由部门负责人签字接收。如部门负责人不在，由部门在场人员签名代收。代收人必须负责及时将文件转给部门负责人。需个人接收的文件由部门内部建立“文件发放回收登记表”，并由个人亲自签字接收。

（4）需发放到正科长以下管理、辅助人员和职工的文件（包括学习材料等），发放人只需发放到相关正科长级管理人员，再由正科长级管理人员安排发放到相关个人。

2、文件的更改：

（1）任何原因造成文件的个别字句需要更改，且更改后不影响整个文件版面的整洁美观，由原编制形成的部门负责人书面写明更改位置和如何更改（数据性或原则性的须报直属部经理签字认可），连同编制形成部门负责人的私章送原发放人，由原发放人根据原发放范围及存档予以更改。

（2）文件发放人根据更改字数多少和繁简情况，可到现场为原件人更改，也可以收回后予以更改，再返还给原收件人。但在更改时必须用双线划掉原字句，在划掉的字句对应上方行距空间写上新字句，并在更改处盖上原编制形成部门负责人的私章。

3、文件的换页：

（1）任何原因造成文件单页大面积修改，需换页的，由原编制形成将需修改页面进行修改并打印、复印好，由其部门负责人书面写明换页情况（属数据性、原则性修改须部经理签字认可）送原文件发放人，由原文件发放人根据原发放范围予以换页。

（2）所有需换页的文件，由文件发放人统一换页并注明执行时间，将原页销毁。

4、文件的回收、作废：

（1）因公司制度汇总、部门调整、规划变化等原因，造成原文件内容与新文件内容重复、冲突而失效的，由汇总部门或新文件编制形成部门负责人，安排原发放人予以回收。

（2）文件发放人在回收文件时，必须持“文件发放回收登记表”由原接收人在登记表相关栏内签名后回交。

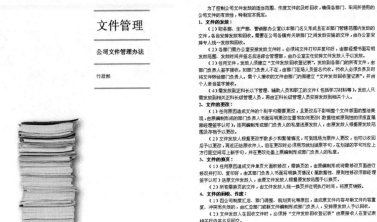

图6-71　公司文件管理办法最终效果

6.6.2 编辑公司员工行为规范

在将公司员工行为规范存档之前，需要先对该文档的内容进行适当设置，达到如图 6-72 所示的效果。

素材文件： 素材 \ 第 6 章 \ 公司员工行为规范 .docx

效果文件： 效果 \ 第 6 章 \ 公司员工行为规范 .doc

重点提示：（1）为文档段落添加多级列表，其中 1 级列表为“一 . 二 . 三 .…”样式；2 级列表为“1、2、3、…”样式；3 级列表为“1.1，1.2，1.3…”样式。

（2）为文档添加文字水印，内容为“严禁复制”、颜色为“水绿色”。

（3）利用椭圆图形和艺术字制作合资企业的电子公章。

公司员工行为规范

一. 岗位规范

1、上班的时候

1.1 遵守上班时间。因故迟到和请假的时候，必须事先通知，来不及的时候必须用电话联络。

1.2 做好工作前的准备。

1.3 铃一打就开始工作。

2、工作中

2.1 工作要做到有计划、有步骤、迅速踏实地进行。

2.2 遇有工作部署应立即行动。

2.3 工作中不扯闲话。

2.4 工作中不要随便离开自己的岗位。

2.5 离开自己的座位时要整理桌子，椅子半位，以示主人未远离。

2.6 长时间离开岗位时，可能会有电话或客人，事先应拜托给上司或同事。椅子全部推入，以示主人外出。

2.7 打开计算机传阅文件，网上查看邮件。

2.8 不打私人电话。不从事与本职工作无关的私人事务。

2.9 在办公室内保持安静，不要在走廊内大声喧哗。

3、办公用品和文件的保管

3.1 办公室内实施定置管理。

3.2 办公用品和文件必须妥善保管，使用后马上归还到指定场所。

3.3 办公用品和文件不得带回家，需要带走时必须得到许可。

十. 本规范为试行，不妥或不全面者待修改或补充。解释权归公司综合部。

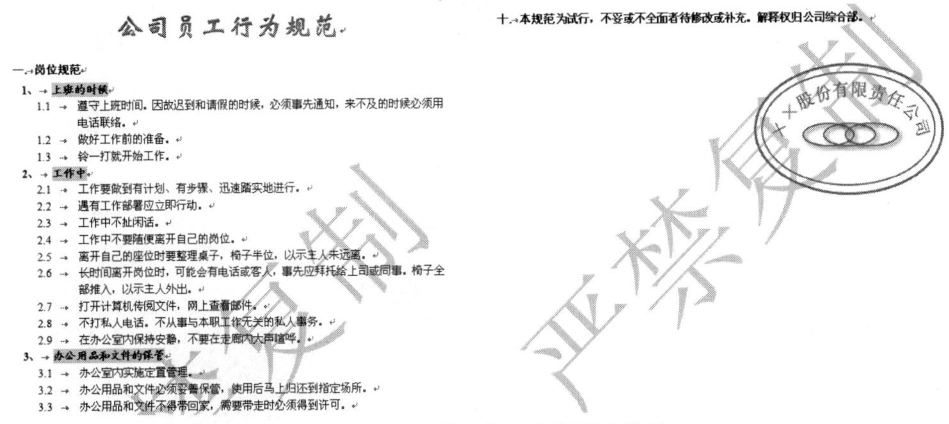

图6-72　公司员工行为规范最终效果

第4篇
公文处理篇

第7章 创建公司员工守则

公司原有的员工守则文件过于陈旧，且条理不清，相关负责人责令行政部对员工守则重新进行整理和编辑。小雯自告奋勇，将任务揽到了自己的身上，并胸有成竹地告诉部门负责人，自己一定能在最短的时间内交出满意的答卷。老陈与部门负责人沟通后，同意让小雯来接手任务，在整个过程中小雯还可以随时请教老陈，以便解决遇到的各种问题。

知识点

- 设置守则内容格式
- 创建多级列表
- 插入书签和超链接
- 创建页码
- 拼写与语法检查

7.1 案例目标

老陈明确地告诉小雯，公司员工守则的格式不宜花哨，以简洁大方为基本要求，守则条款要清晰明了，内容更不能出错。

> 素材文件：素材\第7章\公司员工守则 .docx
> 效果文件：效果\第7章\公司员工守则 .docx

如图 7-1 所示即为公司员工守则的最终效果，通过格式设置和多级列表的使用使标题及守则条款达到了简洁明了的要求，并利用了书签、超链接、页码等对象，让使用者可以更加方便地浏览文件内容，最后通过拼写和语法检查确保文件中没有错别字词出现。

公 司 员 工 守 则

(2012 年 6 月 10 日发布)

第一条 本公司员工均应遵守下列规定。
（一）准时上下班，对所担负的工作争取时效，不拖延不积压。
（二）服从上级指挥，如有不同意见，应婉转相告或以书面陈述，一经上级主管决定，应立即遵照执行。
（三）尽忠职守，保守业务上的秘密。
（四）爱护本公司财物，不浪费，不化公为私。
（五）遵行公司一切规章及工作守则。
（六）保持公司信誉，不作任何有损公司信誉的行为。
（七）注意本身品德修养，切戒不良嗜好。
（八）不私自经营与公司业务有关的商业或兼任公司以外的职业。
（九）待人接物要态度谦和，以争取同仁及顾客的合作。
（十）严谨操守，不得收受与公司业务有关人士或形式的馈赠、贿赂或向其挪借款项。
第二条 本公司员工因过失或故意导致公司遭受损害时，应负赔偿责任。
第三条 员工每天工作 8 小时，星期六、星期日及纪念日休假。如因工作需要，可依照政府有关规定适当延长工作时间，所延长时数为加班，可给加班费或补休。
第四条 管理部门之每日上、下班时间，可依季节之变化事先制定，公告实行。
业务部门每日工作时间，应视业务需要，制定为一班制，或多班轮值制。如采用昼夜轮班制，所有班次，必须 1 星期调整 1 次。

的证明，公佈假应附劳保医院或特约医院的证明，副经理以上人员请假，以及申请特准处长病事假者，应呈请总经理核准，其余人员均由直属核准，必要时可授权下级主管核准。凡未经请假或请假不准而未者，以旷工论处。
第十三条 旷工 1 天扣发当日薪水，不足 1 天照每天 7 小时比例以小时为单位扣发。(返回标题)
第十四条 第九条一、二款规定请病、事假之日数，系自每一从业人员报到之日起届满 1 年计算。全年均未请病、事假者，每年给予 1 个月之不请假奖金，每请假 1 天，即扣发该项奖金 1 天，请病事假逾 30 天者，不发该项奖金。
第十五条 本公司人员服务满 1 年者，得依下列规定，给予特别休假。
（一）工作满 1 年以上未满 3 年者，每年 7 日。
（二）工作满 3 年以上未满 5 年者，每年 10 日。
（三）工作满 5 年以上未满 10 年者，每年 14 日。
（四）工作满 10 年以上者每满 1 年加给 1 日，但休假总数不得超过 30 日。
第十六条 特别休假，应在不妨碍工作之范围内，由各部门就业务情况排定每人轮流休假日前施行。如因工作需要，得随时令其销假工作，等工作完毕会较同时，补足其应休假期。但如确因工作需要，至年终无法休假者，可按未休日数，计发其与薪水相同的奖金。(返回标题)

第 2 页

图7-1 公司员工守则最终效果

7.2 职场秘笈

守则的编辑具有一定的专业限制和格式，为了让小雯能准确完成任务，老陈给小雯介绍了有关守则要求、写作要点等知识。

► 7.2.1 守则概述

守则是行政机关、组织团体和企事业单位常用的一种公文，是要求本单位、本部门或本系统人员共同遵守的道德规范与行为准则。

守则是根据本单位具体情况制定的，有的还是工作中的具体操作规范，有特定的使用范围和较强的针对性。具体而言，守则可以用来规定各行各业人们的道德行为规范，也常用于规定具体的操作规范，如某类人员的行为准则、某些工作行业的职业守则、某些设备操作的守则、某些生产工艺的守则等，对人们的生产、生活、工作、学习起推动、督促和约束的作用。

按不同的标准，可将守则分为如图 7-2 所示的类别。

守则
按行业和工作性质分
按包含内容分
学生守则
干部守则
员工守则
综合性守则
单一性守则
工作守则
公司守则
设备操作守则
值班守则

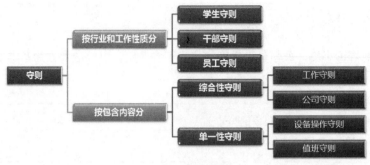

图7-2　守则分类

7.2.2　守则写作要点

守则的内容较为简短，条理清楚，内容明确具体，它一般由标题、正文和签署组成，具体如图 7-3 所示。

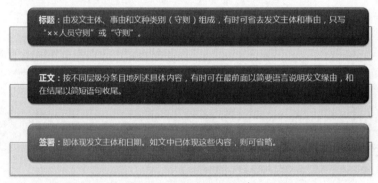

标题：由发文主体、事由和文种类别（守则）组成，有时可省去发文主体和事由，只写“××人员守则”或“守则”。
正文：按不同层级分条目地列述具体内容，有时可在最前面以简要语言说明发文缘由，和在结尾以简短语句收尾。
签署：即体现发文主体和日期。如文中已体现这些内容，则可省略。

图7-3　守则的组成内容

7.3　制作思路

按照老陈介绍的案例目标，小雯已经对整个任务的制作思路进行了规划，并把这些内容整理下来让老陈看看是否可行。

公司员工守则的制作思路大致如下：

(1) 分别对公司员工守则中的标题、发布日期段落、1 级列表段落和 2 级列表段落进行格式设置，如图 7-4 所示。

(2) 为守则的具体条款段落添加多级列表，如图 7-5 所示。

(3) 插入书签、超链接和页面等对象，然后对整篇文档进行拼写和语法检查，如图 7-6 所示。

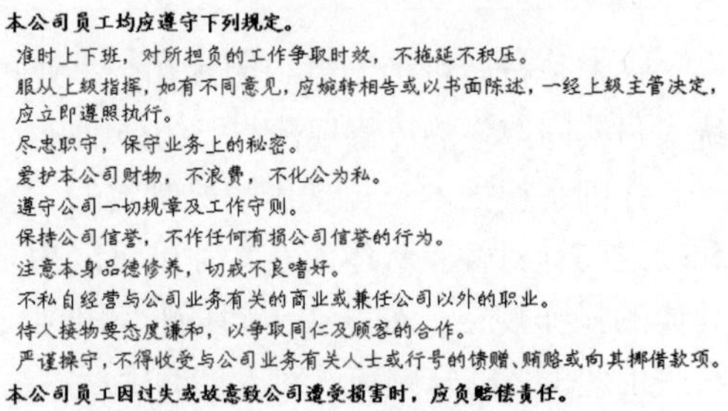

公司员工守则

（2012 年 6 月 10 日发布）

本公司员工均应遵守下列规定。

准时上下班，对所担负的工作争取时效，不拖延不积压。

服从上级指挥，如有不同意见，应婉转相告或以书面陈述，一经上级主管决定，应立即遵照执行。

尽忠职守，保守业务上的秘密。

爱护本公司财物，不浪费，不化公为私。

遵守公司一切规章及工作守则。

保持公司信誉，不作任何有损公司信誉的行为。

注意本身品德修养，切戒不良嗜好。

不私自经营与公司业务有关的商业或兼任公司以外的职业。

待人接物要态度谦和，以争取同仁及顾客的合作。

严谨操守，不得收受与公司业务有关人士或行号的馈赠、贿赂或向其挪借款项。

本公司员工因过失或故意致公司遭受损害时，应负赔偿责任。

图7-4　设置文本段落格式

第四条 管理部门之每日上、下班时间，可依季节之变化事先制定，公告实行。
　　　业务部门每日工作时间，应视业务需要，制定为一班制，或多班轮值制。
　　　如采用昼夜轮班制，所有班次，必须1星期调整1次。

第五条 上、下班应亲自签到或打卡，不得委托他人代签或代打，如有代签或代打情况发生，双方均以旷工论处。

第六条 员工应严格按要求出勤。

第七条 本公司每日工作时间订为8小时，如因工作需要，可依照政府有关规定延长工作时间至10小时，所延长时数为加班。除前项规定外，因天灾事变、季节关系，依照政策有关规定，仍可延长工作时间，但每日总工作时间不得超过12小时，其延长之总时间，每月不得超过46小时。其加班费依照公司有关规定办理。

第八条 每日下班后及例假日，员工应服从安排值日值宿。

第九条 员工请假，应照下列规定办理。

　（一）病假——因病须治疗或休养者可请病假，每年累计不得超过30天，可以未请事假及特别休假抵充逾期仍未痊愈的天数，即予停薪留职，但以1年为限。

　（二）事假——因私事待理者，可请事假，每年累计不得超过14天，可以特别休假抵充。

　（三）婚假——本人结婚可请婚假3天，晚婚者加10天，子女结婚可请2天。

图7-5　添加多级列表

第十三条 旷工1天扣发当日薪水，不足1天照每天7小时比例以小时为单位扣发。*(退回标题)*

第十四条 第九条一、二款规定请病、事假之日数，系自每一从业人员报到之日起届满1年计算。全年均未请病、事假者，每年给予1个月之不请假奖金，每请假1天，即扣发该项奖金1天，请病事假逾30天者，不发该项奖金。

第十五条 本公司人员服务满1年者，得依下列规定，给予特别休假。

　（一）工作满1年以上未满3年者，每年7日。

　（二）工作满3年以上未满5年者，每年10日。

　（三）工作满5年以上未满10年者，每年14日。

　（四）工作满10年以上者每增1年加给1日，但休假总数不得超过30日。

第十六条 特别休假，应在不妨碍工作之范围内，由各部门就业务情况排定每人轮流休假日期后施行。如因工作需要，得随时令其销假工作，等工作完毕公务较闲时，补足其应休假期。但如确因工作需要，至年终无法休假者，可按未休日数，计发其与薪水相同的奖金。*(退回标题)*

第2页

图7-6　插入各种对象并检查文档

▶ 7.4　操作步骤

　　按照整理好的制作思路，小雯将在最短的时间内完成此项任务。老陈也将在小雯操作的过程中，随时帮助她解决各种各样的问题。

▶ 7.4.1　设置守则内容格式

　　下面首先对守则的内容进行格式设置，一方面美化文档，一方面为后面创建多级列表做好准备，其具体操作如下。

 动画演示：演示\第7章\设置守则内容格式.swf

01 打开"公司员工守则.docx"文档，选择第1段段落，单击"开始"选项卡"字体"组中的"展开"按钮，如图7-7所示。

02 打开"字体"对话框的"字体"选项卡，将中文字体设置为"楷体_GB2312"，将字形设置为"加粗"，将字号设置为"一号"，如图7-8所示。

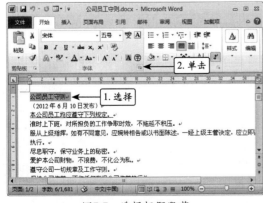

图7-7　选择标题段落

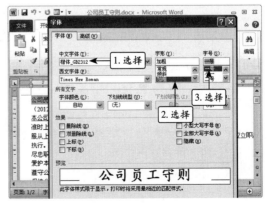

图7-8　设置字体格式

03 单击"高级"选项卡，将间距设置为"加宽"，磅值设置为"5磅"，单击 [确定] 按钮，如图7-9所示。

04 保持段落的选择状态，单击"段落"组中的"居中"按钮 ≡，如图7-10所示。

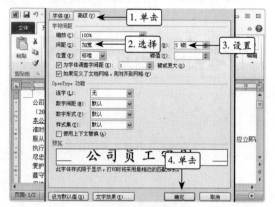
图7-9　设置字符间距

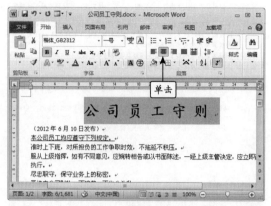
图7-10　设置对齐方式

05 选择第2段段落，利用"字体"对话框将字体格式设置为"楷体、小四"，单击 [确定] 按钮，如图7-11所示。

06 保持段落的选择状态，单击"开始"选项卡"段落"组中的"展开"按钮 ⌐，如图7-12所示。

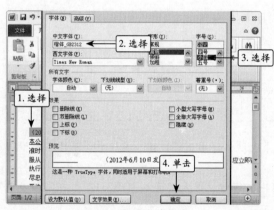
图7-11　设置字体格式

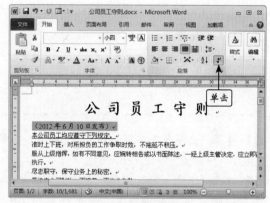
图7-12　设置段落

07 打开"段落"对话框，将对齐方式设置为"居中"，将段后间距设置为"1行"，单击 [确定] 按钮，如图7-13所示。

08 选择第3段段落，再次利用"字体"对话框将字体设置为"楷体"，将字形设置为"加粗"，将字号设置为"小四"，将下划线线型设置为"无"，单击 [确定] 按钮，如图7-14所示。

方法技巧　**快速设置行距**
选择段落后，直接在"开始"选项卡"段落"组中单击"行和段落间距"按钮 ≡，可在弹出的下拉列表中选择预设的距离选项对行距进行调整。

图7-13　设置段落格式

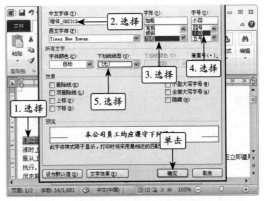

图7-14　设置字体格式

09 保持段落的选择状态，打开"段落"对话框，将段前和段后间距均设置为"0.2行"，单击 确定 按钮，如图7-15所示。

10 完成第3段段落的设置，保持其选择状态，双击"开始"选项卡"剪贴板"组中的 格式刷 按钮，如图7-16所示。

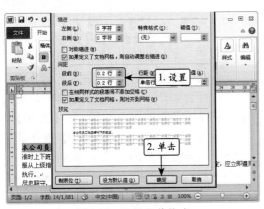

图7-15　设置段落格式

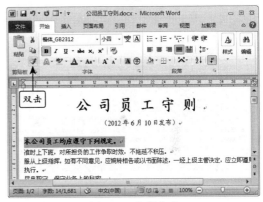

图7-16　复制格式

11 选择其他添加了下划线的段落，为其应用复制的段落格式，如图7-17所示。

12 选择第4段段落，利用"字体"对话框将字体设置为"楷体"、将字号设置为"小四"，单击 确定 按钮，如图7-18所示。

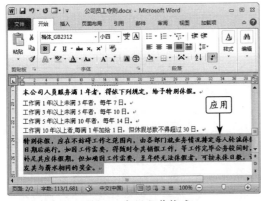

图7-17　应用段落格式

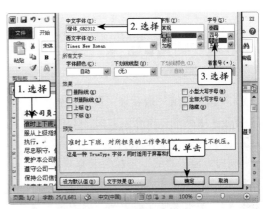

图7-18　设置字体格式

13 继续利用"段落"对话框将段前和段后间距均设置为"0.1 行",单击 **确定** 按钮,如图 7-19 所示。

14 单击"段落"组中的"增加缩进量"按钮，然后双击"开始"选项卡"剪贴板"组中的 格式刷按钮,如图 7-20 所示。

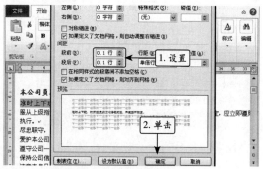

图7-19 设置段落格式

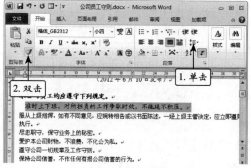

图7-20 缩进段落

15 复制第 4 段段落格式,将其应用到其他要设置格式的段落中,效果如图 7-21 所示。

图7-21 设置段落格式

> **方法技巧 使用快捷键设置字形**
>
> 将文本加粗、倾斜和添加下划线可以使用快捷键执行,其对应的快捷键字母为按钮相应的字母,即按【Ctrl+B】组合键可加粗文本;按【Ctrl+I】组合键可倾斜文本;按【Ctrl+U】组合键可为文本添加单下划线。

▶ 7.4.2 创建多级列表

由于守则只涉及两层级别关系,因此创建的多级列表也只包含 1 级列表样式和 2 级列表样式,其具体操作如下。

> **动画演示:** 演示\第 7 章\创建多级列表 .swf

01 单击"开始"选项卡"段落"组中的"多级列表"按钮，在弹出的下拉菜单中选择"定义新的多级列表"命令,如图 7-22 所示。

02 打开"定义新多级列表"对话框,在"单击要修改的级别"列表框中选择"1"选项,在"此级别的编号样式"下拉列表框中选择"一,二,三,(简)…"选项,如图 7-23 所示。

03 在"输入编号的格式"文本框的"一"文本前后分别输入"第"和"条",如图 7-24 所示。

04 在"单击要修改的级别"列表框中选择"2"选项,在"此级别的编号样式"下拉列表框中选择"一,二,三,(简) …"选项,如图7-25所示。

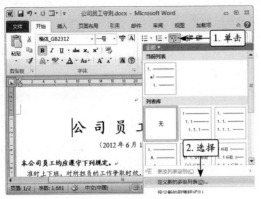

图7-22 设置多级列表

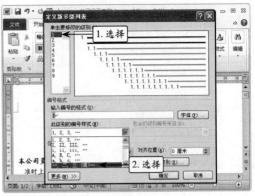

图7-23 选择编号样式

图7-24 设置列表格式

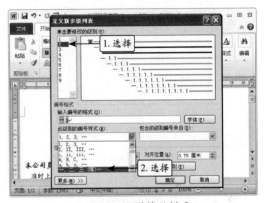

图7-25 设置编号样式

05 在"输入编号的格式"文本框中的后一个"一"文本左右添加"()",如图7-26所示。

06 删除前一个文本"一",单击 确定 按钮,如图7-27所示。

图7-26 设置2级编号格式

图7-27 设置2级编号格式

07 选择除前两段以外的所有段落,利用"多级列表"按钮 选择设置多级列表样式,如图7-28所示。

08 选择第一条守则下未加粗的段落,利用"多级列表"按钮 将列表级别更改为2级列表对应的选项,如图7-29所示。

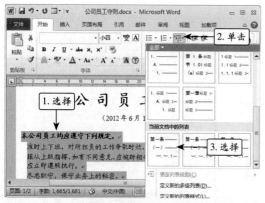
图7-28 添加多级列表

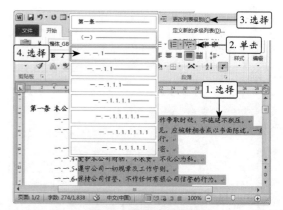
图7-29 更改列表级别

09 此时所选段落将应用2级列表的编号样式，如图7-30所示。

10 保持这些段落的选择状态，利用标尺中的悬挂缩进滑块将段落的悬挂缩进进行调整，效果如图7-31所示。

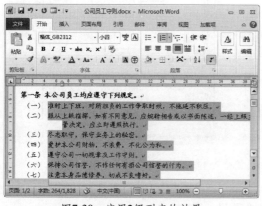
图7-30 应用2级列表的效果

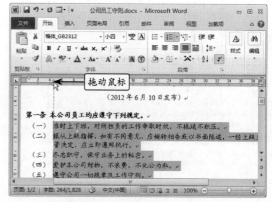
图7-31 调整段落悬挂缩进

11 将设置好的段落格式复制到其他未加粗的段落上，快速为这些段落设置2级列表的编号，效果如图7-32所示。

12 适当调整1级列表段落的悬挂缩进即可，效果如图7-33所示。

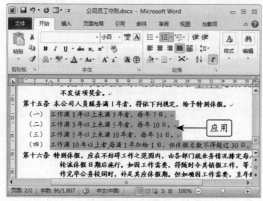
图7-32 复制格式

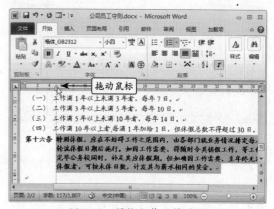
图7-33 调整段落悬挂缩进

7.4.3　插入书签和超链接

通过在文档中插入书签和超链接，可以更加方便浏览文档和跳转文档内容，其具体操作如下。

动画演示.：演示\第7章\插入书签和超链接.swf

01 选择标题文本，在"插入"选项卡"链接"组中单击"书签"按钮🔖，如图7-34所示。

02 打开"书签"对话框，在"书签名"文本框中输入"守则标题"，单击 添加(A) 按钮，如图7-35所示。

图7-34　插入书签

图7-35　设置书签名称

03 在第十条守则所在段落的最后输入"（点击返回标题）"文本，然后选择该文本，并在"插入"选项卡"链接"组中的"超链接"按钮🌐，如图7-36所示。

04 打开"插入超链接"对话框，选择左侧的"本文档中的位置"选项，在右侧的列表框中选择"守则标题"选项，单击 确定 按钮，如图7-37所示。

图7-36　输入并选择文本

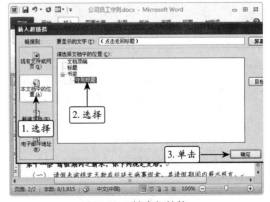

图7-37　创建超链接

05 所选文本颜色将变为"蓝色"，且文本下方会添加下划线，表示超链接创建成功，如图7-38所示。

06 选择超链接文本，取消下划线，并将颜色设置为如图7-39所示的选项。

07 将该文本复制到第十三条守则所在段落的最后，如图7-40所示。

08 继续将超链接文本复制到第十六条守则所在段落的最后，如图7-41所示。

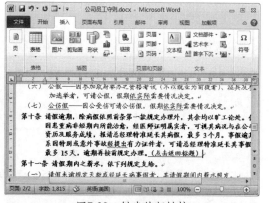

图7-38　创建的超链接

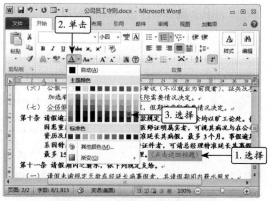

图7-39　设置超链接文本格式

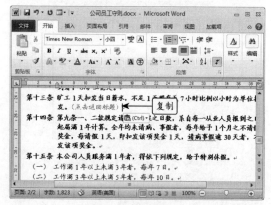

图7-40　复制超链接文本

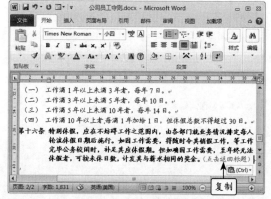

图7-41　复制超链接文本

09 按住【Ctrl】键单击超链接文本（此时鼠标指针将变为 形状），如图 7-42 所示。

10 此时插入光标将自动跳转到插入了书签的标题段落处，效果如图 7-43 所示。

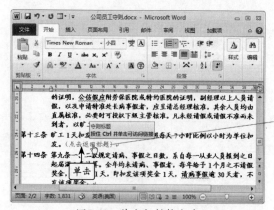

图7-42　单击超链接文本

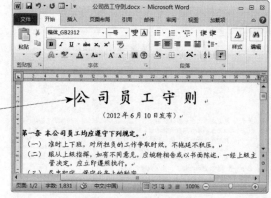

图7-43　跳转到目标位置

操作提示

插入书签的目的

在 Word 文档内部创建超链接时，目标位置只能是文档顶端、应用了标题样式的段落或书签，因此这里创建书签的目的是为了让超链接有跳转的目标位置。

7.4.4　创建页码

使用 Word 的页码工具，可以自动在文档中创建连续的页码，其具体操作如下。

动画演示： 演示\第7章\创建页码.swf

01 在"插入"选项卡"页眉和页脚"组中单击"页码"按钮，在弹出的下拉列表中选择"页面底端"选项，在弹出的子选项中选择如图 7-44 所示的选项。

02 在页面底端插入的"1"文本前后分别输入"第"和"页"文本，如图 7-45 所示。

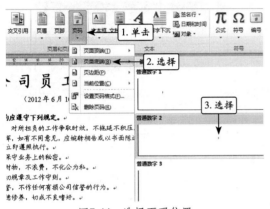

图7-44　选择页码位置

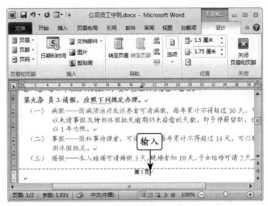

图7-45　输入页码内容

03 选择所有页码文本，将其加粗显示，然后单击"页眉和页脚工具　设计"选项卡"关闭"组中的"关闭页眉和页脚"按钮，如图 7-46 所示。

04 退出页眉和页脚编辑状态，完成页码的添加，此时在文档第 2 页下方也将自动显示"第 2 页"内容，如图 7-47 所示。

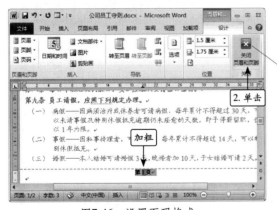

图7-46　设置页码格式

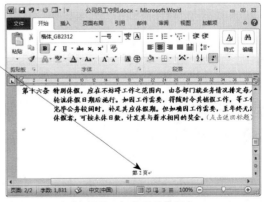

图7-47　完成页码的添加

7.4.5　拼写与语法检查

为避免文档中出现错误的语句，下面将利用 Word 的拼写和语法功能对文档内容进行全面

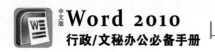

检查，其具体操作如下。

动画演示：演示\第7章\拼写与语法检查.swf

01 在"审阅"选项卡"校对"组中单击"拼写和语法"按钮，如图7-48所示。

02 打开"拼写和语法：中文（中国）"对话框，在"词法错误"列表框中将显示插入光标所在位置最近的一处 Word 认为词法错误的文本，检查后若没有错误，则单击 下一句(X) 按钮，如图7-49所示。

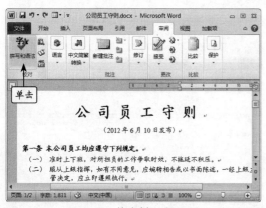

图7-48　检查拼写和语法

图7-49　显示有错的文本

03 继续显示下一处有可能错误的文本，如图7-50所示。

04 直接在"输入财务或特殊用法"列表框中修改出错的文本，然后单击 更改(C) 按钮，如图7-51所示。

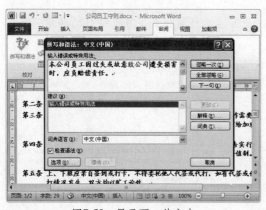

图7-50　显示下一处文本

图7-51　修改文本

05 此时 Word 将修改文本内容，同时继续选择下一步有可能出错的文本，如图7-52所示。

06 修改文本内容，单击 更改(C) 按钮，如图7-53所示。

07 按相同方法依次检查有可能出错的文本，若没有问题，则单击 下一句(X) 按钮；若有问题，修改后单击 更改(C) 按钮，如图7-54所示。

08 当文档中所有有可能出错的位置都检查完毕后，将自动打开提示对话框，单击 确定 按钮即可，如图7-55所示。

图7-52 显示下一处文本

图7-53 修改文本

图7-54 检查文本

图7-55 完成拼写和语法检查

▶ 7.5 知识拓展

在本次任务中，小雯初次接触到了超链接对象和页眉页脚设置的内容，为了帮助小雯更好地理解和掌握这些知识，老陈准备进一步给小雯介绍有关超链接的管理和页眉页脚的使用等操作。

7.5.1 超链接的管理

在文档中插入超链接后，可根据需要随时对超链接进行编辑和修改等管理操作。下面重点介绍管理超链接最常见的几种操作方法。

- 编辑超链接：在超链接文本上单击鼠标右键，在弹出的快捷菜单中选择"编辑超链接"命令，可打开"编辑超链接"对话框，以便重新设置链接目标和对象。其中在对话框左侧选择"现有文件或网页"选项，可在右侧的列表框中选择需链接的文件，或在"地

图7-56 编辑超链接

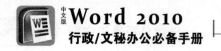

址"文本框中输入网址，如图7-56所示，以实现单击超链接后可打开文件或指定网站的效果。

- 设置屏幕提示：在创建超链接或编辑超链接打开的对话框中，单击左上方的 屏幕提示(P)... 按钮，打开"设置超链接屏幕提示"对话框，在"屏幕提示文字"文本框中输入文本后单击 确定 按钮，如图7-57所示。此后将鼠标指针移至超链接文本上稍作停留，Word将自动弹出提示框，其中将显示设置的屏幕提示文本，以便让使用者可以更加清楚该超链接的指向，如图7-58所示。

图7-57 输入屏幕提示文本

图7-58 显示屏幕提示文本

- 删除超链接：在插入的超链接文本上单击鼠标右键，在弹出的快捷菜单中选择"删除超链接"命令可删除超链接效果，保留文本内容。

7.5.2 认识"页眉和页脚工具"选项卡

当利用"页码" 按钮为文档插入文档编号时，功能区中将显示"页眉和页脚工具 设计"选项卡，如图7-59所示。下面对该选项卡各组中的部分参数的作用进行介绍，为后面设置文档的页眉和页脚操作打下基础。

图7-59 "页眉和页脚工具 设计"选项卡

- "页眉"按钮：单击该按钮，可在弹出的下拉菜单中选择 Word 预设的页眉样式，在文档顶端添加页眉内容，也可选择"编辑页眉"命令自行设置页眉内容。
- "页脚"按钮：单击该按钮，可在弹出的下拉菜单中选择 Word 预设的页脚样式，在文档底部添加页脚内容，也可选择"编辑页脚"命令自行设置页脚内容。
- "日期和时间"按钮：单击该按钮，可在页眉或页脚区域插入当前系统中的日期和时间。
- "文档部件"按钮：单击该按钮，可在弹出的下拉菜单中选择图文集、文档各种属性等信息，并插入到当前插入光标所在的页眉或页脚处。
- "转至页眉"和"转至页脚"按钮：单击该按钮，可快速将插入光标定位到页眉或页脚区域。
- "首页不同"复选框：选中该复选框，可使文档首页的页眉页脚区域不同于其他页面的页眉和页脚内容。

- "奇偶页不同"复选框：选中该复选框，需分别对文档中奇数页和偶数页的页眉和页脚进行设置。
- "显示文档文字"复选框：取消选中该复选框，文档中的内容将全部隐藏，仅显示页眉和页脚内容。
- "页眉顶端距离"和"页脚底端距离"数值框：可分别设置页眉距页面上边距和页脚与页面下边距的距离。

▶ 7.6 实战演练

为了避免小雯忘记所学到的知识，老陈又为她安排了两个实例，让她继续完成这两个文档的编辑工作。

▶ 7.6.1 编辑员工礼仪守则

为了让员工礼仪守则中的内容更加美观，更具有层次感，现需要对文档进行编辑，效果如图 7-60 所示。

素材文件：素材 \ 第 7 章 \ 员工礼仪守则 .docx
效果文件：效果 \ 第 7 章 \ 员工礼仪守则 .docx

重点提示：（1）分别对守则的标题以及各级别段落的格式进行设置。
（2）在文档右下角添加页码并适当美化。

公司员工礼仪守则

（一）公司内应有的礼仪

第一条 职员必须仪表端庄、整洁。具体要求是：
1、头发：职员头发要经常清洗，保持清洁，男性职员头发不宜太长。
2、指甲：指甲不能太长，应经常注意修剪。女性职员涂指甲油要尽量用淡色。
3、胡子：胡子不能太长，应经常刮干净。
4、口腔：保持清洁，上班前不能喝酒或吃有异味食品。
5、女性职员化妆应给人清洁健康的印象，不能浓妆艳抹，不宜香味浓烈的香水。

第二条 工作场所的服装应清洁、方便，不追求修饰。具体要求是：
1、衬衫：无论是什么颜色，衬衫的领子与袖口不得污秽。
2、领带：外出前或要在人众人面前出现时，应配带领带，并注意与西装、衬衫颜色相配。领带不得肮脏、破损或歪斜松弛。
3、鞋子应保持清洁，如有破损应及时修补，不得穿带钉子的鞋。
4、女性职员要保持服装淡雅得体，不得过分华丽。
5、职工工作时不宜穿大衣或过分臃肿的服装。

第三条 在公司内职员应保持优雅的姿势和动作，具体要求是：
1、站姿：两脚脚跟着地，脚尖离开约 45 度，腰背挺直，胸膛自然，颈脖伸直，头微向下，使人看清你的面孔。两臂自然，不曲肩，身体重心在两脚中间。会见客户或出席仪式站立场合，或在多人面前，要自然得体，应把手交叉放在胸前。
2、坐姿：坐下后，应尽量坐端正，把双腿平行放好，不得傲慢地把腿向前伸或向后伸，或俯视前方，要移动椅子的位置时，应先把椅子放在应放的地方，然后再坐。
3、公司内与同事相遇应点头行礼表示致意。
4、握手时用普通站姿，并目视对方眼睛。握手时脊背要挺直，不弯腰低头，要大方热情，不卑不亢。伸手时应先向地位低或年纪轻的，异性间应先向男方伸手。

（三）和客户的业务礼仪

第六条 接待工作及其要求：
1、在规定的接待时间内，不缺席。
2、有客户来访，马上起来接待，并让座。
3、来客多时以序进行，不能先接待熟悉客户。
4、对事前已通知来的客户，要表示欢迎。
5、应记住来的客户。
6、接待客户时应主动、热情、大方、微笑服务。

第七条 介绍和被介绍的方式和方法：
1、无论是何种形式、关系、目的和方法的介绍，应该对介绍负责。
2、直接见面介绍的场合下，应先把地位低者介绍给地位高者。若难以判断，可把年轻的介绍给年长的。在自己公司和其他公司的关系上，可把本公司的人介绍给别的公司的人。
3、把一个人介绍给很多人时，应先介绍其中地位最高的或最情而定。
4、男女间的介绍，应先把男性介绍给女性。男女地位、年龄有很大差别时，若女性年轻可先把女性介绍给男性。

第八条 名片的接受和保管：
1、名片应先递给长辈或上级。
2、把自己的名片递出时，应把文字对着对方，双手拿出，一边递交一边清楚说出自己的姓名。
3、接受对方的名片时，应双手去接，拿到手后，要马上看，正确记住对方姓名后，将名片收起，如遇到对方名有难认的文字，马上询问。
4、对收到的名片妥善保管，以便检索。

图7-60 员工礼仪守则最终效果

▶ 7.6.2 编辑员工行为规范守则

为了便于对员工行为规范守则中内容的查阅，现需要利用超链接等手段对文档进行适当处理，效果如图 7-61 所示。

素材文件: 素材\第7章\员工行为规范守则.docx
效果文件: 效果\第7章\员工行为规范守则.docx

重点提示: (1) 将文档标题和每个1级列表包含的守则条款进行分页。

(2) 为每个1级列表添加标签。

(3) 在文档标题所在页面中输入各1级列表对应的文本,并创建超链接,依次链接对应的书签。

(4) 在页面下方中央位置插入页码,格式为"~1~"。

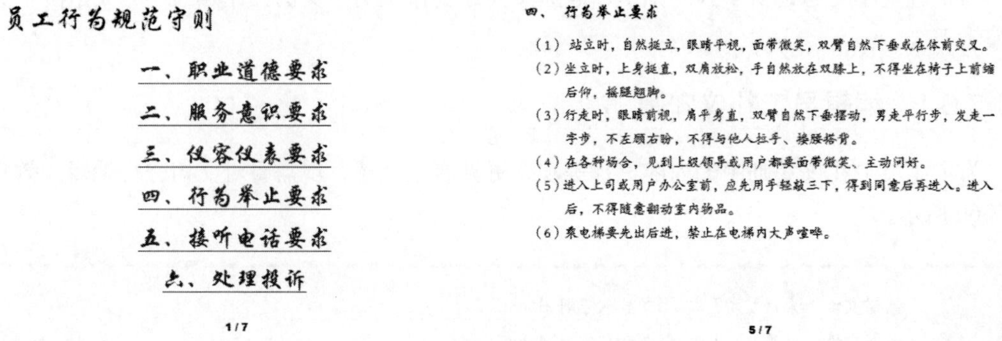

员工行为规范守则

一、职业道德要求

二、服务意识要求

三、仪容仪表要求

四、行为举止要求

五、接听电话要求

六、处理投诉

1/7

四、 行为举止要求

(1) 站立时,自然挺立,眼睛平视,面带微笑,双臂自然下垂或在体前交叉。

(2) 坐立时,上身挺直,双肩放松,手自然放在双膝上,不得坐在椅子上前缩后仰,摇腿翘脚。

(3) 行走时,眼睛前视,肩平身直,双臂自然下垂摆动,男走平行步,发走一字步,不左顾右盼,不得与他人拉手、搂腰搭背。

(4) 在各种场合,见到上级领导或用户都要面带微笑、主动问好。

(5) 进入上司或用户办公室前,应先用手轻敲三下,得到同意后再进入。进入后,不得随意翻动室内物品。

(6) 乘电梯要先出后进,禁止在电梯内大声喧哗。

5/7

图7-61 员工行为规范守则最终效果

第4篇
公文处理篇

第8章 编辑生产车间管理制度

小雯接到部门负责人布置的任务，要求对生产部的生产车间管理制度进行重新编辑。当她找到老陈准备请教一些问题时，发现老陈的Word特别奇怪，他的"字体颜色"下拉列表框中的颜色独具一格。一问之下才明白，不单单是字体颜色，连"字体"下拉列表框中的字体选项、图形绘制时默认的填充颜色和轮廓颜色等都不同。老陈告诉小雯，这是因为设置了主题的原因，并继续给她详细介绍起来。

知识点

- 新建主题颜色
- 新建主题字体
- 选择主题效果并保存主题
- 应用主题美化文档
- 插入并编辑页脚

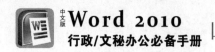

8.1 案例目标

在听了小雯的描述后，老陈告诉小雯，利用主题来美化生产车间管理制度文档，并插入页脚来辅助显示文档信息即可。

素材文件：素材 \ 第 8 章 \ 生产车间管理制度 .docx

效果文件：效果 \ 第 8 章 \ 生产车间管理制度 .docx

如图 8-1 所示即为生产车间管理制度的最终效果，该文档中涉及的字体外观、字体颜色以及矩形的轮廓和填充颜色都是通过创建主题后快速应用得到的，文档下方的内容是通过插入 Word 预设的页脚样式后，通过适当编辑和美化所得。

生产车间管理制度

第一章 总则

第一条　为确保生产秩序,保证各项生产正常运作，持续营造良好的工作环境,促进本公司的发展,结合本公司的实际情况特制订本制度。

第二条　本规定适用于本公司红冲车间、仪表车间、数控车间、抛光车间和组装车间全体员工。

第二章 员工管理

第三条　工作时间内所有员工倡导普通话，在工作及管理活动中严禁有地方观念或者籍区分。

第四条　全体员工须按要求佩戴厂牌（应正面向上佩戴于胸前），穿厂服。不得穿拖鞋进入车间。

第五条　每天正常上班时间为 8 小时，晚上如加班依生产需要临时通知。若晚上需加班，在下午 16：30 前填写加班人员申请表，报经理批准并送人事部门作考勤依据。

第六条　按时上、下班（员工参加早会须提前 5 分钟到岗），不迟到、

志，不能混料。车间主任、检验员、设备维修人员、电工必须跟班作业,保证设备正常运行和产品质量。

第二十四条　员工有责任维护环境卫生，严禁随地吐痰，乱扔垃圾。在生产过程中要注意节约用料，不得随意乱扔物料、工具，掉在地上的元件必须捡起.否则,按《行政管理制度》予以处罚.

第二十五条　操作人员每日上岗前必须将机器设备及工作岗位清扫干净，保证工序内的工作环境的卫生整洁，工作台面不得杂乱无章，不能堆放产品和废品.生产配件或样品须以明确的标识区分放置。

第二十六条　下班时（或做完本工序后）应清理自己的工作台面,做好设备的保养工作。打扫场地和设备卫生并将所有的门窗、电源关闭。否则，若发生失窃等意外事故，将追究本人和车间主管的责任。

第二十七条　加强现场管理，随时保证场地整洁、设备完好。生产后的边角废物及公共垃圾须清理到指定位置，由清洁卫生人员共同运出车间；废纸箱要及时拆除，不得遗留到第二天才清理。

第二十八条　不得私自携带公司内任何物品出厂（除特殊情况经领导批准外），若有此行为且经查实者，将予以辞退并扣发一个月工资。

第二十九条　对恶意破坏公司财产或盗窃行为（不论公物或他人财产）

××公司行政部编制　3

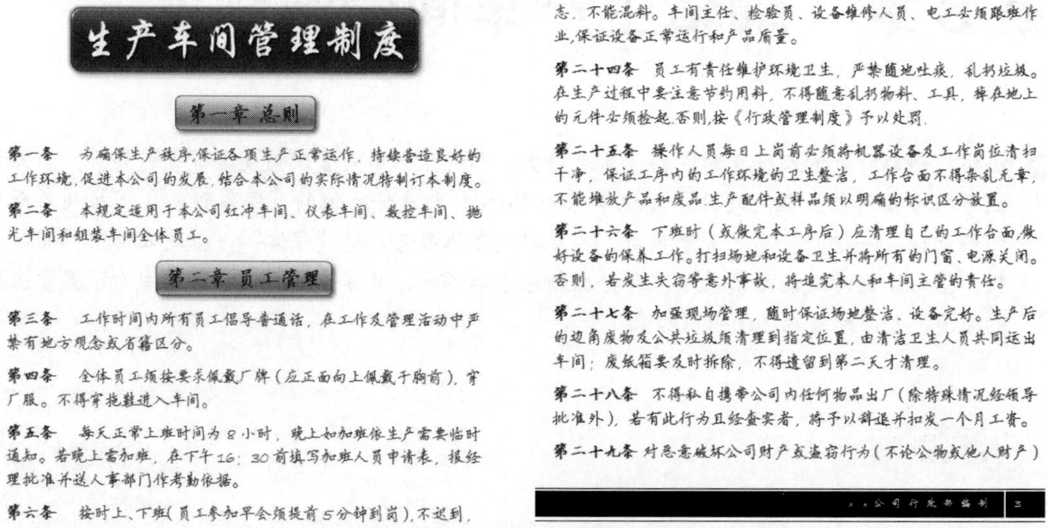

图8-1　公司员工守则最终效果

8.2 职场秘笈

为了让小雯更加顺利地完成生产车间管理制度的编辑，老陈准备为她详细介绍有关制度的分类、特点以及编写时的注意事项等知识。

8.2.1 制度的分类及特点

制度也称规章制度，是国家机关、社会团体、企事业单位为了维护正常的工作、劳动、学习、生活的秩序，保证各项政策的顺利执行和各项工作的正常开展，依照法律、法令、政策而制订的具有法规性或指导性与约束力的公文，是各种行政法规、章程、制度、公约的总称。

制度可分为岗位性制度和法规性制度两种类型。

- 岗位性制度：适用于某一岗位上的长期性工作，所以有时制度也叫“岗位责任制”。如《办公室人员考勤制度》、《机关值班制度》。

- 法规性制度：对某方面工作制定的带有法令性质的规定，如《职工休假制度》、《差旅费报销制度》。

一般来说，制度性文件都具有如图 8-2 所示的特点。

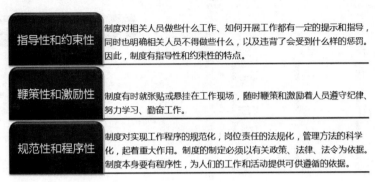

指导性和约束性	制度对相关人员做些什么工作、如何开展工作都有一定的提示和指导，同时也明确相关人员不得做些什么，以及违背了会受到什么样的惩罚。因此，制度有指导性和约束性的特点。
鞭策性和激励性	制度有时就张贴或悬挂在工作现场，随时鞭策和激励着人员遵守纪律、努力学习、勤奋工作。
规范性和程序性	制度对实现工作程序的规范化，岗位责任的法规化，管理方法的科学化，起着重大作用。制度的制定必须以有关政策、法律、法令为依据。制度本身要有程序性，为人们的工作和活动提供可供遵循的依据。

图8-2　制度的特点

▶ 8.2.2　制度编写的注意事项

制度一般由标题和正文构成。

- 标题及题下标示：标题应由发文主体、发文事项和文种类别（制度）三部分组成，但很多时候标题中省去发文主体，只写事由和文种。
- 正文：正文可以包含三部分内容，即制度发布的缘由、具体条文和实施范围、生效日期等收尾内容。有时也可将制度发布的缘由、实施范围、生效日期等内容一并体现在具体条文中。

制度的内容要明白易懂，具体准确，防止出现重复和无用的语句。除此以外，制度编写时还应注意其他内容，具体如图 8-3 所示。

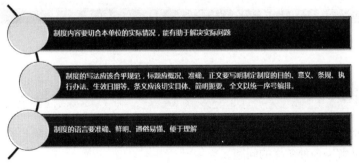

制度内容要切合本单位的实际情况，能有助于解决实际问题

制度的写法应该合乎规范，标题应概况、准确，正文要写明制定制度的目的、意义、条规、执行办法、生效日期等，条文应该切实具体、简明扼要，全文以统一序号编排。

制度的语言要准确、鲜明、通俗易懂、便于理解

图8-3　制度编写的注意事项

▶ 8.3　制作思路

老陈告诉小雯，编辑生产车间管理制度之前，应该首先按照需要创建主题，然后在文档中应用主题，最后插入页脚即可。

生产车间管理制度的制作思路大致如下：

（1）分别创建主题颜色、字体、效果，然后将其进行保存，如图 8-4 所示。

（2）利用创建的主题对文档中的文本、段落等进行美化和设置，如图 8-5 所示。

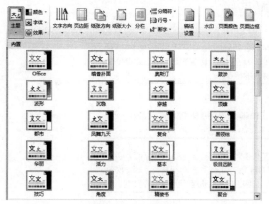

图8-4　创建主题

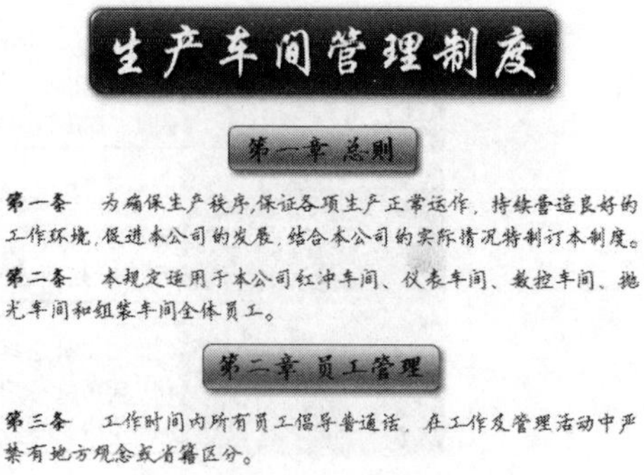

生产车间管理制度

第一章 总则

第一条　为确保生产秩序，保证各项生产正常运作，持续营造良好的工作环境，促进本公司的发展，结合本公司的实际情况特制订本制度。

第二条　本规定适用于本公司红冲车间、仪表车间、数控车间、抛光车间和组装车间全体员工。

第二章 员工管理

第三条　工作时间内所有员工倡导普通话，在工作及管理活动中严禁有地方观念或者籍区分。

图8-5　应用主题

（3）为文档创建 Word 预设的页脚，并进行适当编辑和美化操作，如图 8-6 所示。

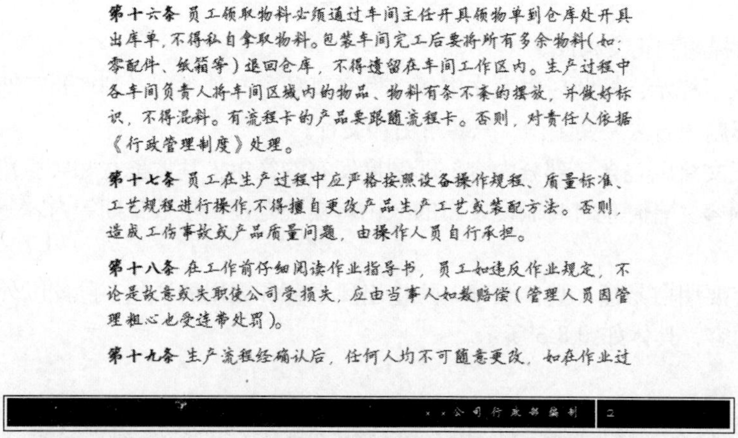

第十六条 员工领取物料必须通过车间主任开具领物单到仓库处开具出库单，不得私自拿取物料。包装车间完工后要将所有多余物料（如：零配件、纸箱等）退回仓库，不得遗留在车间工作区内。生产过程中各车间负责人将车间区域内的物品、物料有条不紊的摆放，并做好标识，不得混料。有流程卡的产品要跟随流程卡。否则，对责任人依据《行政管理制度》处理。

第十七条 员工在生产过程中应严格按照设备操作规程、质量标准、工艺规程进行操作，不得擅自更改产品生产工艺或装配方法。否则，造成工伤事故或产品质量问题，由操作人员自行承担。

第十八条 在工作前仔细阅读作业指导书，员工如违反作业规定，不论是故意或失职使公司受损失，应由当事人如数赔偿（管理人员因管理粗心也受连带处罚）。

第十九条 生产流程经确认后，任何人均不可随意更改，如在作业过

××公司行政部编制　2

图8-6　插入页脚

8.4　操作步骤

按照整理好的制作思路，小雯将在最短的时间内完成此项任务。老陈也将在小雯操作的过程中，随时帮助她解决各种各样的问题。

8.4.1　创建主题

主题是一组格式选项，包括一组主题颜色、一组主题字体和一组主题效果，应用主题之前，可以按照需要自行创建主题。

1. 新建主题颜色

主题颜色是指单击“开始”选项卡“字体”组中的“字体颜色”按钮A后，弹出的下拉列表中显示的颜色选项，通过设置可将这些预设的选项进行更改，其具体操作如下。

01 打开"生产车间管理制度.docx"文档，在"页面布局"选项卡"主题"组中单击■颜色▼按钮，在弹出的下拉菜单中选择"新建主题颜色"命令，如图8-7所示。

02 打开"新建主题颜色"对话框，其中显示了预设主题的各种背景和强调文字颜色。单击"强调文字颜色1"右侧的颜色下拉按钮，在弹出的下拉列表中选择"红色"选项，如图8-8所示。

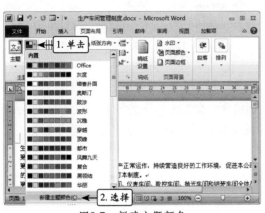

图8-7 新建主题颜色

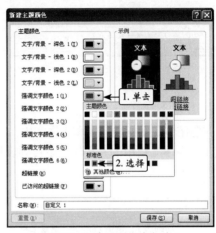

图8-8 更改强调文字颜色1

03 此时"强调文字颜色1"将更改为红色，继续单击"强调文字颜色2"右侧的颜色下拉按钮，在弹出的下拉列表中选择"橙色"选项，如图8-9所示。

04 按相同方法依次将"强调文字颜色3"至"强调文字颜色6"分别更改为"黄色"、"绿色"、"蓝色"和"紫色"，如图8-10所示。

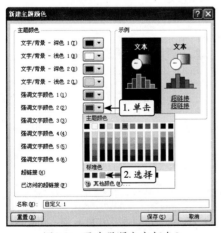

图8-9 更改强调文字颜色2

图8-10 更改其他强调文字颜色

05 在"名称"文本框中输入"制度主题颜色"，单击 保存(S) 按钮，如图8-11所示。

06 再次单击■颜色▼按钮，在弹出的下拉菜单中即可看到创建的"制度主题颜色"选项，如图8-12所示。

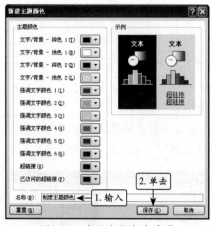

图8-11　定义主题颜色名称

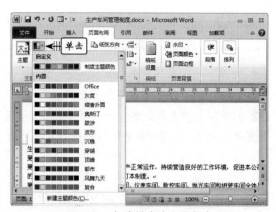

图8-12　查看创建的主题颜色

2. 新建主题字体

主题字体包括标题字体和正文字体，其中又分别包含中文字体和英文字体，是指在"开始"选项卡"字体"组中的"字体"下拉列表框中显示的字体选项，通过设置可更改这些选项，其具体操作如下。

动画演示: 演示\第8章\新建主题字体 .swf

01 在"页面布局"选项卡"主题"组中单击 字体▼ 按钮，在弹出的下拉菜单中选择"新建主题字体"命令，如图8-13所示。

02 打开"新建主题字体"对话框，将西文标题字体和正文字体均设置为"Bradley Hand ITC"选项（若无此字体，可自行选择其他相似字体），如图8-14所示。

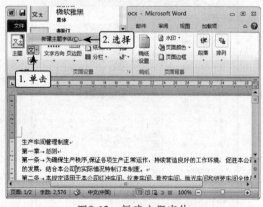

图8-13　新建主题字体

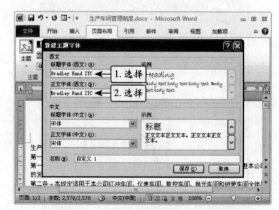

图8-14　设置西文标题和正文字体

03 将中文标题字体设置为"方正行楷简体"，正文字体设置为"方正硬笔楷书简体"，如图8-15所示。

04 在"名称"文本框中输入"制度主题字体"，单击 保存(S) 按钮，如图8-16所示。

图8-15　设置中文标题和正文字体

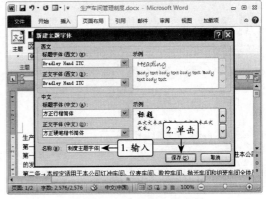

图8-16　定义主题字体名称

05 再次单击 字体 按钮，在弹出的下拉菜单中即可看到创建的"制度主题字体"选项，如图 8-17 所示。

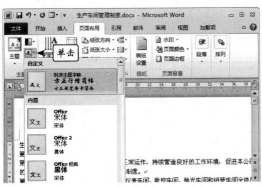

图8-17　查看创建的主题字体

专家点拨　主题的使用

前面已经提到，主题包含字体颜色、外观和形状效果。选择 Word 预设的某个主题，则将同时应用包含的字体颜色、外观和形状效果；单独选择预设字体颜色、外观或形状效果，则不会改变其他主题的选项。

3. 选择主题效果并保存主题

主题效果是指图形对象绘制后默认的填充颜色和轮廓颜色等效果，通过设置可更改默认的效果，其具体操作如下。

动画演示：演示＼第8章＼选择主题效果并保存主题.swf

01 在"页面布局"选项卡"主题"组中单击 效果 按钮，在弹出的下拉菜单中选择"药剂师"选项，如图 8-18 所示。

02 在"主题"组中单击"主题"按钮，在弹出的下拉菜单中选择"保存当前主题"命令，如图 8-19 所示。

03 打开"保存当前主题"对话框，在"文件名"下拉列表框中输入"制度主题.thmx"，单击 保存(S) 按钮，如图 8-20 所示。

04 再次单击"主题"按钮，在弹出的下拉菜单中即可看到创建的主题选项，如图 8-21 所示。

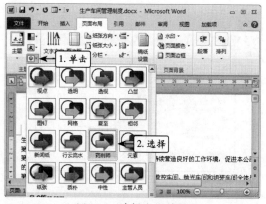

图8-18　选择主题效果

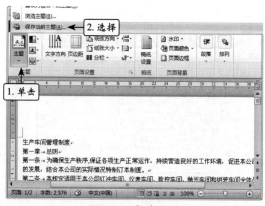

图8-19　保存主题

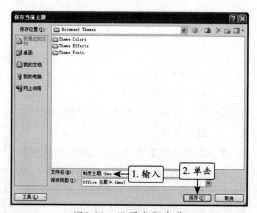

图8-20　设置主题名称

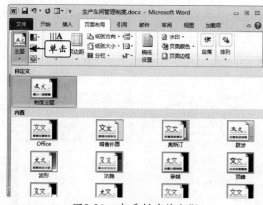

图8-21　查看创建的主题

8.4.2　应用主题美化文档

下面将通过创建的主题，对文档进行适当美化，其具体操作如下。

动画演示：演示 \ 第 8 章 \ 应用主题美化文档 .swf

01 选择第 1 段段落，在"开始"选项卡"字体"组的"字体"下拉列表框中选择"主题字体"栏下的"方正行楷简体"选项，如图 8-22 所示。

02 将所选段落加粗，字号设置为"小初"，然后设置为"白色"，如图 8-23 所示。此时可见其他颜色选项变为了设置的主题颜色。

> **操作提示**　**字体外观的应用**
> 若为段落选择主题字体下中文样式的标题字体或正文字体，则段落中无论中文或西文，都将应用所选字体外观，但如果选择主题字体下西文样式的标题或正文字体，则段落中的中文文本将应用对应的中文字体外观、西文文本则将应用西文字体外观。

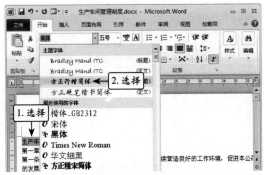

图8-22 选择字体

图8-23 设置字形和颜色

03 利用"文本效果"按钮 A· 为段落添加如图8-24所示的阴影效果。

04 单击"开始"选项卡"段落"组中的"居中"按钮 将段落居中对齐,如图8-25所示。

图8-24 添加阴影效果

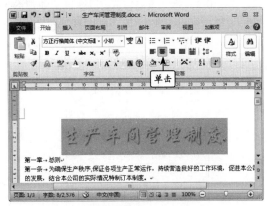

图8-25 设置对齐方式

05 选择第2段段落,为其应用主题字体中的中文正文字体外观,如图8-26所示。

06 将其字号设置为"小二",字形加粗,如图8-27所示。

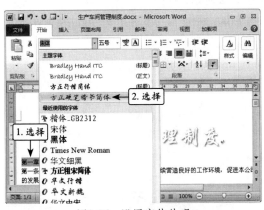

图8-26 设置字体外观

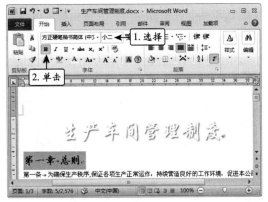

图8-27 设置字号和字形

07 继续为所选段落设置如图8-28所示的字体颜色。

08 保持段落的选择状态,单击"开始"选项卡"段落"组中的"展开"按钮 ,如图8-29所示。

图8-28 设置字体颜色

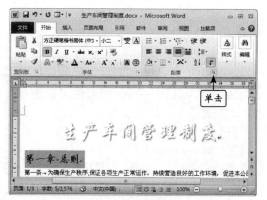

图8-29 设置段落

09 打开"段落"对话框，将"对齐方式"设置为"居中"，段前和段后间距分别设置为"0.8行"和"0.2"行，单击 确定 按钮，如图8-30所示。

10 双击"开始"选项卡"剪贴板"组中的 格式刷 按钮复制格式，如图8-31所示。

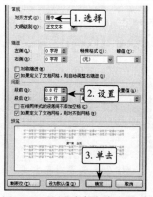

图8-30 设置对齐方式和间距

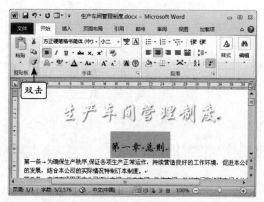

图8-31 复制格式

11 选择其他章名段落，应用复制的格式，效果如图8-32所示。

12 选择第3段段落，为其应用主题字体中西文正文字体，并设置字号为"四号"，颜色设置为"深蓝，强调文字颜色5，深色25%"，如图8-33所示。

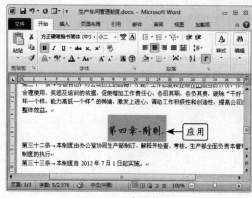

图8-32 应用格式

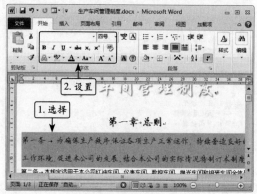

图8-33 设置字体格式

13 利用"段落"对话框将第3段段落的段前和段后间距均设置为"0.5行"，单击 确定 按钮,如图 8-34 所示。

14 双击"开始"选项卡"剪贴板"组中的 格式刷 按钮复制格式,如图 8-35 所示。

图8-34 设置段落格式

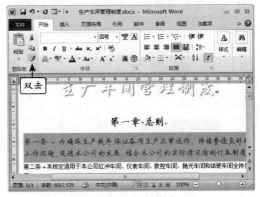

图8-35 复制格式

15 选择其他制度的条款段落,应用格式,效果如图 8-36 所示。

16 将各条款的编号字体加粗即可,如图 8-37 所示。

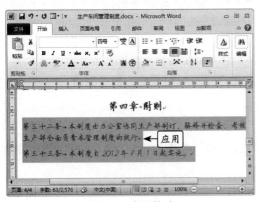

图8-36 应用格式

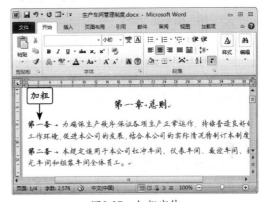

图8-37 加粗字体

17 在第 1 页文档中绘制圆角矩形,如图 8-38 所示。

18 利用"绘图工具 格式"选项卡"形状样式"组的下拉列表框为绘制的图形应用如图 8-39 所示的样式。

图8-38 绘制图形

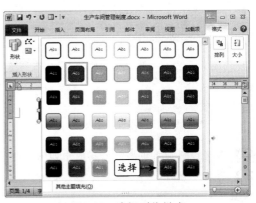

图8-39 选择形状样式

19 利用"排列"组的"自动换行"按钮🔲将图形设置为"衬于文字下方",如图 8-40 所示。

20 适当调整图形的大小和位置,将其移动到如图 8-41 所示的位置。

图8-40　设置图形排列方式

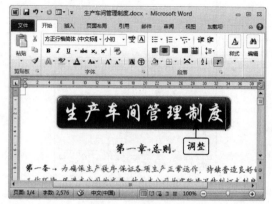
图8-41　移动图形

> **操作提示** **图形的选择**
>
> 将图形设置为"衬于文字下方"的排列方式后,有可能无法选择该图形,这时可单击"开始"选项卡"编辑"组中的 🔽选择▾ 按钮,在弹出的下拉菜单中选择"选择对象"命令,此时鼠标指针将变为 🖑 形状,单击图形即可将其选择。按【Esc】键或双击鼠标即可退出选择图形的状态。

21 选择图形,利用"绘图工具 格式"选项卡"形状样式"组中的 🔽 形状效果▾ 按钮为图形添加如图 8-42 所示的阴影效果。

22 完成对圆角矩形的设置,此时文档标题的效果便更好地呈现了出来,如图 8-43 所示。

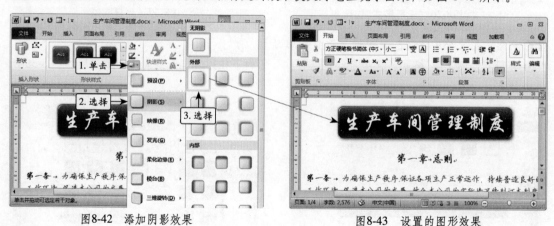
图8-42　添加阴影效果　　　　　图8-43　设置的图形效果

23 再次绘制圆角矩形,为其应用如图 8-44 所示的效果。

24 将其设置为"衬于文字下方"的排列方式,适当调整大小后,将其移动到如图 8-45 所示的位置。

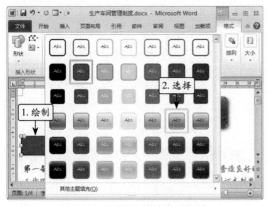

图8-44　绘制图形并应用样式

图8-45　设置图形排列方式并调整图形

25 为图形添加与标题图形相同的阴影效果，如图 8-46 所示。

26 将图形复制到其他章节段落处，适当调整位置和大小即可，如图 8-47 所示。

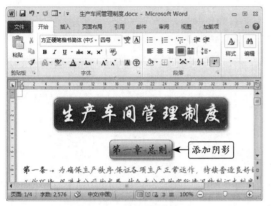

图8-46　添加阴影效果

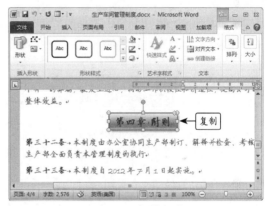

图8-47　复制图形

▶ 8.4.3　插入并编辑页脚

最后将在文档底部插入 Word 预设的一种页脚效果，并适当编辑其中的内容和外观效果，其具体操作如下。

动画演示: 演示 \ 第 8 章 \ 插入并编辑页脚 .swf

01 在"插入"选项卡"页眉和页脚"组中单击"页脚"按钮，在弹出的下拉列表中选择"瓷砖型"选项，如图 8-48 所示。

02 在文档底部插入的页脚图形上将文本修改为"××公司行政部编制"，如图 8-49 所示。

03 选择刚输入的文本，为其应用主题字体中的中文正文字体，如图 8-50 所示。

04 选择页码，为其应用主题字体中的西文正文字体，并将字号设置为"五号"，如图 8-51 所示。

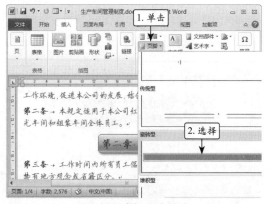

图8-48　选择页脚样式

图8-49　修改页脚内容

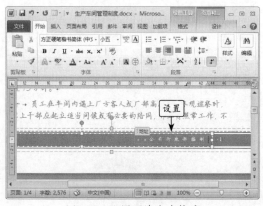

图8-50　设置页脚文本格式

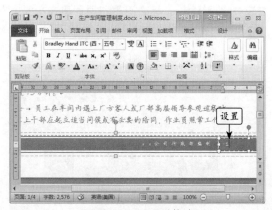

图8-51　设置页码格式

05 选择页脚左侧的图形，利用"绘图工具 格式"选项卡"形状样式"组中的 形状填充 · 按钮为其填充如图 8-52 所示的颜色。

06 按相同方法为页脚右侧的图形填充如图 8-53 所示的颜色。

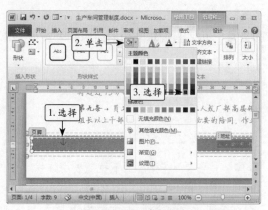

图8-52　设置填充颜色

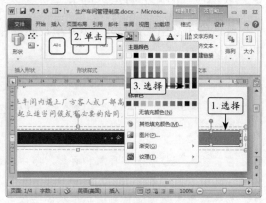

图8-53　设置填充颜色

07 单击"页眉和页脚工具 设计"选项卡"关闭"组中的"关闭"按钮，如图 8-54 所示。

08 完成页脚的插入和编辑，效果如图 8-54 所示。

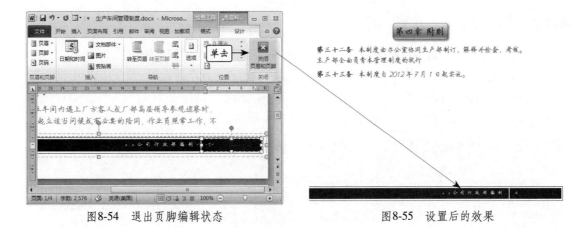

图8-54 退出页脚编辑状态　　　　　　　　　　　图8-55 设置后的效果

🔄 8.5 知识拓展

在编辑生产车间管理制度的过程中，小雯对主题的应用产生了浓厚的兴趣，于是，央求老陈再给她讲讲相关的知识。老陈拿她没有办法，就准备给她介绍有关主题的各种常见管理操作。

8.5.1 主题的编辑

Word 预设的主题是不允许编辑的，但对于自定义的主题颜色和主题字体，则可根据需要随时进行编辑操作。

- 编辑主题颜色：单击"页面布局"选项卡"主题"组中的■颜色·按钮，弹出下拉菜单，在需编辑的自定义的主题颜色选项上单击鼠标右键，在弹出的快捷菜单中选择"编辑"命令，如图 8-56 所示，然后在打开的对话框中重新设置各种颜色或名称即可，如图 8-57 所示。

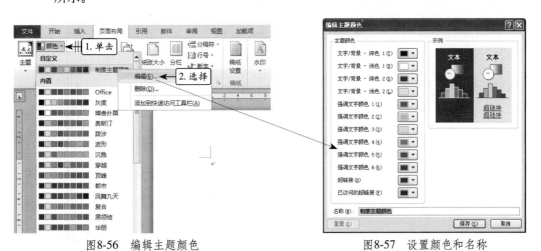

图8-56 编辑主题颜色　　　　　　　　　　　图8-57 设置颜色和名称

- 编辑主题字体：单击"页面布局"选项卡"主题"组中的🅰字体·按钮，弹出下拉菜单，在需编辑的自定义的主题字体选项上单击鼠标右键，在弹出的快捷菜单中选择"编辑"命令，然后在打开的对话框中重新设置各种字体或名称即可。

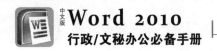

8.5.2 主题的删除、重置、打开

除了编辑主题外，对主题的删除、重置和打开等操作也是常见的管理操作。

- 删除主题：在需要删除的自定义的主题、主题颜色或主题字体选项上单击鼠标右键，在弹出的快捷菜单中选择"删除"命令，如图 8-58 所示，此时 Word 将打开提示对话框，单击 是(Y) 按钮即可删除所选选项，如图 8-59 所示。

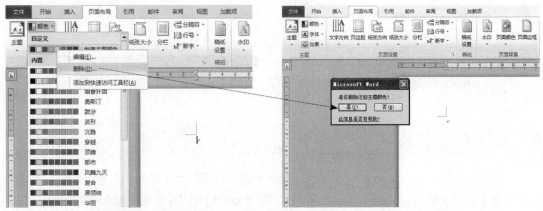

图8-58　删除主题颜色　　　　　　　　　　　　　图8-59　确认删除

- 重置主题：单击"页面布局"选项卡"主题"组中的"主题"按钮 ，在弹出的下拉菜单中选择"重设为模版中的主题"命令则可将主题重新设置为"Office"主题样式。
- 打开主题：打开主题的操作适用于在不同的电脑中进行，即在某台电脑中保存了主题文件后，在另一台电脑中操作时需要使用这些主题的情况。打开主题的方法为：将需要的主题文件从第 1 台电脑中复制到当前电脑中，然后单击"页面布局"选项卡"主题"组中的"主题"按钮 ，在弹出的下拉菜单中选择"浏览主题"命令，打开"选择主题或主题文档"对话框，选择需要的主题文件后单击 打开(O) 按钮即可，如图 8-60 所示。

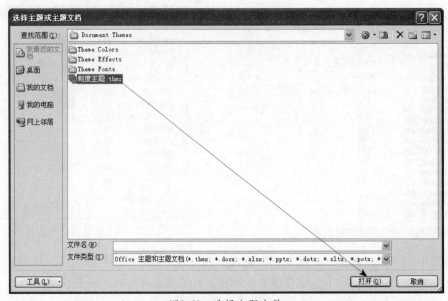

图8-60　选择主题文件

▶ 8.6 实战演练

在完成生产车间管理制度的编辑后，老陈决定趁热打铁，继续给小雯安排两个案例，让她利用学到的知识接着完成下面两个任务。

▶ 8.6.1 编辑图书管理制度

图书管理处的同事希望小雯能帮助他重新对图书管理制度的文档进行设置，效果如图 8-61 所示。

素材文件：素材 \ 第 8 章 \ 图书管理制度 .docx

效果文件：效果 \ 第 8 章 \ 图书管理制度 .docx

重点提示： 自定义"图书管理制度"主题字体，其中西文标题字体为"Arial Black"、正文字体为"Arial"；中文标题和正文字体均为"华文细黑"。

图书管理制度

□**总则**

第一条 本公司图书的管理，除另有规定外，悉依本办法办理。
第二条 本公司图书由总务科负责管理，并于每年 5 月 12 月下旬各清点一次。
第三条 新购图书除按顺序编号外，应新书名、出版社名称、著作者、册数、出版日期、购买日期、金额及其他有关资料详细登记于"本公司图书登记总簿"并填制图书卡插放于图书之末页。
第四条 本公司图书由总务科编制目录卡供员工查阅。
第五条 借书人以本公司员工为限。
第六条 辞典、珍贵图书或被指定为公共参考图书，概不得外借，但必须阅读者限于当天归还，其借还手续比照本办法第十四条、十五条规定办理。
第七条 一般书报杂志得随意阅览，惟阅毕应归回原处，不得擅自携出公司或撕剪，但公司广告、公告及其他与业务有关资料剪取公司参考者不在此限。
第八条 员工所借之图书，如遇清点或公务上需参考时得随时收回，借书人不得拒绝。
第九条 员工的借书分个别借书与科别借书两种，科别借书系指属某科之专用图书由单位主管具名借用。

□**借书时间、借阅期间与册数**

第十条 借书时间限办公时间内上午 10 点 30 分至 11 点，下午 3 点至 3 点 30 分，其他时间概不受理。
第十一条 借书期间一律为三星期，到期应即归还，倘有特殊事由需续借者，务必办

□**借书时间、借阅期间与册数**

第十条 借书时间限办公时间内上午 10 点 30 分至 11 点，下午 3 点至 3 点 30 分，其他时间概不受理。
第十一条 借书期间一律为三星期，到期应即归还，倘有特殊事由需续借者，务必办理续借手续，但以续借一次为限。
第十二条 借书册数以四册为限。
第十三条 科别借书期间与册数不受前二条的限制，惟遇调（离）职应将借用图书全部归还。

□**借还书手续**

第十四条 员工欲借书应先查阅图书目录卡片，填写借阅单持向管理员取书，管理员将图书交予借书人应先抽出图书卡由借书人签章后，一并与借阅单妥为保管。
第十五条 员工还书时应将所借图书交予管理员收讫，管理员除将借阅单归还借书人作废外，并应将图书卡归放书内。

□**罚则**

第十六条 员工借出图书不得批改、圈点、画线、折角、涂写，如有破损或遗失等情况，一律照原图书版本购值或照原价加倍赔价。
第十七条 员工借书期限届满，经通知仍不还书者，或遇清点期而仍不还者，除未还书前得停止其借书权外，必要时并得签报议处。

□**附则**

第十八条 本办法未尽事宜附时呈请董事长裁决之。

图8-61 图书管理制度最终效果

▶ 8.6.2 编辑办公室管理制度

公司办公室需要重新修订管理制度，现需要行政部相关人员对制度文档进行编辑，并得到效果如图 8-62 所示的文件。

素材文件：素材 \ 第 8 章 \ 办公室管理制度 .docx

效果文件：效果 \ 第 8 章 \ 办公室管理制度 .docx

重点提示：（1）自定义"办公室管理制度"主题颜色，仅将"强调文字颜色 1"的颜色设置为"黑色"。

（2）在每节制度下方绘制直线美化文档。

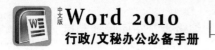

（3）在页面下方添加页脚并修改内容。

办公室管理制度

第一节　总则

第一条 为加强公司行政事务管理，理顺公司内部关系，使各项管理标准化、制度化，提高工作效率，特制定本制度。

第二条 本规定所指行政事务包括印章管理，公文管理，办公事务用品管理，公务车管理，邮发管理，档案管理等。

第二节　印章管理

第三条 公司印章包括：公司公章、财务专用章、合同章、法定代表人私章、财务主管私章等涉及公司对外交往使用的印章。

第四条 公司印章由总经理办公室主任或指定专人负责保管。

第五条 公司印章的使用一律由各单位负责人及总经理签字许可后，管理印章人方可盖章，如违反此项规定造成后果由直接责任人员负责。

第六条 公司所有需要盖印章的介绍信，说明以及对外开出的任何公文，应统一编号登记，以备查询、存查。

第七条 公司不允许开具空白介绍信、证明，如因工作需要或其它特殊情况确需开具时，必须经总经理批准后方可开出，持空白介绍信外出工作归来后必须向公司汇报其介绍信的用途，未使用者必须交回。

第八条 需签章的经济文本者批按照"经济合同管理制度"和"资金管理制度"的规定执行，盖章后出现的意外情况由批准人负责。

第十五条 公务车的使用范围主要包括：部门主管级以上领导外出联系工作或外地出差接送；接待外宾；接待兄弟单位或有关单位来厂办事的工作人员；其它人员的紧急和特殊用车。

第十六条 车辆调度由总经理办公室主任负责，驾乘人员凭其签发的用车通知单用车。

第十七条 申请用车一般应提前一天通知总经理办公室，总经理办公室应严格按规定派车，不得随意扩大用车范围；向同一方向的用车，以节约为本，能合用车的就合用车，不另派车。

第十八条 公司的司机应服从调度，安全驾驶，爱护车辆，文明行车。

第十九条 公司在无车或车辆不足时，申请人应依照上述原则向公司总经理办公室提出申请，由总经理办公室与集团公司车队协调派车。

第六节　邮发管理

第二十条 公司总经理办公室负责为各部门收发信件、邮件。所有公发信件、邮件都由文书登记、收发。

第二十一条 各部门的报刊订阅由总经理办公室负责。公费报刊的征订由各部门负责人上报分管领导，由总经理办公室统一报处理。

第七节　档案管理

第二十二条 档案管理由公司办公室文书负责。要认真做好文件收发、登记、传阅和归档工作，对涉及机密的文件、资料，档案要做好保密工作，防止泄密。

图8-62　办公室管理制度最终效果

第4篇
公文处理篇

第9章 编辑公司管理章程

▶▶ 一到公司，老陈就将一叠文档交给了小雯，告诉她这是公司安排下来的任务。小雯一看才发现手上的文档是公司管理章程的内容，看样子有好几页，也不知道具体的任务是什么。老陈一边摆弄电脑，一边对小雯解释道：领导觉得公司的管理章程应该与时俱进，切合公司现状，因此需要对章程内容进行重新设置，将里面的内容修改，然后适当设置，说着就在电脑上给小雯讲解起来。

知识点

- 在大纲视图中编辑文档
- 设置文档格式
- 制作文档页眉和页脚
- 制作文档目录
- 以附件方式发送文档

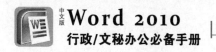

⏩ **9.1　案例目标**

老陈进一步告诉小雯，章程的内容他已经修改完成了，现在需要小雯对文档内容校对一遍，然后对文档内容进行设置即可。

素材文件：素材＼第9章＼公司管理章程.docx
效果文件：效果＼第9章＼公司管理章程.docx

如图9-1所示即为公司管理章程的最终效果，其中插入了章程目录，以便使用者可以更方便地了解和浏览章程内容。另外，对章程文档中奇数和偶数页页面的页眉分别进行了设置，使页眉可以显示更多的辅助信息。

公司管理章程

目　录

××股份有限责任公司管理章程

第1章　释义

第1条　在本章程中"法规"指《公司法》；"印鉴"指公司的通常印鉴；"书记员"指任何被指派履行公司书记员职务的人；如无相反旨意，书面材料应解释为包括印刷、平版印刷、拍照和其它可见的文字表现或复制形式材料；本章程所含的单词和词组应按《法律解释法》以及本章程对公司产生约束力之日有效的《公司法》的规定予以解释。

第2条　根据《公司法》规定，董事会可发行公司股票，所发行的股票包括有附带董事会按公司通常决议所决定的有关红利、投票资本利润率、或其它事项的优先、延期、或其它特殊权利或限制，但不得影响于任何现存股票股东的任何特权。

第3条　根据《公司法》，经一般决议通过，任何优先股均可发行为可赎股份，或按公司意愿，发行成必须赎回的股份。

第4条　当股份资本分为不同种类的股票时，每种股票所附带的权利（除非该种股票的发行条件另有规定），经该种发行股票75%的股民书面认可，或经该种股票股民召开股东特别大会通过决议专门许可，则可以变更，本章程有关股东大会的规定在细节上作些必要修改后可适用于此种股东特别大会，但会议法定人数至少必须为两人，持有或代表该发行股票三分之一的股份，且任何参加大会的股东或股东代表均可要求进行投票。

第5条　股民所拥有的优先股的权利或其它权利，除非股票发行条款另有明文规定，均应视为可因设立或发行同等股票而作变更。

第6条　公司有权按《公司法》规定支付佣金，但应将支付或同意支付的佣金比率或数额按《公司法》规定的方式予以披露，且佣金比率不得超过有关股份发行价格的10%，或佣金数额不得超过等同于该发行价格10%的数额（依情况而定）。此种佣金可用现金支付，或用缴清股票或缴清部分股票的股票支付，或部分用现金部分用股票支付。在每次发行股票时，公司也可依法如此支付经纪费。

图9-1　公司管理章程最终效果

⏩ **9.2　职场秘笈**

小雯对章程这种形式的公文接触较少，她希望老陈能给她讲讲相关的知识，避免自己在校对与设置文档时出错。老陈点点头，便给她介绍起有关章程的特点、种类以及各种编辑要求。

▶ 9.2.1　章程概述

章程是组织、团体经特定的程序制定的关于组织规程和办事规则的法规文书，是一种根本性的规章制度。它一般具有稳定性和约束性的特点。

- 稳定性：章程是组织或团体的基本纲领和行动准则，在一定时期内稳定地发挥其作用，如需改动或修订，应履行特定的程序与手续（如需要经过组织全体成员或其代表审议通过等）；有关单位开展业务工作的章程，是基本的办事准则，也应保持相对稳定，不宜轻易变动，否则不利于规范各种管理和工作内容。

- 约束性：章程作用于组织内部，依靠全体成员共同实施，不由国家强制力予以推行，但要求下属组织及成员信守，有一定的规范作用和约束力。

章程根据写法的不同，可以分为总纲分章式章程和条目式章程；根据设定对象分类，可分为组织章程和业务工作章程，具体如图9-2所示。

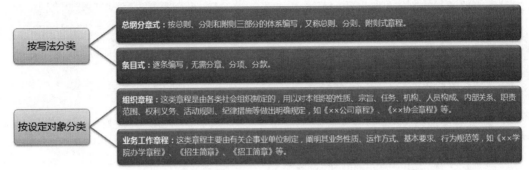

图9-2　章程类别

▶ 9.2.2　章程编辑要求

章程是十分重要的公文，有章可循，诸事好办；无章可依，万事难成。因此章程的编辑具有一定的要求。下面主要从章程的基本格式和写作要求两个方面进行介绍。

1. 章程的基本格式

章程的基本格式由标题和正文组成。

- 标题：章程的标题一般由组织或社团名称加文种（章程）构成。标题下面可以加上括号，并在其中写明什么时间由什么会议通过。
- 正文：总纲分章式章程的正文包括总则、分则和附则三部分，总则又称总纲，从总体说明组织的性质、宗旨、任务和作风等；分则规定各项条目的具体内容；附则用于附带说明制定权，修改权和解释权等内容。条目式章程的正文则直接逐条编辑，无需分章、分项、分款。

2. 章程的写作要求

编辑章程时，章法序列逻辑要严密，文字表述要准确通俗；规定要简练扼要，切实可行，不要提过高的要求和目标，具体如图9-3所示。

内容完备	章程的内容要包括名称、宗旨、任务、权利义务等。必要的项目要完备，既要突出特点又要照顾全面。
结构严谨	全文由总到分，要有合理的顺序。要一环扣着一环，体现严密的逻辑性，章程条款要完整和单一，使章程成为一个有机的统一体。
明确简洁	章程特别强调明确简洁。要尽力反复提炼，用很少的话就把意思明确地表达出来。

图9-3　章程写作要求

9.3 制作思路

小雯在着手工作之前，需要对任务的整个制作思路进行整理，以便后面进行操作。

公司管理章程的制作思路大致如下：

（1）利用大纲视图模式校对文档，然后设置文档格式，如图 9-4 所示。

（2）分别对文档的奇数页和偶数页添加不同的页眉和页脚内容，如图 9-5 所示。

第 9 章　执行董事

第90条　董事会可时任命一名或多名董事担任执行董事职务，期限和条件由董事会决定，且可根据按具体情况签订的任何协议条款，撤销任何此种任命。如此被任命的董事在担任职务时，将不遵循轮流辞职制或不被列为轮流辞职的董事的考虑范畴，但如果他因故不再作为董事，他的任命应自动终止。

第91条　根据按具体情况所缔结的任何协议的条款规定，执行董事的报酬可由董事会予以决定，不论其形式是薪金、佣金、或参与分红、或一部分以这种形式而另一部分以另一种形式。

第92条　董事会可委托或授予执行董事任何可由董事会执行的权力，条件或限制由董事会决定，董事会可与其共同行使权力或授权或放弃董事会自身的权力，但董事会可随时废除、撤销、变更、或改变全部或部分此种授权。

第93条　董事会可随时任命任何人担任副董事，并可随时撤销此种任命。董事会可安排、决定和变更任何如此被任命的人的权力、职责和报酬，此种被任命的人不必持有任何股份以取得任命资格，也无权参加董事会会议或在会上投票，除非收到邀请并经董事会同意。

图9-4　设置文档格式

××股份有限责任公司管理章程

第100条　在建议分红之前，董事会可从公司赢利中留存一笔其认为恰当的款项作为储备金，董事会可自由酌处将此笔款项用于公司赢利可以正当使用的任何目的，且在如此使用之前，同样可经自由酌处将其用于公司的事务或用于董事会随时认为恰当的投资（不是购买公司股份）。董事会也可结转任何其认为不应分配的股息而不必将它置入储备金。

第101条　根据对股息享有特权的股份所附的人权（如果有），所有股息都应按已变股款或作为股款存放的数额予以宣布和支付，但按本章程的规定，未催缴股款前已交股款或作为股款存放的数额不得当作股份支付股息一样对待。所有股息都应按支付的股利数额的比例和支付股利的时间比例予以支付，如股份发行条款规定该股份股息应从某一具体日期算起，该股份股息分配应按规定办理。

第102条　董事会可随时从分配给某股东的股息中扣除他可能因所催缴的股款或因与股份有关的其它原因而现在应向公司支付的所有款项。

第103条　凡宣布股息或红利分配的股东大会都可作出决议，全部或部分用特定的资产和具体用缴足股本的股票任何、其它公司的债券或债券股、或其它任何一种或多种方式进行股息或红利的分配，董事会应实施此种决议，一旦分配遇到困难，董事会

2012 年 6 月 30 日　　行政部

地址，预交邮费，并将会议通知寄出，则应视为在邮寄的第二天通知送达，在其它任何情况，信件按通常邮寄途径寄出时则视为已经送达。

第108条　向联合股东递送通知时，公司可将通知送交给在股东名册上就有关股份而排名第一的联合股东。

第109条　向因股东死亡或破产而有权持有其股份的人递送通知时，公司可按姓名邮寄预先准备好的信件，或以死者代理人或破产资产管理人的抬头，或以诸如此类的抬头，将通知送交由声称有权得到通知的人所提供的在新加坡的地址，或，如果还没有提供此种地址，可按如果没有发生死亡或破产而应使用的任何送达通知的方式予以送达。

第110条　股东大会的通知应按上述规定的方式送达：每一位股东；每一位因股东死亡或破产而有权得到股份的人，如果该股东没有死亡或破产，他原本应当得到通知；以及公司现任审计员。其它人一律不应收到股东大会的通知。

第 15 章　停业

第111条　如果公司停业，经公司专门决议通过，财产清算人可将公司全部或部分资产按实

图9-5　添加页眉页脚

（3）为章程插入目录，然后将其作为附件进行发送，如图 9-6 所示。

公司管理章程

目　录

图9-6　插入目录

9.4 操作步骤

由于章程内容已经让老陈重新修改了，因此小雯现在的任务主要是校对文档并进行设置和整理即可。

9.4.1 在大纲视图中编辑文档

由于章程的条款较多，因此下面需要在大纲视图模式下检查章程的逻辑性问题，其具体操作如下。

动画演示: 演示\第9章\在大纲视图中编辑文档.swf

01 打开"公司管理章程.docx"文档,在"视图"选项卡"显示"组中选中"导航窗格"复选框,如图9-7所示。

02 在打开的"导航"任务窗格中单击"浏览您当前搜索的结果"选项卡,在文本框中输入"第",如图9-8所示。

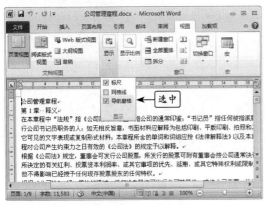

图9-7 打开导航窗格

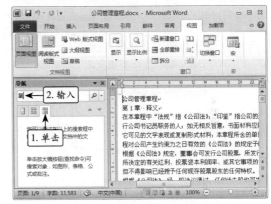

图9-8 输入搜索内容

03 选择任务窗格下方列表框中搜索出的"第1章 释义"选项,在文档编辑区中选中该章名段落,单击"开始"选项卡"段落"组中的"展开"按钮,如图9-9所示。

04 打开"段落"对话框,在"大纲级别"下拉列表框中选择"1级"选项,单击 确定 按钮,如图9-10所示。

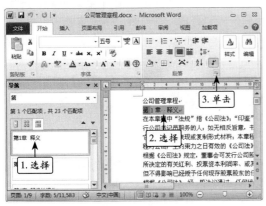

图9-9 定位段落

图9-10 设置大纲级别

05 重新在任务窗格的文本框中将插入光标定位在"第"右侧,按【Enter】键,如图9-11所示。

06 此时任务窗格将重新显示查找结果,选择"第3章 股份过户",在文档编辑区中选中该章名段落,单击"开始"选项卡"段落"组中的"展开"按钮,如图9-12所示。

07 打开"段落"对话框,在"大纲级别"下拉列表框中选择"1级"选项,单击 确定 按钮,如图9-13所示。

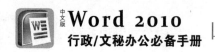

08 重复前面的操作，快速定位到其他章名段落，并将其大纲级别设置为"1级"，如图 9-14 所示。

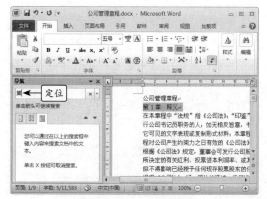

图9-11　重新查找文本

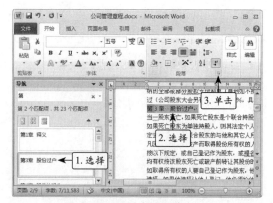

图9-12　选择段落

图9-13　设置大纲级别

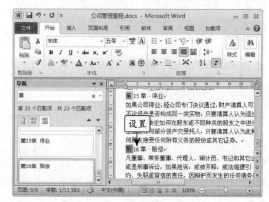

图9-14　设置其他段落

09 单击任务窗格中的"浏览您的文档中的标题"选项卡，此时便可按照各章名选项来快速定位到相应的位置，如图 9-15 所示。单击任务窗格右上角的"关闭"按钮 ✕ 关闭该窗格。

10 在"视图"选项卡"文档视图"组中单击"大纲视图"按钮，如图 9-16 所示。

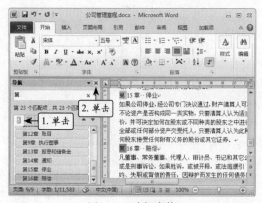

图9-15　关闭窗格

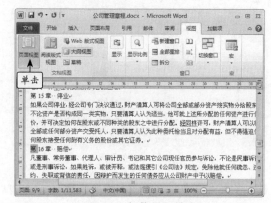

图9-16　切换视图模式

11 进入到大纲视图模式，双击"第1章"左侧的 ⊕ 标记，如图 9-17 所示。

12 此时在该章下的所有章程内容将隐藏起来，仅显示章名段落，继续双击"第3章"左侧的 ⊕ 标记，如图 9-18 所示。

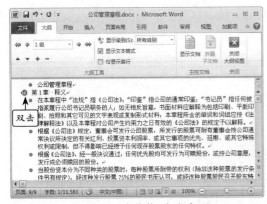

图9-17　隐藏第1章内容

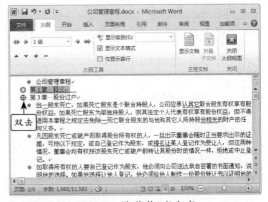

图9-18　隐藏第3章内容

13 按相同方法将其他章节下的内容都隐藏起来，仅显示各个章节段落，效果如图 9-19 所示。

14 检查章节排列是否正确，这里第 2 章和第 9 章的位置有误。首先选择第 2 章所在段落，将其拖动到"第 3 章"左侧，如图 9-20 所示。

图9-19　隐藏其他内容

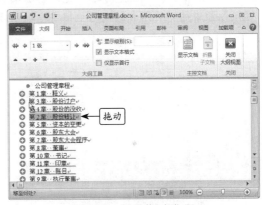

图9-20　调整第2章位置

15 释放鼠标即可将第 2 章的内容调整到第 1 章下方，双击"第 2 章"左侧的❶标记，如图 9-21 所示。

16 可见不仅第 2 章章节名位置进行了调整，该章下的所有内容也一同调整到相应的位置，如图 9-22 所示。

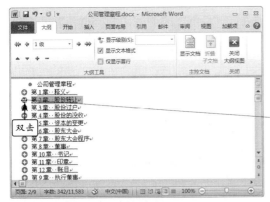

图9-21　移动位置后的效果

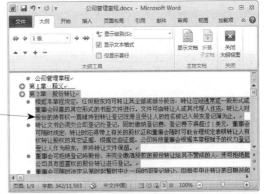

图9-22　展开内容

17 选择第 9 章所在的段落，将其拖动到"第 10 章"左侧，如图 9-23 所示。

18 释放鼠标完成位置的调整，如图 9-24 所示。

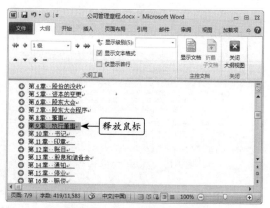

图9-23　调整第9章位置　　　　　　　　　图9-24　移动位置后的效果

19 双击"第 9 章"左侧的⊕标记，查看其内容是否随之移动，完成后单击"大纲"选项卡"关闭"组中的"关闭大纲视图"按钮⊠即可，如图 9-25 所示。

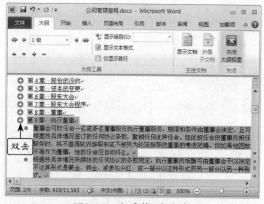

图9-25　查看第9章内容

专家点拨　长文档编辑

对于类似章程这类内容较多，条款量大的文档而言，尽量首先考虑在大纲视图下对文档内容进行编辑和设置，一方面可以提高编辑速度，同时也能避免由于信息量大而出现的错误操作。

▶ 9.4.2　设置文档格式

下面将对章程文档的格式进行设置，主要包括段落设置和编号的添加，其具体操作如下。

动画演示：演示\第9章\设置文档格式.swf

01 选择章程的标题段落，将其字体格式设置为"方正粗宋简体，一号"，如图 9-26 所示。

02 利用"字体"对话框的"高级"选项卡将字符间距设置为"加宽"，磅值为"3 磅"，单击 确定 按钮，如图 9-27 所示。

03 继续利用"段落"选项卡将"对齐方式"设置为"居中"，将段前和段后间距分别设置为"0.8 行"和"0.2"行，单击 确定 按钮，如图 9-28 所示。

04 完成对章程标题的设置，效果如图 9-29 所示。

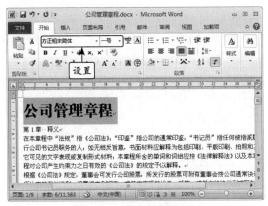

图9-26 设置字体格式

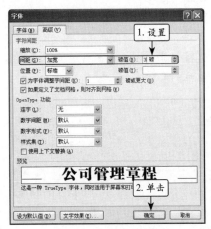

图9-27 设置字符间距

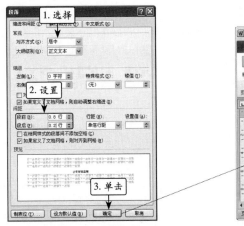

图9-28 设置段落格式

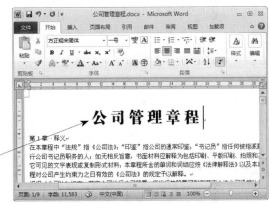

图9-29 设置后的标题段落

05 选择第1章章节段落，利用"字体"对话框将中文字体设置为"黑体"、西文字体设置为"Times New Roman"，将字号设置为"小四"，单击 确定 按钮，效果如图9-30所示。

06 继续利用"段落"对话框将对齐方式设置为"居中"，将段前和段后间距分别设置为"0.8行"和"0.2"行，单击 确定 按钮，如图9-31所示。

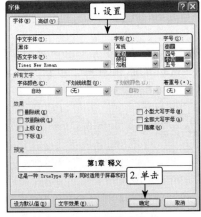

图9-30 设置字体格式

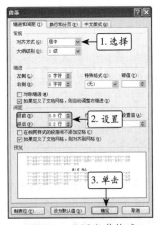

图9-31 设置段落格式

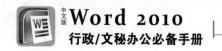
07 重新打开"导航"任务窗格，利用其中的选项快速定位并选择第1章所在的章节段落，双击"开始"选项卡"剪贴板"组中的 格式刷 按钮，如图9-32所示。

08 选择"导航"任务窗格中的"第2章 股份转让"选项，然后将鼠标指针移至文档编辑区中第2章章节名称左侧，当其变为 形状后单击鼠标，如图9-33所示。

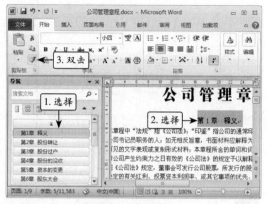

图9-32 复制格式

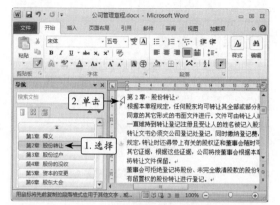

图9-33 定位段落并应用格式

09 此时第2章章节段落快速应用了第1章章节段落的格式，继续在"导航"任务窗格中选择"第3章 股份过户"选项，如图9-34所示。

10 按相同方法为第3章节段落应用段落格式。然后继续利用"导航"任务窗格定位其他章节段落并应用格式，如图9-35所示。

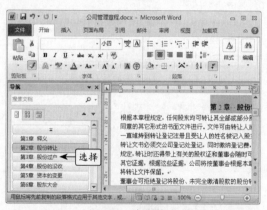

图9-34 应用格式

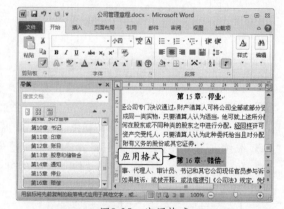

图9-35 应用格式

11 选择除标题和章节名称以外的所有段落，在"开始"选项卡"段落"组中单击"编号"按钮 右侧的下拉按钮，在弹出的下拉菜单中选择"定义新编号格式"命令，如图9-36所示。

12 打开"定义新编号格式"对话框，在"编号格式"文本框中"1"的前后添加"第"和"条"，删除原有的"."，然后单击 字体(F)... 按钮，如图9-37所示。

13 打开"字体"对话框，将字形设置为"加粗"，单击 确定 按钮，如图9-38所示。

14 返回"定义新编号格式"对话框，单击 确定 按钮，如图9-39所示。

15 保持段落的选择状态，在标尺上拖动"悬挂缩进"滑块，如图9-40所示。

16 将段落悬挂缩进调整到如图9-41所示的位置后释放鼠标即可。

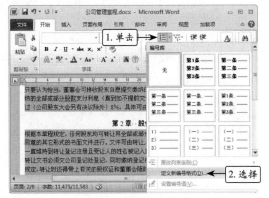

图9-36　定义编号格式

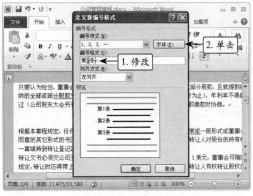

图9-37　修改编号内容

图9-38　设置字体格式

图9-39　确认设置

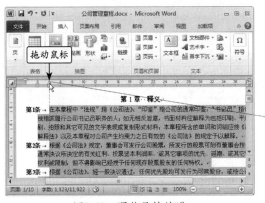

图9-40　调整悬挂缩进

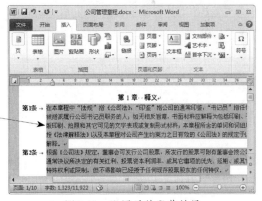

图9-41　设置后的段落效果

▶ 9.4.3　制作文档页眉和页脚

　　为了更多地显示辅助信息，下面需要分别对章程的奇数页和偶数页页眉及页脚进行设置，其具体操作如下。

 动画演示：演示 \ 第 9 章 \ 制作文档页眉和页脚 .swf

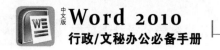

01 在"插入"选项卡"页眉和页脚"组中单击"页眉"按钮，在弹出的下拉菜单中选择"编辑页眉"命令，如图 9-42 所示。

02 在"页眉和页脚工具　设计"选项卡"选项"组中选中"首页不同"和"奇偶页不同"复选框，如图 9-43 所示。

图9-42　编辑页眉

图9-43　设置版面

03 将插入光标定位到第 2 页文档的页眉区域，直接输入"××股份有限责任公司管理章程"，如图 9-44 所示。

04 将插入光标定位到第 3 页页眉区域，输入"2012 年 6 月 30 日"，如图 9-45 所示。

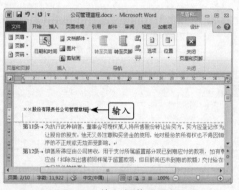

图9-44　输入偶数页页眉

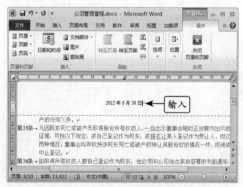

图9-45　输入奇数页页眉

05 按【Tab】键，然后输入"行政部"，如图 9-46 所示。

06 将奇数页页眉的对齐方式设置为"右对齐"，如图 9-47 所示。

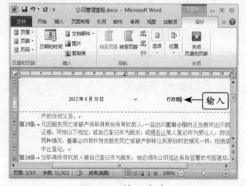

图9-46　输入文本

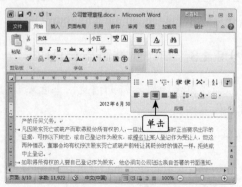

图9-47　设置对齐方式

07 将插入光标定位到第 2 页页脚位置，在"页眉和页脚工具 设计"选项卡"页眉和页脚"组中单击"页码"按钮 ，在弹出的下拉菜单中选择"当前位置"命令，并在弹出的子菜单中选择如图 9-48 所示的选项。

08 将插入的页码字号缩小为"小五"，对齐方式设置为"居中"，如图 9-49 所示。

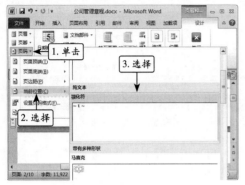

图9-48 选择页码样式

图9-49 设置页码格式

09 将插入光标定位到第 3 页的页脚区域，插入相同样式的页码，并将字号缩小为"小五"，如图 9-50 所示。

10 将插入页码的对齐方式设置为"居中"，在"页眉和页脚工具 设计"选项卡"关闭"组中单击"关闭页眉和页脚"按钮 ，如图 9-51 所示。

图9-50 插入奇数页页码

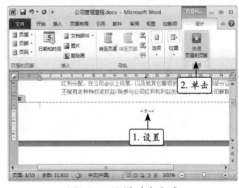

图9-51 设置对齐方式

▶ 9.4.4 制作文档目录

在文档中插入目录可以方便浏览文档内容，其具体操作如下。

 动画演示：演示 \ 第 9 章 \ 制作文档目录 .swf

01 在文档标题后按两次【Enter】键，然后在"页面布局"选项卡"页面设置"组中单击 分隔符 按钮，在弹出的下拉列表中选择"分页符"选项，如图 9-52 所示。

02 切换到第 2 页上方，删除多余的段落标记，如图 9-53 所示。

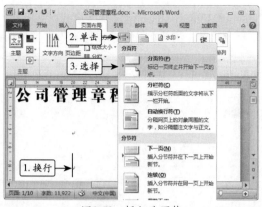

图9-52　插入分页符

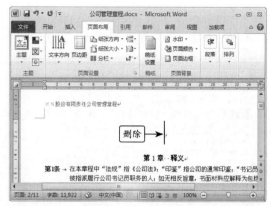

图9-53　删除段落标记

03 将插入光标定位到文档标题下的空行，在"引用"选项卡"目录"组中单击"目录"按钮，在弹出的下拉菜单中选择"插入目录"命令，如图9-54所示。

04 打开"目录"对话框，在"格式"下拉列表框中选择"正式"选项，在"制表符前导符"下拉列表框中选择如图9-55所示的选项，单击 确定 按钮。

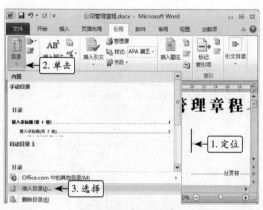

图9-54　插入目录

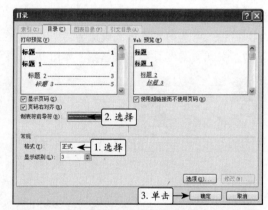

图9-55　设置目录格式

05 此时将插入文档中大纲级别为"1级"的章节段落，如图9-56所示。

06 再次在标题段落后按【Enter】键换行，输入"目录"，如图9-57所示。

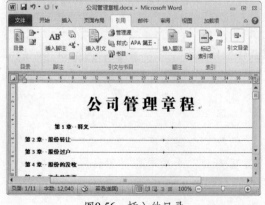

图9-56　插入的目录

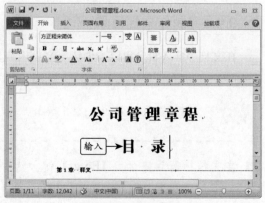

图9-57　输入文本

07 将输入的文本字号缩小为"三号",将段前和段后间距均设置为"0.5 行",如图 9-58 所示。

08 将插入光标定位到"第 1 章 释义"文本左侧,拖动标尺上的"首行缩进"滑块,如图 9-59 所示。

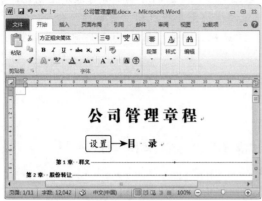

图9-58 设置格式

图9-59 调整首行缩进

09 选择插入的所有目录内容,将段前和段后间距也设置为"0.5 行",如图 9-60 所示。

10 完成目录的设置,效果如图 9-61 所示。

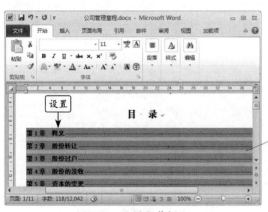

图9-60 设置段落间距

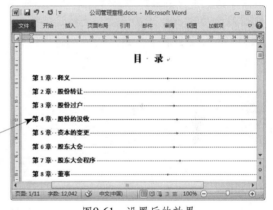

图9-61 设置后的效果

11 按住【Ctrl】键的同时单击目录中的某个章节文本,如图 9-62 所示。

12 此时插入光标将快速定位到文档中相应的位置,效果如图 9-63 所示。

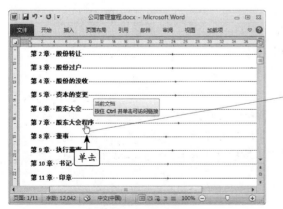

图9-62 定位目录

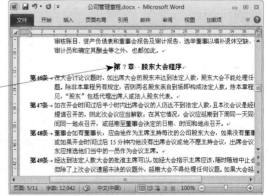

图9-63 定位后的效果

方法技巧

更新目录

如果在文档中添加或删除内容后，目录的内容或对应的页码就有可能发生变化，此时可在目录上单击鼠标右键，在弹出的快捷菜单中选择"更新域"命令，打开"更新目录"对话框，选中"更新整个目录"单选项，单击 确定 按钮即可更新目录内容。

9.4.5 以附件方式发送文档

下面将制作好的文档通过电子邮件发送给其他需要的用户，其具体操作如下。

动画演示: 演示\第9章\以附件方式发送文档.swf

01 在"文件"选项卡左侧选择"保存并发送"选项，选择右侧的"使用电子邮件发送"命令，并单击右侧的"作为附件发送"按钮，如图9-64所示。

02 启动 Outlook 2010，在"收件人"文本框中输入对方的邮箱地址，在"主题"文本框中输入此邮件标题，在下方的列表框中输入邮件内容，完成单击"发送"按钮 即可，如图9-65所示。

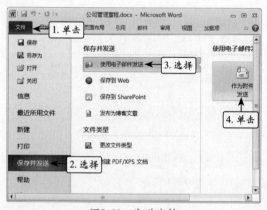

图9-64 发送文档

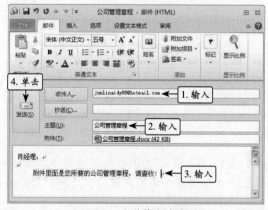

图9-65 以附件方式发送

专家点拨

认识 Outlook 2010

Outlook 2010 是 Office 2010 的组件之一，专用于接收、发送和管理电子邮件，在安装 Office 2010 后，便可同时将 Word 2010 和 Outlook 2010 安装到电脑中。需要注意的是，首次使用 Outlook 时，在 Word 2010 中单击"发送"按钮 ，此时启动 Outlook 后，需按照向导配置自己的邮箱数据，其过程十分简单，按照提示操作即可。配置完成后，才能利用 Outlook 完成邮件的发送操作。

9.5 知识拓展

通过公司管理章程的编辑，小雯不仅了解了章程这一公文的有关知识，而且也掌握了在 Word 中使用大纲视图模式编辑文档以及制作文档目录等新知识。老陈告诉小雯，她掌握的知识仅仅是基础，下面还将要给她介绍有关"大纲"选项卡的使用以及手动创建目录的方法，让她可以更加全面地学习这些内容。

9.5.1 "大纲"选项卡的使用

进入大纲视图模式后，功能区中会自动出现"大纲"选项卡，利用其中各组的工具可以更好地在大纲视图模式下编辑文档，如图 9-66 所示。下面重点介绍"大纲工具"选项卡中各参数的作用。

图9-66 "大纲"选项卡

- "提升至标题 1"按钮 ：单击该按钮可将插入光标所在或所选段落应用为标题 1 的格式。
- "升级"按钮 ：单击该按钮可将插入光标所在或所选段落应用为上一级标题的格式。
- 正文文本 下拉列表框：在该下拉列表框中可将插入光标所在或所选段落应用为某一标题格式。
- "降级"按钮 ：单击该按钮可将插入光标所在或所选段落应用为下一级标题的格式。
- "降级为正文"按钮 ：单击该按钮可将插入光标所在或所选段落应用为正文文本的格式。
- "上移"按钮 ：单击该按钮可将插入光标所在或所选段落的位置移动到上一段落之前。
- "下移"按钮 ：单击该按钮可将插入光标所在或所选段落的位置移动到下一段落之后。
- "展开"按钮 ：单击该按钮可将插入光标所在或所选段落的内容展开显示。
- "折叠"按钮 ：单击该按钮可将插入光标所在或所选段落的内容收缩隐藏。
- 显示级别(S): 下拉列表框：在该下拉列表框中可选择大纲视图模式下显示到的标题级别。如选择"2 级"，则仅显示大纲级别为 1 级和 2 级的段落。
- 显示文本格式 复选框：取消选中该复选框，大纲视图模式下显示的所有文本格式均为 Word 默认格式。
- 仅显示首行 复选框：选中该复选框，将只显示所有段落中的第 1 行内容。

9.5.2 手动创建目录

利用"引用"选项卡"目录"组中的 添加文字 按钮可以手动创建目录中需要显示的各级标题和内容，其方法如下。

01 选择需要显示为 1 级标题的目录段落，单击 添加文字 按钮，在弹出的下拉列表中选择"1级"选项，如图 9-67 所示。

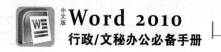
02 选择需要显示为 2 级标题的目录段落，单击 添加文字 按钮，在弹出的下拉列表中选择"2级"选项，如图 9-68 所示。

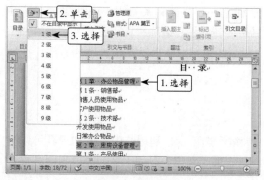
图9-67 设置级别

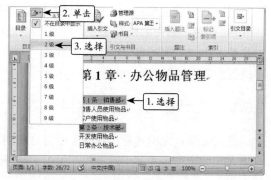
图9-68 设置级别

03 选择需要显示为 3 级标题的目录段落，单击 添加文字 按钮，在弹出的下拉列表中选择"3级"选项，如图 9-69 所示。

04 将插入光标定位到需创建目录的位置，单击"目录"按钮 ，在弹出的下拉列表中选择某种自动目录样式，如图 9-70 所示。

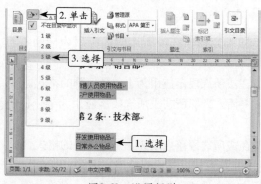
图9-69 设置级别

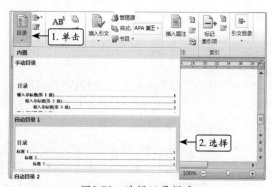
图9-70 选择目录样式

05 此时便可插入目录，其中显示的内容为前面设置的所有级别内容，样式为所选的目录样式，效果如图 9-71 所示。

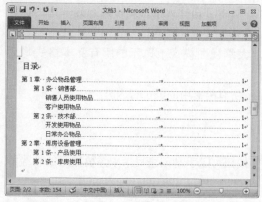
图9-71 创建的目录

> **方法技巧** **快速更新目录**
> 如果创建的目录是选择的某种 Word 预设选项，则目录创建后，可直接将插入光标定位到创建的目录中，单击上方出现的 更新目录 按钮，即可更新目录内容。

9.6 实战演练

看到小雯很顺利地完成了任务，老陈又把手上另外两个任务安排给小雯，以免她得意忘形而忘记虚心学习。

9.6.1 编辑企业章程

某企业委托公司行政部对该企业的章程进行适当编辑，效果如图 9-72 所示。

> **素材文件：** 素材 \ 第 9 章 \ 企业章程 .docx
> **效果文件：** 效果 \ 第 9 章 \ 企业章程 .docx

重点提示：（1）将章程的章名段落设置为 1 级大纲级别。
（2）插入目录并适当设置格式。
（3）在页面下方右侧添加页码。

企业章程

第6条　核心企业应制定本企业集团的发展战略、投资计划、年生产经营计划、年度财务预算、决算方案及盈余分配方案，并对其子公司、参股企业有关人事、经营、财务和投资的重大决策提出意见。

第7条　核心企业应成为企业集团的投资中心、财务结算中心、资本经营中心，内部监控中心和服务中心。

第8条　核心企业经其子公司股东大会或全体股东特别决议通过，可与子公司签定支配性合同，直接行使原应由子公司行使的部分权力。支配性合同中应有保障子公司中其它股东利益的条款。支配性合同须用书面形式。核心企业与其子公司签定支配性合同的，应对子公司的债务承担连带责任。

第9条　核心企业及其子公司承包、租赁的其它公司，在承包、租赁期间视为企业集团中的子公司。核心企业可设立非法人的分公司。

第10条　核心企业作为其子公司的股东，应通过子公司、参股企业的股东会、董事会，对子公司、参股企业的经营决策行使股东权利。核心企业对其分公司及无法人地位的下属部门，行驶经营决策权。

第11条　核心企业编制企业集团的资本预算，规划固定资产投资支出，对项目进行分析并决定其是否包括到资本预算中。

第12条　核心企业以利余收益的大小考核其子公司、参股企业的经营业绩。

第13条　核心企业设立企业集团的财务结算中心，承担企业集团的资金计划，资金筹措、资金调动和资金管理职能。

第14条　企业集团的财务结算中心接受中国人民银行深圳经济特区分行的监督。

第15条　核心企业行使企业集团资产经营中心的职能，调整企业集团的投资结构，重组、优化企业集团的资产存量结构，提高资产收益。

- 对于资产收益或资产收益高于基准收益率，发展前景好的子公司，依照法定程序采取增资、扩股等办法，扩大规模；
- 对于资本收益或资产收益低于基准收益率，无发展前景的子公司，出售部分或全部股权，或经子公司股东会或股东大会同意，与别的公司合并或终止公司；
- 对于长期亏损，不能清偿到期债务的子公司，依法申请宣告破产；

2

图9-72　企业章程最终效果

▶ 9.6.2 编辑公司合同章程

某公司成立不久，需要建立合同章程文件，现要求编辑出效果如图 9-73 所示的文档。

> **素材文件：** 素材 \ 第 9 章 \ 公司合同章程 .docx
> **效果文件：** 效果 \ 第 9 章 \ 公司合同章程 .docx

重点提示：（1）插入目录。
（2）设置首页不同和奇偶页不同的版面。

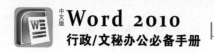
（3）分别为奇偶页页面插入不同的页眉（奥斯汀样式）和页脚内容。

（4）将该章程文档以附件的形式发送给其他股东查看。

××公司合同章程　　　　　　　　　　　　　　　　　　　　　　　　　　　　　　　　　　　　2012 年 6 月 30 日 发布

第一章　总则

第一条　根据《中华人民共和国公司法》和其它有关法律、法规的规定由_____和_____共同出资设立_____公司，特制定本章程。

第二条　公司名称为：_____公司（以下简称公司）。

第三条　公司住所：_____。

第四条　公司的组织形式为有限责任公司，具有企业法人资格，股东以其出资额为限对公司承担责任，公司以其全部资产对公司的债务承担责任。

第二章　经营范围

第五条　公司经营范围为：设计、制作、发布、代理国内外各类广告；商标、标识、包装、装潢及其它印刷品等设计制作、影视制作、中介服务等市场调查及信息咨询。

第三章　注册资本、股东出资方式与出资额

第六条　公司注册资本人民币_____元

第七条　股东名称

甲方：_____，法定代表人_____。

乙方：_____，法定代表人_____。

第八条　股东以现金方式出资

其中：甲方出资_____元人民币占注册资本的_____%。乙方出资_____元人民币占注册资本的_____%。

第四章　股东的权利与义务

第九条　股东享有以下权利：

1. 参加股东会、并按出资比例行使表决权；

经股东同意转让的出资，在同等条件下，其他股东对该出资有优先购买权。

第六章　公司机构及其产生办法、职权、议事规则

第十三条　公司股东会由全体股东组成，股东会是公司的权力机构。

第十四条　公司股东会行使下列职权：

1. 决定公司的经营方针和投资计划；

2. 选举和更换执行董事、决定有关执行董事的报酬事项；

3. 选举和更换由股东代表出任的监事，决定有关监事的报酬事项；

4. 审议批准执行董事的报告；

5. 审议批准监事的报告；

6. 审议批准公司的年度财务预算方案、决算方案；

7. 审议批准公司的利润分配和弥补亏损方案；

8. 对公司增加或者减少注册资本作出决议；

9. 对发行公司债券作出决议；

10. 对股东向股东以外的人转让出资作出决议；

11. 对公司合并、分立、变更公司形式、解散和清算等事项作出决议；

12. 修改公司章程。

第十五条　公司股东会的议事方式和表决程序：

1. 股东会对公司增加或减少注册资本、分立、合并解散或者变更公司形式作出决议，必须经代表三分之二以上表决权的股东通过；

2. 修改公司章程的决议必须经代表三分之二以上表决权的股东通过；

3. 股东会会议由股东按照出资比例行使表决权；

4. 股东会的首次会议由出资最多的股东召集和主持，依照《公司法》规定行使职权；

5. 股东会会议分为定期会议和临时会议；定期会议在每年一月召开，代表四

图9-73　公司合同章程最终效果

第5篇
活动策划篇

第 10 章　制作海报宣传单

▶ 老陈将小雯叫到办公室，告诉她有新的任务需要完成。原来公司受到其他单位的委托，希望帮他们做一份海报宣传单，用以宣传该公司的10周年回馈活动。小雯露出了难色，她觉得自己并没有平面设计的基础，也不懂那些设计软件，怎么可以完成这次的任务呢？老陈微微一笑，告诉她不用担心，仅仅使用Word 2010，就可以轻松地完成这次工作。

知识点

- 设置背景颜色
- 绘制背景幕帘
- 制作海报主题文字
- 设置活动宣传语和信息
- 丰富海报内容

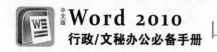

10.1　案例目标

小雯觉得即使使用 Word 来制作海报宣传单，肯定也需要获取大量的素材资料，谁知老陈告诉她，只要电脑上安装了 Word 2010，那就可以顺利完成这个海报的制作。

 效果文件: 效果\第 10 章\海报宣传单 .docx

如图 10-1 所示即为海报宣传单的最终效果，其中利用了矩形等自选图形制作宣传单的背景，利用艺术字制作了宣传单的主题，利用文本框制作了宣传单的宣传语和信息，最后利用了剪贴画对宣传单内容进行了点缀和美化。

图10-1　海报宣传单最终效果

10.2　职场秘笈

小雯觉得海报是平面设计封面的内容，因此没有过多地对其知识进行了解，然而老陈告诉她，海报同样是一种专业文种，它也有独立的写作特点，因此决定先给小雯补补这方面的知识。

10.2.1　海报的特点和分类

海报是极为常见的一种招贴形式，多用于电影、戏剧、比赛、活动等场合，因此海报的特点一般具有广告宣传性和商业性的特点。

- 广告宣传性：海报的目的是希望引起社会各界的关注，它是广告的一种，可以在媒体上刊登、播放，但大部分是张贴于人们易于见到的地方，其广告宣传性的色彩极其浓厚。
- 商业性：海报是为某项活动作的前期广告和宣传，其目的是让人们参与其中，除学术类等少数类别的海报之外，制作海报都是出于商业的目的。

根据海报的制作目的，可以将海报分为广告宣传海报、社会海报、企业海报和文化宣传海报等类别，具体如图 10-2 所示。

图10-2 海报的类别

▶ 10.2.2 海报的写作特点

海报的内容较为灵活，可以根据实际需要进行调整，它可以包括标题、正文和落款等内容，具体如图 10-3 所示。

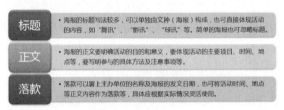

图10-3 海报的内容

▶ 10.3 制作思路

由于本案例中海报的组成元素相对较多，因此老陈需要首先给小雯整理一下海报宣传单的制作思路。

海报宣传单的制作思路大致如下：

（1）利用矩形和流程图中的"延期"图形制作海报的背景和幕帘效果，如图 10-4 所示。

（2）利用艺术字制作海报的主题文字和阴影效果，如图 10-5 所示。

图10-4 制作海报背景

图10-5 制作海报主题

（3）利用文本框制作海报宣传语、活动地点和活动时间等信息，如图 10-6 所示。

（4）利用剪贴画进一步点缀海报内容，如图 10-7 所示。

图10-6　制作海报其他信息

图10-7　美化海报

10.4　操作步骤

有了老陈的指导和帮助，小雯慢慢对海报宣传单的制作有了信心，接下来她就准备完成此次任务了。

10.4.1　制作海报背景

海报宣传单的背景不仅要起到整体美化的效果，更重要的是在美观的同时不能影响主题内容的显示，不能喧宾夺主。

1. 设置背景颜色

下面将利用矩形来制作海报背景，通过填充自定义的渐变色来确定海报的整体颜色效果，其具体操作如下。

动画演示: 演示 \ 第 10 章 \ 设置背景颜色 .swf

01 新建空白 Word 文档，将其以"海报宣传单"为名进行保存，如图 10-8 所示。

02 单击"页面布局"选项卡"页面设置"组中的"纸张大小"按钮，在打开的"页面设置"对话框中将宽度和高度分别设置为"13 厘米"和"18 厘米"，单击 确定 按钮，如图 10-9 所示。

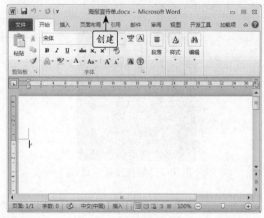

图10-8　新建文档

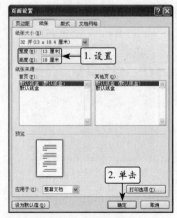

图10-9　设置纸张大小

03 绘制矩形，利用"绘图工具 格式"选项卡"大小"组将矩形的高度和宽度分别设置为"18厘米"和"13厘米"，如图10-10所示。

04 移动矩形位置，使其刚好覆盖整个页面，然后将其轮廓颜色设置为"无轮廓"，如图10-11所示。

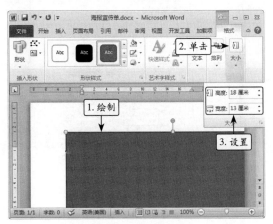

图10-10 设置矩形大小

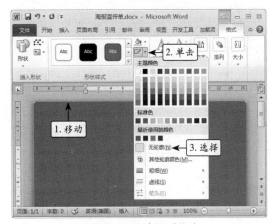

图10-11 取消矩形轮廓

05 继续单击"形状样式"组中的 形状填充▾ 按钮，在弹出的下拉菜单中选择"渐变"命令，在弹出的子菜单中选择"其他渐变"命令，如图10-12所示。

06 在打开的对话框中选中"渐变填充"单选项，将"渐变光圈"栏中左侧的滑块颜色设置为"黄色"，如图10-13所示。

图10-12 设置渐变填充

图10-13 设置滑块颜色

07 单击"渐变光圈"栏新增滑块，将位置设置在"10%"，将颜色设置为"橙色"，如图10-14所示。

08 继续将右侧滑块的位置设置在"65%"，将颜色设置为"红色"，如图10-15所示。

 方法技巧 **快速使用渐变效果**
在设置图形对象渐变填充的对话框中，可直接在"预设颜色"下拉列表框中选择 Word 预置的某种渐变颜色，并且将鼠标指针停留在该渐变选项上时，会显示该渐变代表的效果。

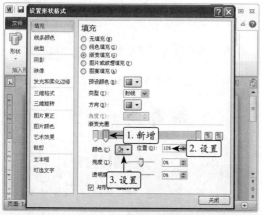

图10-14 设置滑块颜色　　　　　　　　图10-15 设置滑块颜色

09 在"类型"下拉列表框中选择"射线"选项，在"方向"下拉列表框中选择如图 10-16 所示的选项，单击 关闭 按钮。

10 完成海报宣传单背景的设置，效果如图 10-17 所示。

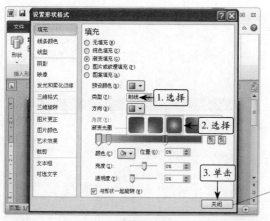

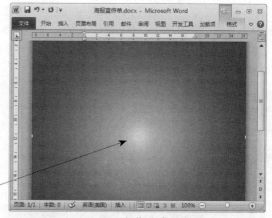

图10-16 设置渐变类型和方向　　　　　　图10-17 宣传单背景效果

2. 绘制背景幕帘

Word 2010 不仅具有大量的自选图形，更允许用户自主的对图形外观进行调整，下面便通过自选图形的绘制和调整来制作背景幕帘效果，其具体操作如下。

动画演示: 演示\第 10 章\绘制背景幕帘 .swf

01 绘制矩形，将宽度和高度分别设置为"18 厘米"和"3 厘米"，如图 10-18 所示。

02 移动矩形至背景左侧，将矩形的轮廓颜色设置为"红色"，轮廓粗细设置为"3 磅"，如图 10-19 所示。

03 在"绘图工具 格式"选项卡"插入形状"组中单击 编辑形状 按钮，在弹出的下拉菜单中选择"编辑顶点"命令，如图 10-20 所示。

04 在矩形边框上单击鼠标右键，在弹出的快捷菜单中选择"添加顶点"命令，如图10-21所示。

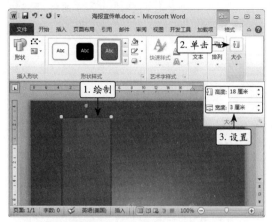

图10-18 设置矩形大小

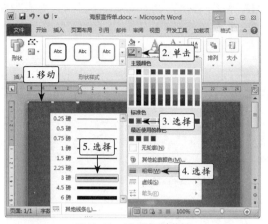

图10-19 设置矩形轮廓

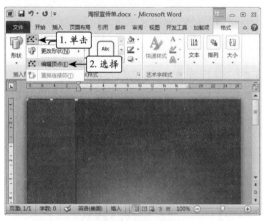

图10-20 编辑矩形

图10-21 添加顶点

05 在添加的顶点上单击鼠标右键，在弹出的快捷菜单中选择"平滑顶点"命令，如图10-22所示。

06 拖动添加的顶点，调整其在矩形轮廓上的位置，如图10-23所示。

图10-22 更改顶点类型

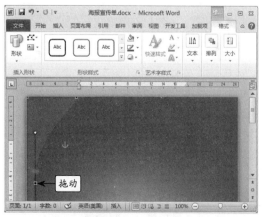

图10-23 移动顶点

07 拖动顶点任意一侧白色控制点可同时调整顶点两侧的弧度，如图 10-24 所示。

08 按住【Alt】键，将顶点下方的控制点拖动到顶点处，此时可单独调整顶点下方的弧度，如图 10-25 所示。

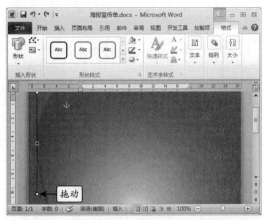

图10-24　调整顶点弧度

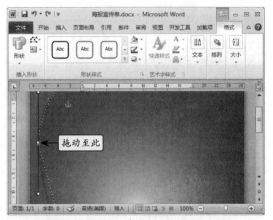

图10-25　单独调整顶点一侧的弧度

09 继续调整顶点上方的控制点，单独调整上方的弧度，如图 10-26 所示。

10 单击矩形内部退出编辑状态并选择矩形，单击"形状样式"组中的 形状填充 ▾ 按钮，在弹出的下拉菜单中选择"渐变"命令，在弹出的子菜单中选择"其他渐变"命令，如图 10-27 所示。

图10-26　调整顶点弧度

图10-27　设置渐变填充

11 在打开的对话框中选中"渐变填充"单选项，将"渐变光圈"栏左侧的滑块颜色设置为"红色"，如图 10-28 所示。

12 选择"渐变光圈"栏右侧的滑块，单击下方的"颜色"下拉按钮 ▾，在弹出的下拉菜单中选择"其他颜色"命令，如图 10-29 所示。

13 打开"颜色"对话框，单击"标准"选项卡，在下方的颜色栏中选择如图 10-30 所示的选项，单击 确定 按钮。

14 在"渐变光圈"栏中新增滑块，将位置设置为"50%"，单击"颜色"下拉按钮 ▾，在弹出的下拉菜单中选择"其他颜色"命令，如图 10-31 所示。

图10-28　设置滑块颜色

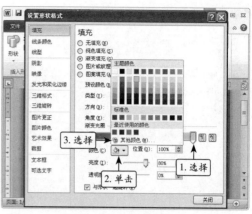

图10-29　设置滑块颜色

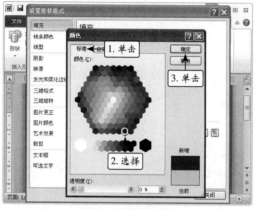

图10-30　选择颜色

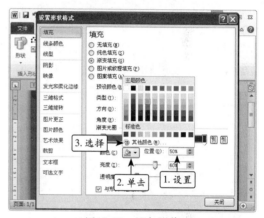

图10-31　添加滑块

15 打开"颜色"对话框，单击"标准"选项卡，在下方的颜色栏中选择如图10-32所示的选项，单击 确定 按钮。

16 返回"设置形状格式"对话框，在"类型"下拉列表框中选择"线性"选项，在"方向"下拉列表框中选择如图10-33所示的选项，单击 关闭 按钮。

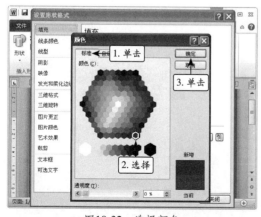

图10-32　选择颜色

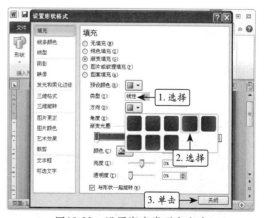

图10-33　设置渐变类型和方向

17 完成背景左侧幕帘的制作，效果如图10-34所示。

中文版 Word 2010 行政/文秘办公必备手册

18 将制作的幕帘图形进行复制，如图 10-35 所示。

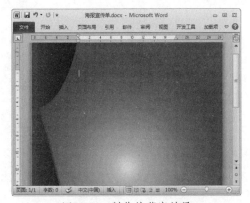

图10-34　制作的幕帘效果

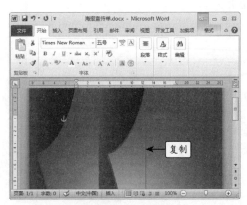

图10-35　复制图形

19 选择复制的幕帘，在"绘图工具 格式"选项卡"排列"组中单击旋转·按钮，在弹出的下拉菜单中选择"水平翻转"命令，如图 10-36 所示。

20 将翻转后的图形移动到背景右侧，如图 10-37 所示。

图10-36　翻转图形

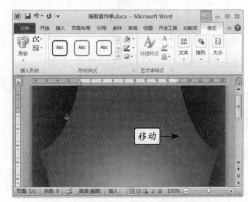

图10-37　移动图形

21 绘制"流程图：延期"图形，将其按顺时针方向旋转 90°，如图 10-38 所示。

22 将图形的高度和宽度分别设置为"13 厘米"和"2 厘米"，并将该图形移动到背景上方，如图 10-39 所示。

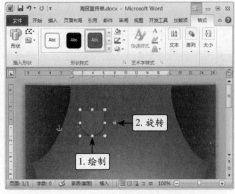

图10-38　绘制图形

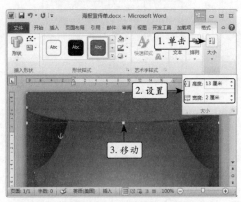

图10-39　设置图形大小

---

23 将轮廓设置为"红色、3 磅"，将填充颜色设置为与左右幕帘图形相同的渐变填充效果，如图 10-40 所示。

24 在"绘图工具 格式"选项卡"插入形状"组中单击 **编辑形状** 按钮，在弹出的下拉菜单中选择"编辑顶点"命令，如图 10-41 所示。

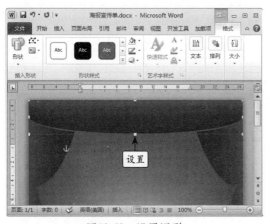

图10-40 设置图形

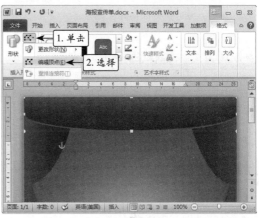

图10-41 编辑图形

25 将顶点类型更改为"平滑顶点"，按住【Alt】键拖动顶点左侧的控制点，调整左侧的弧度，如图 10-42 所示。

26 继续按住【Alt】键拖动顶点右侧的控制点，将右侧的弧度调整为与左侧相同，如图 10-43 所示。

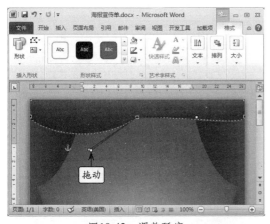

图10-42 调整弧度

图10-43 调整弧度

27 单击页面其他位置，退出图形编辑状态，效果如图 10-44 所示。

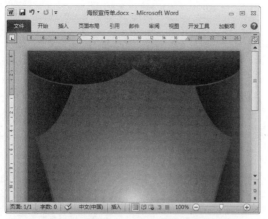

图10-44 设置后的效果

10.4.2 制作海报主题文字

下面将利用艺术字制作海报主题文字，并通过各种设置来达到金属质感的文字效果，其具体操作如下。

 动画演示：演示 \ 第10章 \ 制作海报主题文字 .swf

01 利用"插入"选项卡"文本"组中的"艺术字"按钮 插入如图10-45所示的艺术字。
02 输入艺术字内容，并利用【Enter】键适当对内容分段，然后将"10"文本的字体格式设置为"方正粗宋简体、80、加粗"，如图10-46所示。

图10-45 选择艺术字样式

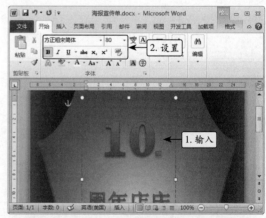

图10-46 输入并设置格式

03 选择后两段艺术字文本，将字体格式设置为"方正粗宋简体、小初、加粗"，如图10-47所示。
04 将"10"文本所在的段落行距设置为"固定值，80磅"，如图10-48所示。

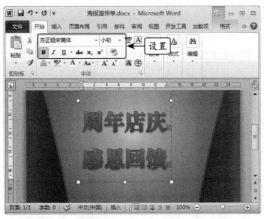

图10-47 设置字体格式

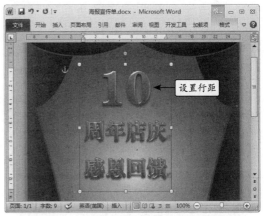

图10-48 设置段落格式

05 选择艺术字边框，单击"绘图工具 格式"选项卡"排列"组中的 对齐 按钮，在弹出的下拉菜单中选择"左右居中"命令，如图10-49所示。

06 将艺术字的文本填充颜色设置为"橙色"，如图10-50所示。

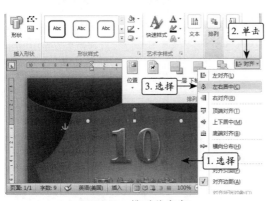

图10-49 排列艺术字

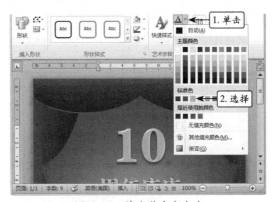

图10-50 填充艺术字文本

07 将艺术字的文本效果设置为如图10-51所示的棱台样式。

08 复制艺术字，将文本填充颜色更改为"黑色"，如图10-52所示。

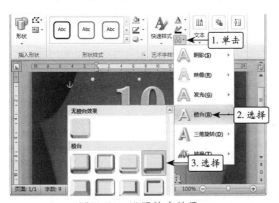

图10-51 设置棱台效果

图10-52 复制艺术字

09 将黑色的艺术字移动到原艺术字的偏右且偏下方，如图10-53所示。

10 在黑色的艺术字边框上单击鼠标右键，在弹出的快捷菜单中选择"置于底层"命令下的"下移一层"命令，如图 10-54 所示。

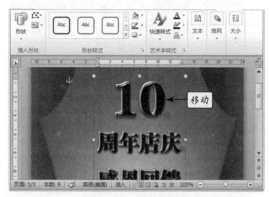

图10-53　移动艺术字

图10-54　设置艺术字叠放顺序

11 完成艺术字及其阴影设置，效果如图 10-55 所示。

图10-55　设置后的艺术字

方法技巧　快速调整图形对象位置
选择图形对象后，在"绘图工具格式"选项卡"排列"组中单击"位置"按钮，在弹出的下拉列表可选择相应选项，以快速调整对象的位置。也可在该下拉列表中选择"其他布局选项"命令，在打开的对话框中自行设置位置。

10.4.3　设置活动宣传语和信息

文本框可以在页面中随意排列，因此可以制作出复杂的版面，下面便利用文本框来制作海报的活动宣传语以及活动地点和时间等信息，其具体操作如下。

动画演示：演示 \ 第 10 章 \ 设置活动宣传语和信息 .swf

01 绘制文本框，将高度和宽度分别设置为"3 厘米"和"13 厘米"，并将其移至页面最下方，如图 10-56 所示。

02 取消文本框的轮廓，并为其填充"橙色"，如图 10-57 所示。

03 在文本框边框上单击鼠标右键，在弹出的快捷菜单中选择"设置形状格式"命令，如图 10-58 所示。

04 打开"设置形状格式"对话框，将填充颜色的透明度设置为"50"，单击 关闭 按钮，如图 10-59 所示。

图10-56　调整文本框大小和位置

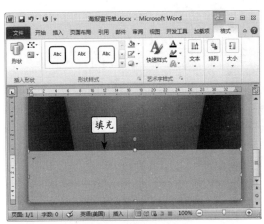

图10-57　填充文本框

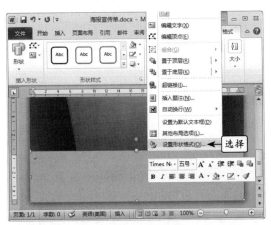

图10-58　设置文本框

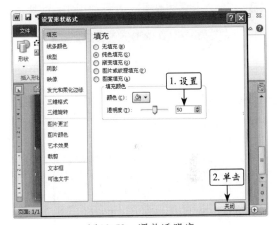

图10-59　调整透明度

05 在文本框中依次输入海报宣传语、活动地点和活动时间等内容，如图 10-60 所示。

06 将宣传语的字体格式设置为"华文行楷、20、黄色"，如图 10-61 所示。

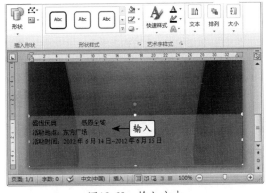

图10-60　输入文本

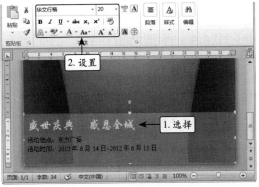

图10-61　设置字体格式

07 选择宣传语文本，为其添加如图 10-62 所示的发光效果。

08 选择活动地点和活动时间文本，将其字体格式设置为"中文 - 方正粗宋简体、西文 -Time New Roman、10.5、黄色"，如图 10-63 所示。

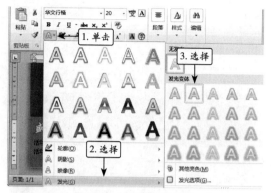

图10-62 设置发光效果

图10-63 设置字体格式

09 继续将活动地点和活动时间文本的行距设置为"固定值，20 磅"，如图 10-64 所示。

10 完成文本框的设置，效果如图 10-65 所示。

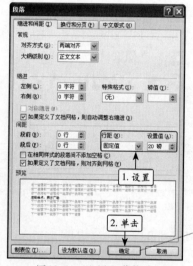

图10-64 设置段落格式

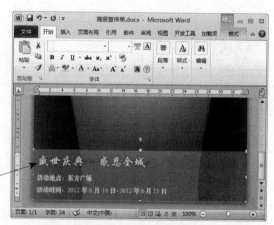

图10-65 设置后的效果

▶ 10.4.4 丰富海报内容

剪贴画是可以进行分离使用的，下面便利用搜索到的剪贴画中的部分内容来点缀海报宣传单，其具体操作如下。

动画演示：演示 \ 第 10 章 \ 丰富海报内容 .swf

01 搜索"城市"剪贴画，并选择搜索到的如图 10-66 所示的剪贴画。

02 将插入到页面中的剪贴画设置为"浮于文字上方"，如图 10-67 所示。

图10-66　搜索并选择剪贴画

图10-67　设置剪贴画排列方式

03 在剪贴画上单击鼠标右键，在弹出的快捷菜单中选择"组合"命令下的"取消组合"命令，如图10-68所示。

04 打开提示对话框，单击 是(Y) 按钮，如图10-69所示。

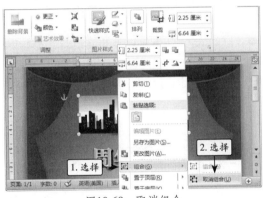

图10-68　取消组合

图10-69　确认操作

05 选择剪贴画中的黑色图形部分，按【Ctrl+X】组合键剪切，如图10-70所示。

06 将插入光标定位到页面上，按【Ctrl+V】组合键粘贴，如图10-71所示。

图10-70　剪切图形

图10-71　粘贴图形

07 继续将浅蓝色图形从剪贴画中剪切出来，并删除剩余剪贴画，如图10-72所示。

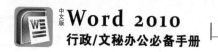
08 将浅蓝色的图形高度和宽度分别设置为"3厘米"和"13厘米",如图10-73所示。

图10-72　剪切图形

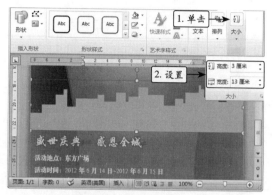

图10-73　设置图形大小

09 将浅蓝色图形填充为"黄色",并移动到文本框上方,如图10-74所示。

10 在黑色图形上单击鼠标右键,在弹出的快捷菜单中选择"置于顶层"命令,如图10-75所示。

图10-74　填充并移动图形

图10-75　设置图形叠放顺序

11 将黑色图形的高度和宽度分别设置为"5厘米"和"13厘米",并移动到文本框上方,如图10-76所示。

12 为黑色图形填充如图10-77所示的渐变效果。

图10-76　设置图形大小和位置

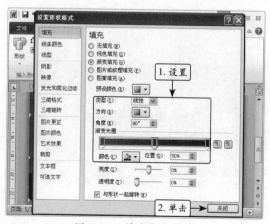

图10-77　填充渐变效果

13 完成海报宣传单的设置，效果如图 10-78 所示。

图10-78 设置后的宣传单效果

操作提示 颜色的使用

为图形对象设置颜色时，若使用的颜色并非当其主题颜色，则 Word 会将该颜色放在"颜色"下拉列表框中"最近使用的颜色"栏下以便使用。另外，Word 也将保存最近一次设置的渐变填充设置，方便用户再次使用。

10.5 知识拓展

图片也是海报中经常使用到的对象，虽然其编辑方法与其他图形对象类似，但也具有图片特有的操作技巧，为了帮助小雯全面地掌握这些知识，老陈特意对图片的常用技巧进行了介绍。

10.5.1 删除图片中不需要的区域

有时插入到文档中的图片背景会影响效果，此时可手动将其删除，得到类似抠图的效果，其方法如下。

01 选择图片，单击"图片工具 格式"选项卡"调整"组中的"删除背景"按钮，拖动图片上出现的选择框，确定调整区域，如图 10-79 所示。

02 单击此时功能区上的"标记要保留的区域"按钮，在图片上单击需要保留的区域，如图 10-80 所示。

图10-79 设置调整区域

图10-80 标记保留区域

03 单击"标记要删除的区域"按钮，在图片上单击需要删除的区域，如图 10-81 所示。

04 单击"保留更改"按钮即可，效果如图 10-82 所示。

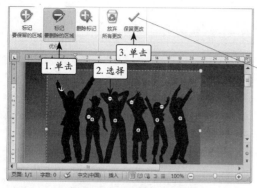

图10-81　设置删除区域　　　　　　　　图10-82　删除后的效果

10.5.2　图片的裁剪技巧

选择图片后，单击"图片工具 格式"选项卡"大小"组中的"裁剪"按钮，此时可通过拖动图片上的控制点确定图片的裁剪区域并执行裁剪操作。但若单击"裁剪"按钮下方的下拉按钮，则可利用弹出的下拉菜单执行其他裁剪操作。

- 裁剪为形状：选择"裁剪为形状"命令，可在弹出的子菜单中选择某个形状，此时图片将自动按所需形状进行裁剪，如图 10-83 所示。

图10-83　按选择的形状裁剪图片

- 纵横比：选择"纵横比"命令，可在弹出的子菜单中选择某个比例选项，以便快速调整图片的裁剪区域，如图 10-84 所示。

图10-84　按比例裁剪图片

10.6　实战演练

海报的制作极具灵活性，为了不使小雯陷入某种思维局限，老陈继续给她安排了两个实例，分别是文化宣传海报和装饰画海报的制作。

▶ 10.6.1　制作文化宣传海报

某学校委托公司制作一份表现挑战和超越自我主题的海报，要求海报简单大方、主题性强，效果如图 10-85 所示。

效果文件：效果\第10章\文化宣传海报.docx

重点提示：（1）设置页面大小，搜索"山"剪贴画（包括插画和照片类型）。

（2）设置剪贴画颜色、艺术效果、亮度和对比度。

（3）分别利用艺术字和文本框制作海报主题文本。

图10-85　文化宣传海报最终效果

▶ 10.6.2　制作装饰画海报

根据某店铺的委托，现需要制作出商品打折的宣传海报，效果如图 10-86 所示。

效果文件：效果\第10章\文化宣传海报.docx

重点提示：（1）设置页面大小，搜索"商品"剪贴画（包括插画和照片类型）。

（2）对剪贴画进行艺术效果、颜色等设置，使其呈现装饰画效果。

（3）绘制正方形点缀海报。

（4）利用艺术字制作海报主题。

（5）利用文本框制作海报辅助信息

图10-86　装饰画海报最终效果

第5篇
活动策划篇

第11章　制作产品DM单

小雯近期的工作表现非常好，不仅得到同事的认可，也得到了领导的赏识和重用。经过公司开会讨论后，决定将非常重要的一项任务交给小雯来完成。这项任务受某个客户的委托，公司非常重视，希望小雯能圆满完成。小雯接到任务后，发现是制作产品DM单，她对这方面的内容有所了解，但从未涉及过相关工作，看来这次也需要老陈的鼎力相助了。

知识点

- 设置 DM 单背景
- 输入并设置 DM 单标题
- 插入表格
- 添加产品图片及介绍
- 美化表格
- 输入并设置其他宣传信息
- 设置"热销产品"图形
- 添加 DM 单边框

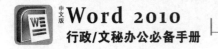

经小雯介绍，老陈对这次任务有了一定程度的了解，按照老陈的想法，他希望小雯能将此产品 DM 单按简单、明了和整齐的思路来制作。

素材文件：素材 \ 第 11 章 \at.png、gq.png、hjt.png、jmz.png、lhg.png、lz.png……
效果文件：效果 \ 第 11 章 \ 产品 DM 单 .docx

如图 11-1 所示即为产品 DM 单的最终效果，其中的关键是利用表格这个工具来有序地排列各种产品的图片和介绍文字，这样从整体上便使整个 DM 单达到层次分明、井然有序的效果。除此以外，此 DM 单的制作还涉及矩形、图文框、爆炸形等自选图形的使用和设置等操作。

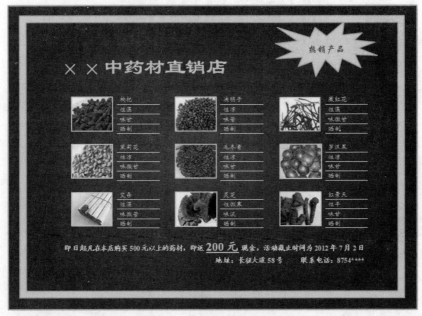

图11-1　产品DM单最终效果

DM 单也是一种用于宣传的有效工具，相比于海报，DM 单有其自身的一些特点。为了让小雯对这方面的知识有更多了解，老陈准备先给她讲讲相关的内容。

▶ 11.2.1 DM单概述

DM 是英文 Direct Mail Advertising 的缩写，意为"直接邮寄广告"，即通过邮寄、赠送等形式，将宣传品送到消费者手中。DM 单的形式有广义和狭义之分，广义上的 DM 单包括广告单页，即日常生活中常见的各种产品传单；狭义的 DM 单仅指装订成册的集纳型广告宣传画册。DM单的特点具体如图 11-2 所示。

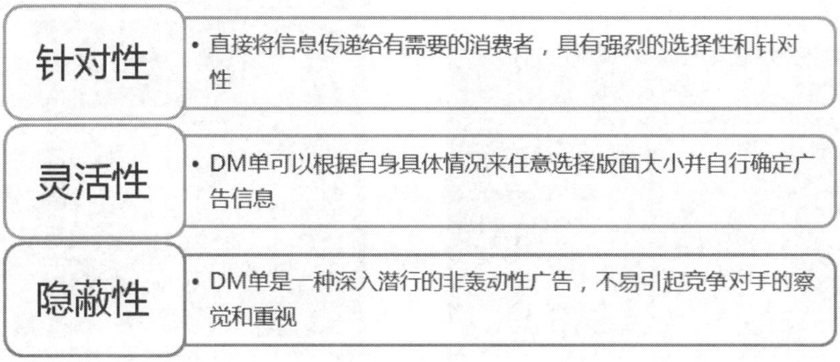

针对性
• 直接将信息传递给有需要的消费者，具有强烈的选择性和针对性
灵活性
• DM单可以根据自身具体情况来任意选择版面大小并自行确定广告信息
隐蔽性
• DM单是一种深入潜行的非轰动性广告，不易引起竞争对手的察觉和重视

图11-2　DM单的特点

11.2.2　DM单的制作要点

DM 单有其自身的特点，这就决定了在制作 DM 单时应该注意一些问题，具体如图 11-3 所示。

在有限的版面中体现最主要的内容
要极具吸引力，让消费者看到后会主动查看内容
能用图片尽量使用图片
关键信息要直观醒目地体现出来

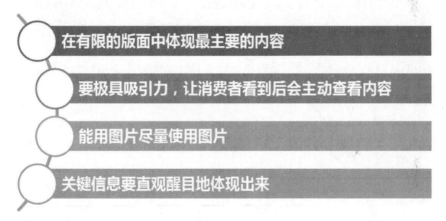

图11-3　DM单的制作用要点

11.3　制作思路

在开始制作本案例之前，小雯需要将任务的制作思路整理出来交给老陈，等到老陈认可后才能着手操作。

DM 单的制作思路大致如下：

（1）首先填充矩形制作背景，然后输入并设置文本制作标题，如图 11-4 所示。

（2）通过表格排列各产品的图片和信息，并对表格进行适当美化，如图 11-5 所示。

（3）输入 DM 单的其他宣传内容，然后利用各种自选图形丰富 DM 单内容并进行美化，如图 11-6 所示。

××中药材直销店

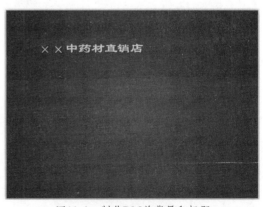

图11-4　制作DM单背景和标题

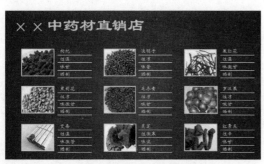

图11-5 制作宣传的产品内容

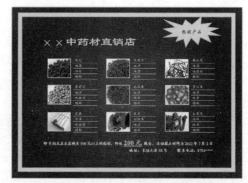

图11-6 制作宣传的产品内容

11.4 操作步骤

老陈对小雯整理的制作思路给予了肯定的回答，现在小雯就可以放心地开始完成任务了。

11.4.1 制作DM单背景和标题

通过制作DM单的背景和标题，可以确定整个DM单的版面大小和制作风格，这是DM单制作的首要环节。

1. 设置DM单背景

通过绘制矩形并为其填充渐变色，可以快速完成DM单背景的制作，其具体操作如下。

动画演示：演示\第11章\设置DM单背景.swf

01 新建空白的Word文档，将其以"产品DM单"为名进行保存，如图11-7所示。

02 利用"页面设置"对话框将宽度和高度分别设置为"25厘米"和"18厘米"，单击 确定 按钮，如图11-8所示。

图11-7 新建文档

图11-8 设置纸张大小

03 绘制矩形，利用"绘图工具 格式"选项卡"大小"组将矩形的高度和宽度分别设置为"18厘米"和"25厘米"，如图11-9所示。

04 移动矩形位置，使其刚好覆盖整个页面，然后将其轮廓颜色设置为"无轮廓"，如图11-10所示。

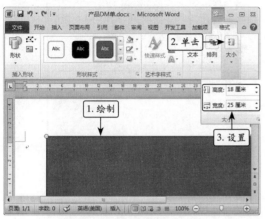

图11-9 设置矩形大小

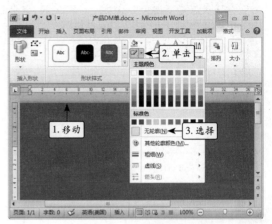

图11-10 取消矩形轮廓

05 继续单击"形状样式"组中的 形状填充▾ 按钮，在弹出的下拉菜单中选择"渐变"命令，在弹出的子菜单中选择"其他渐变"命令，如图11-11所示。

06 在打开的对话框中选中"渐变填充"单选项，将"渐变光圈"栏中左侧的滑块颜色设置为"红色"，如图11-12所示。

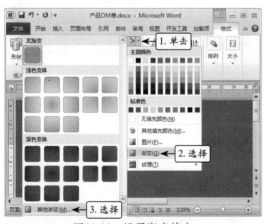

图11-11 设置渐变填充

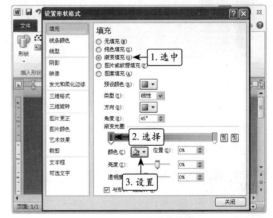

图11-12 设置滑块颜色

07 选择"渐变光圈"栏右侧的滑块，单击"颜色"下拉按钮，在弹出的下拉菜单中选择"其他颜色"命令，如图11-13所示。

08 打开"颜色"对话框，单击"标准"选项卡，在下方的颜色栏中选择如图11-14所示的选项，单击 确定 按钮。

09 返回"设置形状格式"对话框，在"渐变光圈"栏中新增滑块，将位置设置为"75%"，单击"颜色"下拉按钮，在弹出的下拉菜单中选择"其他颜色"命令，如图11-15所示。

10 打开"颜色"对话框，单击"标准"选项卡，在下方的颜色栏中选择如图11-16所示的选

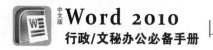

项，单击 确定 按钮。

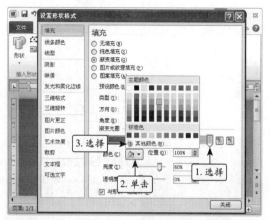

图11-13　设置其他颜色

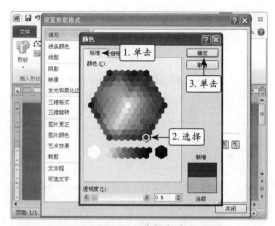

图11-14　选择颜色

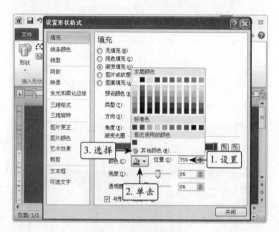

图11-15　新增滑块

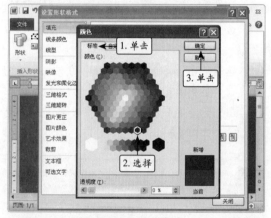

图10-16　选择颜色

11 返回"设置形状格式"对话框，在"类型"下拉列表框中选择"射线"选项，在"方向"下拉列表框中选择如图 11-17 所示的选项，单击 关闭 按钮。

12 完成 DM 单背景的设置，效果如图 11-18 所示。

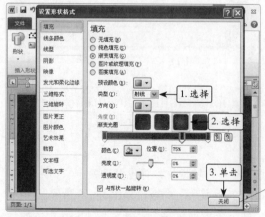

图11-17　设置渐变类型和方向

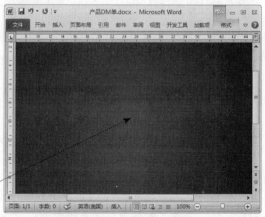

图11-18　设置后的背景效果

方法技巧 **固定渐变填充效果**

为图形添加渐变填充效果后，旋转图形时，渐变效果也会随之旋转，若想固定渐变填充效果，不使其随图形的旋转而旋转，则可在设置渐变填充的对话框底部取消选中"与形状一起旋转"复选框即可。

2. 输入并设置DM单标题

接下来将输入DM单的标题，并适当设置该标题格式，其具体操作如下。

动画演示： 演示\第11章\输入并设置DM单标题.swf

01 选择前面绘制的矩形，利用"自动换行"按钮 将其设置为"衬于文字下方"，如图11-19所示。
02 输入DM单标题，如图11-20所示。

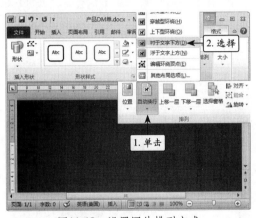

图11-19 设置图片排列方式

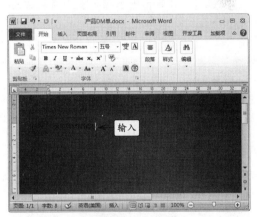

图11-20 输入文本

03 选择输入的标题，利用"字体"对话框将字体格式设置为"方正隶书简体、小初、黄色"，单击 确定 按钮，如图11-21所示。
04 完成标题的格式设置，效果如图11-22所示。

图11-21 设置字体格式

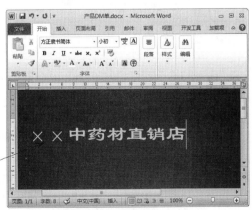

图11-22 设置后的标题效果

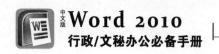

11.4.2 添加DM单产品介绍

DM 单产品介绍是整个文件的重要内容，这里将通过使用表格的方式来更加清晰有序地排列各个产品信息。

1. 插入表格

下面首先插入表格，并适当对表格结构进行调整，其具体操作如下。

 动画演示：演示 \ 第 11 章 \ 插入表格 .swf

01 利用【Enter】键换行，并利用"清除格式"按钮 取消段落标记的格式，如图 11-23 所示。

02 将插入光标定位在第 2 个空白的段落标记处，单击"插入"选项卡"表格"组中的"表格"按钮 ，在弹出的下拉列表中将鼠标指针定位到 6×5 表格的位置并单击鼠标，如图 11-24 所示。

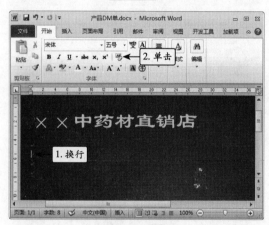

图11-23　换行

图11-24　插入表格

 操作提示　移动图形
按上例操作后，前面绘制的矩形有可能会随着换行而下移，此时只需按住【Shift】键垂直向上移动到原来的位置即可。

03 在插入表格的第 1 行第 2 列单元格上单击鼠标右键，在弹出的快捷菜单中选择"拆分单元格"命令，如图 11-25 所示。

04 打开"拆分单元格"对话框，将列数和行数分别设置为"1"和"4"，单击 确定 按钮，如图 11-26 所示。

05 完成单元格的拆分，效果如图 11-27 所示。

06 按照相同的方法将第 2 列第 3 行和第 5 行的单元格进行拆分，效果如图 11-28 所示。

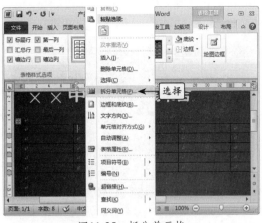

图11-25　拆分单元格

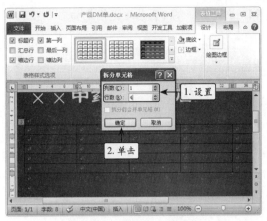

图11-26　设置拆分行列数

图11-27　拆分后的单元格

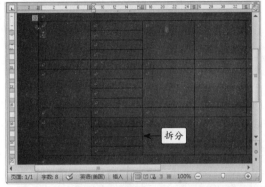

图11-28　拆分其他单元格

07 选择第4列的所有单元格，然后单击鼠标右键，在弹出的快捷菜单中选择"合并单元格"命令，如图11-29所示。

08 在合并后的单元格上单击鼠标右键，在弹出的快捷菜单中选择"拆分单元格"命令，如图11-30所示。

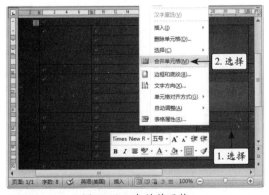

图11-29　合并单元格

图11-30　拆分单元格

09 打开"拆分单元格"对话框，将列数和行数分别设置为"1"和"14"，单击 确定 按钮，如图11-31所示。

10 快速拆分第 4 列的单元格，如图 11-32 所示。

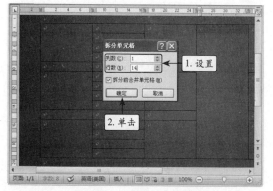

图11-31 设置拆分行列数

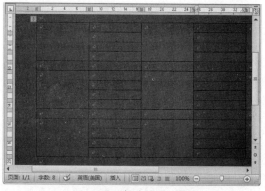

图11-32 拆分后的效果

11 继续合并第 6 列所有的单元格，如图 11-33 所示。

12 将合并后的单元格拆分为 14 行 1 列，如图 11-34 所示。

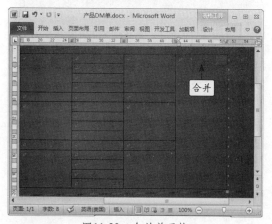

图11-33 合并单元格

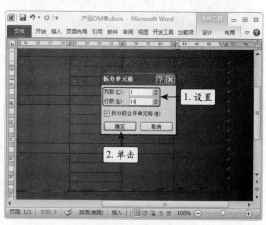

图11-34 拆分单元格

13 完成表格结构的设置，如图 11-35 所示。

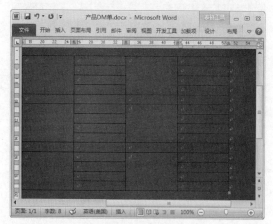

图11-35 设置后的表格

专家点拨 拆分单元格的注意事项

当拆分单元格的行数或列数大于表格中对应的行数或列数时，Word 将不执行拆分操作。比如上例第 12 步中将单元格拆分为 15 行或以上的行数，由于该数量大于表格其他列中包含的行数，因此将无法执行拆分操作。

2. 添加产品图片及介绍

表格的单元格中不仅可以输入文本，同样也能添加图片，下面便在表格中逐一完成各产品图片及相应文本的添加，其具体操作如下。

动画演示：演示\第11章\添加产品图片及介绍.swf

01 将插入光标定位到第1行第1列单元格中，单击"插入"选项卡"插图"组中的"图片"按钮，如图11-36所示。

02 在打开的对话框中选择素材提供的"gq.png"图片选项，单击 插入(S) 按钮，如图11-37所示。

图11-36 插入图片

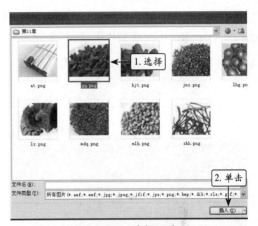

图11-37 选择图片

03 所选图片将插入到单元格中，效果如图11-38所示。

04 选择插入的图片，将其轮廓颜色设置为"黄色"，如图11-39所示。

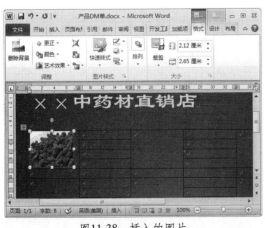

图11-38 插入的图片

图11-39 设置图片轮廓颜色

05 进一步将图片轮廓的粗细设置为"2.25磅"，如图11-40所示。

06 在图片右侧的4个单元格中输入该产品的相关信息，如图11-41所示。

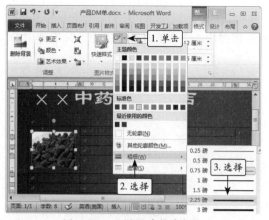
图11-40　设置图片轮廓粗细

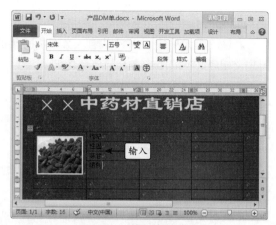
图11-41　输入产品信息

07 将输入的文本字体格式设置为"楷体、黄色",如图11-42所示。

08 在第1行第3列单元格中插入"jmz.png"图片,如图11-43所示。

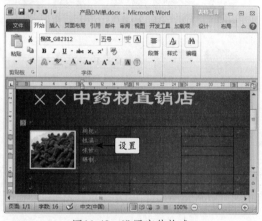
图11-42　设置字体格式

图11-43　插入图片

09 选择第1幅图片,单击"开始"选项卡"剪贴板"组中的 格式刷按钮,如图11-44所示。

10 单击第2幅图片,快速应用图片轮廓效果,如图11-45所示。

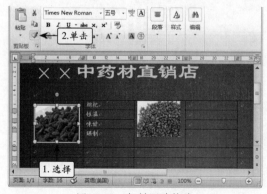
图11-44　复制图片格式

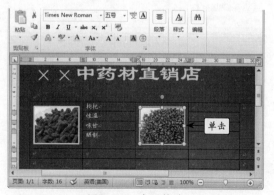
图11-45　应用格式

11 输入第2幅图片对应的信息,如图11-46所示。

12 复制第1幅图片信息的字体格式，如图 11-47 所示。

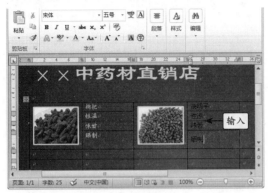

图11-46　输入文本

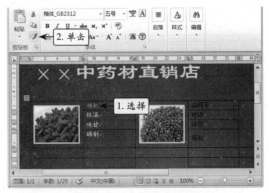

图11-47　复制字体格式

13 选择第2幅图片信息，快速应用字体格式，如图 11-48 所示。

14 按照相同的方法添加其他图片及产品信息内容，如图 11-49 所示。

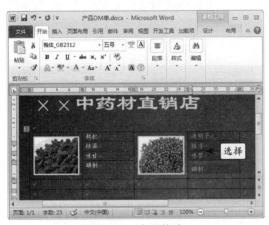

图11-48　应用格式

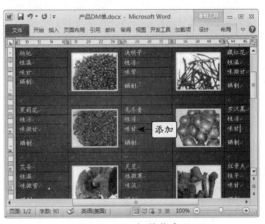

图11-49　添加其他产品

3. 美化表格

完成产品内容的添加后，接下来将对表格格式进行适当设置，以进一步美化 DM 单效果，其具体操作如下。

动画演示：演示\第11章\美化表格.swf

01 拖动第1列单元格的列线，适当增加该列列宽，如图 11-50 所示。

02 按相同方法增加第3列和第5列的列宽，效果如图 11-51 所示。

操作提示　缩小图片
这里将表格中的图片适当缩小，目的是为了让表格各行的行高相同。

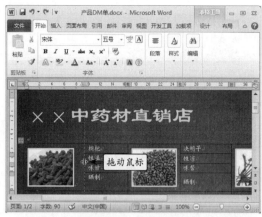

图11-50　拖动列线

图11-51　增加列宽

03 适当缩小表格左下角图片的大小，如图 11-52 所示。

04 按相同方法缩小表格中的其他图片，如图 11-53 所示。

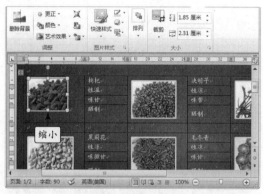

图11-52　缩小图片

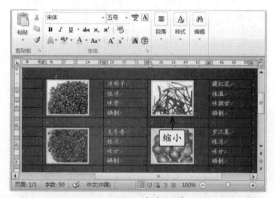

图11-53　缩小图片

05 选择整个表格，单击鼠标右键，在弹出的快捷菜单中选择"单元格对齐方式"命令，在弹出的子菜单中选择如图 11-54 所示的对齐效果。

06 选择表格左上角的图片，将其设置为"右对齐"，如图 11-55 所示。

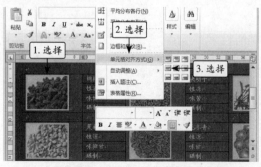

图11-54　设置单元格对齐方式

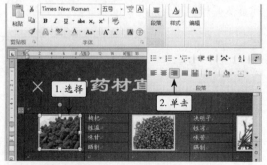

图11-55　设置图片对齐方式

07 用相同方法将其他图片设置为"右对齐"，如图 11-56 所示。

08 选择整个表格，将其边框设置为"无框线"效果，如图 11-57 所示。

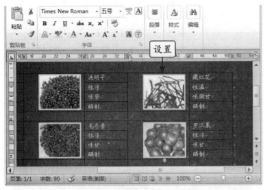

图11-56 调整图片对齐方式

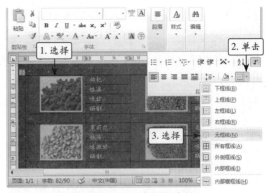

图11-57 取消表格边框

09 选择如图所示的多个单元格，在"开始"选项卡"段落"组中单击"边框"按钮，在弹出的下拉菜单中选择"边框和底纹"命令，如图 11-58 所示。

10 打开"边框和底纹"对话框，将颜色设置为"白色"，依次单击如图 11-59 所示的两个边框按钮，然后单击 确定 按钮。

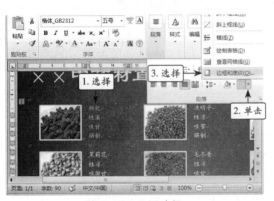

图11-58 设置边框

图11-59 添加边框

11 完成对所选单元格添加边框的操作，效果如图 11-60 所示。

12 利用【Ctrl】键同时选择其他产品信息所在的单元格，单击"边框"按钮，在弹出的下拉菜单中选择"边框和底纹"命令，如图 11-61 所示。

图11-60 设置的边框

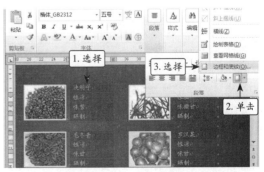

图11-61 添加边框

13 在打开的对话框中依次单击如图 11-62 所示的两个边框按钮，然后单击 确定 按钮。

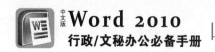

14 完成边框的设置，效果如图 11-63 所示。

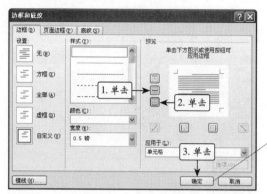

图11-62 设置边框

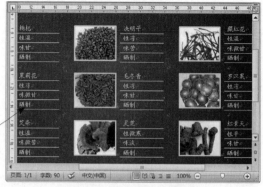

图11-63 添加的边框效果

11.4.3 丰富DM单内容

为了更加吸引眼球，下面还需要在 DM 单中添加一些必要的元素和内容。

1. 输入并设置其他宣传信息

下面将输入 DM 单的其他宣传信息，包括促销内容、活动时间、活动地点等，并对这些内容的格式进行适当设置，其具体操作如下。

 动画演示：演示\第11章\输入并设置其他宣传信息.swf

01 在表格下方输入 DM 单的其他宣传信息，如图 11-64 所示。

02 选择输入的文本，利用"字体"对话框将字体格式设置为"中文 - 楷体、西文 -Times New Roman、加粗、小四，黄色"，单击 确定 按钮，如图 11-65 所示。

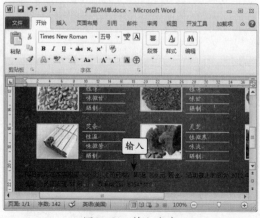

图11-64 输入文本

图11-65 设置字体格式

03 选择"200 元"文本，将其字号增加为"20"，并添加下划线以强调显示，如图 11-66 所示。

04 将文本对齐方式设置为"右对齐"即可，如图 11-67 所示。

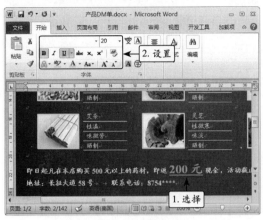

图11-66 设置字体格式

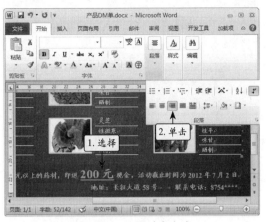

图11-67 设置对齐方式

2. 设置"热销产品"图形

为了突出 DM 单需要宣传的内容，下面将通过绘制并设置自选图形的方式来进行强调，其具体操作如下。

 动画演示：演示 \ 第 11 章 \ 设置"热销产品"图形 .swf

01 在"插入"选项卡"插图"组中单击"形状"按钮，在弹出的下拉列表中选择如图 11-68 所示的形状。

02 拖动鼠标绘制选择的爆炸形图形，如图 11-69 所示。

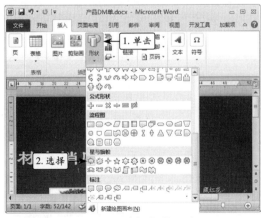

图11-68 选择自选图形

图11-69 绘制图形

03 将图形的轮廓颜色设置为"橙色"，填充颜色设置为"黄色"，如图 11-70 所示。

04 在图形上单击鼠标右键，在弹出的快捷菜单中选择"添加文字"命令，如图 11-71 所示。

图11-70　设置图形颜色

图11-71　添加文字

05 输入需要的文本内容，如图 11-72 所示。

06 将输入的文本字体格式设置为"华文行楷、16、红色"，如图 11-73 所示。

图11-72　输入文本

图11-73　设置字体格式

07 适当调整图形的大小和位置即可，如图 11-74 所示。

图11-74　调整图形大小和位置

方法技巧　更改图形

选择绘制的图形后，在"绘图工具 格式"选项卡"插入形状"组中单击 编辑形状 按钮，在弹出的下拉菜单中选择"更改形状"命令，并在弹出的下拉列表中选择某个形状后，可快速更改所选图形。

3. 添加DM单边框

接下来将为 DM 单添加边框，让其在整体上更加紧凑和美观，其具体操作如下。

动画演示: 演示 \ 第11章 \ 插入表格 .swf

01 利用"形状"按钮 选择如图 11-75 所示的形状。

02 拖动鼠标绘制选择的图形，如图 11-76 所示。

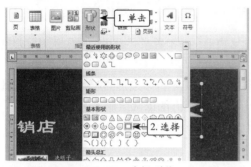

图11-75　选择形状

图11-76　绘制　图形

03 拖动图形上的黄色控制点，调整图形的粗细，如图 11-77 所示。

04 将图形的轮廓颜色设置为"橙色"，填充颜色设置为"黄色"，如图 11-78 所示。

图11-77　调整图形粗细

图11-78　设置图形颜色

05 适当调整图形位置即可，效果如图 11-79 所示。

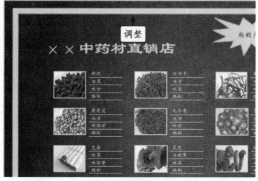

图11-79　调整图形位置

方法技巧　将图形居中

若想将图形调整在页面中央，可利用"绘图工具 格式"选项卡"排列"组中的 对齐 按钮，依次执行"水平居中"和"垂直居中"命令，可使图形完全处于页面中央。

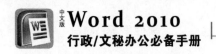

11.5 知识拓展

自选图形不仅仅是 Word 提供的具有特定形状的图形，还可以根据自己的喜好进行绘制和组合。老陈下面就要给小雯介绍绘制各种形状的方法以及通过图形的组合得到各种特效形状的方法，让她掌握更多的图形制作技巧。

11.5.1 绘制各种形状

在自选图形的"线条"类型下，可以使用"任意多边形"工具或"自由曲线"工具绘制需要的图形。下面分别介绍这两种工具的用法。

- "任意多边形"工具：选择该工具后，在文档中单击鼠标定位多边形的起始位置，拖动鼠标确定第 1 边的方向，单击鼠标确定第 2 个顶点，按此方法依次绘制多边形即可，最后单击起始位置即可完成多边形的绘制，整个过程如图 11-80 所示。

图11-80　绘制任意多边形的过程

- "自由曲线"工具：此工具类似于铅笔绘图的效果，选择该工具后，在文档中按住鼠标左键不放，拖动鼠标绘制出整个图形即可，如图 11-81 所示。另外，若绘制的图形需要进行局部修改，则可利用编辑图形的方法对顶点进行添加、删除和调整，以使绘制的图形更加符合实际需求。

图11-81　绘制任意图形

11.5.2 组合图形

通过将各种自选图形进行有目的的组合和设置，可使图形呈现更加美观的效果，如图 11-82 所示便是利用多个基本图形组合成具有立体效果图形的制作过程。

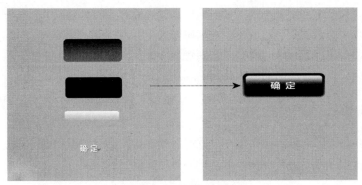

图11-82 组合图形的效果

▶ 11.6   实战演练

DM 单在日常工作和生活十分常见，为了让小雯能掌握更多 DM 单的制作方法，老陈又给她准备了两个案例，要她继续完成酒店 DM 单和超市 DM 单的编辑。

▶ 11.6.1   制作酒店DM单

某旅游公司为吸引更多的客户，需制作酒店折扣的 DM 单，用以宣传旅游酒店的优惠情况，现需要按照要求制作出如图 11-83 所示的 DM 单效果。

图11-83   酒店DM单最终效果

 效果文件：效果 \ 第 11 章 \ 酒店 DM 单 .docx

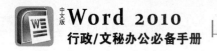

重点提示：(1) 设置页面大小，并利用矩形制作页面背景的渐变效果。

(2) 搜索"床"剪贴画，应用椭圆虚化样式，并设置颜色。

(3) 使用艺术字制作"海景别墅"文本。

(4) 利用自选图形制作公司名称和折扣信息。

11.6.2　制作超市DM单

某超市要在冬季来临之际对蔬果类产品进行促销，现需要制作出如图 11-84 所示的超市 DM 单效果，用以对此促销活动进行宣传。

效果文件：效果 \ 第 11 章 \ 超市 DM 单 .docx

重点提示：(1) 设置页面大小，并利用两个矩形制作页面背景。

(2) 搜索"产品"剪贴画，并利用表格将这些图片进行排列和设置。

(3) 使用艺术字制作主题文本。

(4) 使用文本框制作超市名称。

(5) 使用矩形制作促销日期。

(6) 使用自由曲线制作积雪效果。

图11-84　超市DM单最终效果

第 5 篇
活动策划篇

第 12 章　制作活动策划方案

眼看又到了公司成立8周年的日子，按照惯例，行政部需要对本年度的周年庆制作活动策划方案。部门主管决定将此次任务交给小雯完成，让她尽快把策划方案制作出来。小雯接到任务后，马上找到老陈，将具体的任务给老陈详细叙述了一遍。老陈听完后笑了笑，告诉她不必着急，而且这次可以一劳永逸地完成活动策划方案或其他方案的制作。

知识点

- 自定义主题
- 使用控件制作封面
- 制作模板页眉和页脚
- 设置并应用样式
- 保存模板
- 利用模板制作活动策划方案

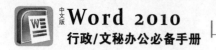

12.1 案例目标

小雯不明白为什么老陈说这次可以一劳永逸地完成任务，进一步询问才明白，老陈准备让小雯用创建模板的方式制作活动策划方案。

效果文件：效果\第12章\活动策划模板.dotx、活动策划方案.docx

如图12-1所示即为活动策划方案的封面局部效果，此文档是通过自行创建的模板完成的，通过设置主题、样式、版面效果等对象后，将其保存为模板，然后便可利用该模板快速创建该文档了。

周年庆活动策划方案

×× 数码科技公司

2012 年 6 月 12 日

行政部

图12-1 活动策划方案封面效果

12.2 职场秘笈

活动策划不仅仅在企业内部使用，在企业对外的商业运作上更起着重要的作用。小雯希望老陈能给她讲讲有关活动策划的主要类别和特点，让她能更加深刻地认识活动策划这种文档对象。

12.2.1 活动策划的主要类别

活动策划相对于市场策划而言，二者互相联系，相辅相成，都从属于企业的整体市场营销思想和模式，只有在此前提下做出的市场策划案和活动策划案才是具有整体性和延续性的广告行为。活动策划案也只有遵从整体市场策划案的思路，才能够使企业保持稳定的市场销售额，其类别主要如图 12-2 所示。

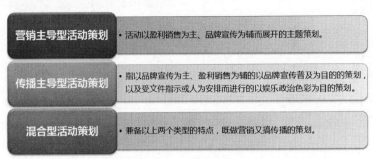

营销主导型活动策划 · 活动以盈利销售为主、品牌宣传为辅而展开的主题策划。

传播主导型活动策划 · 指以品牌宣传为主、盈利销售为辅的以品牌宣传普及为目的的策划，以及受文件指示或人为安排而进行的以娱乐政治色彩为目的的策划。

混合型活动策划 · 兼备以上两个类型的特点，既做营销又搞传播的策划。

图12-2　活动策划类别

▶ 12.2.2　活动策划的特点

活动策划在现代商业运作体系中的作用越来越重要，这得益于它具有许多独有的特点，具体如图 12-3 所示。

大众传播性
· 好的活动策划会注重受众的参与性及互动性。如把公益性引入活动中，既与报纸媒体一贯的公信力相结合，又能够激发品牌在群众中的美誉度。

深层阐释功能
· 通过活动策划，可以把客户需要表达的东西体现得更加清楚，可以把企业要传达的目标信息传播得更加准确、详尽。

公关职能
· 活动策划往往是围绕一个主题展开的，可以最大限度地树立起品牌形象，从而使消费者不单单从产品中获得使用价值，更从中获得精神层面的满足与喜悦。

经济性优势
· 传统的广告宣传形式已经进入成熟期，与此相比，一次促销活动的成本远远小于广告费用，但又能够很快取得效果，同时更直接地接触到消费者，及时获得市场反馈。

延时性
· 一个好的活动策划可以进行二次传播，就是一个活动发布出来之后，别的媒体纷纷转载，活动策划的影响被延时的效果。

图12-3　活动策划的特点

▷ 12.3　制作思路

本例的关键在于制作活动策划模板，老陈将整个任务的制作整理下来，希望小雯熟悉后再开始完成任务。

活动策划方案的制作思路大致如下：

（1）通过选择主题颜色、主题字体和主题效果来自定义模板需要的主题，如图 12-4 所示。

（2）使用各种控件制作封面，如图 12-5 所示。

（3）制作模板中的页眉、页脚、段落样式等对象，并保存模板，如图 12-6 所示。

（4）根据模板新建文档，并快速制作活动策划方案，如图 12-7 所示。

图12-4 自定义主题

图12-5 制作封面

图12-6 保存模板

图12-7 创建活动策划文档

12.4 操作步骤

小雯将老陈整理的制作思路认真进行理解和掌握后，现在就准备放心地开始完成任务了。

12.4.1 制作活动策划模板

活动策划的模板需要涉及主题的设置、控件的使用、页眉页脚的设置、样式的设置等操作，是本案例关键的制作环节。

1. 自定义主题

下面首先自定义主题，以便后面制作封面时可以快速使用需要的颜色、字体和效果，其具体操作如下。

动画演示：演示 \ 第 12 章 \ 自定义主题 .swf

01 新建文档，在"页面布局"选项卡"主题"组中单击 颜色 按钮，在弹出的下拉列表中选择"华丽"选项，如图 12-8 所示。

02 继续在该组中单击 字体 按钮，在弹出的下拉列表中选择"暗香扑面"选项，如图 12-9 所示。

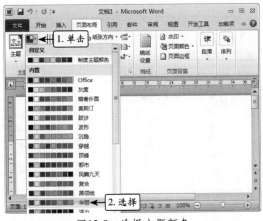

图12-8　选择主题颜色

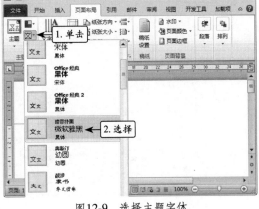

图12-9　选择主题字体

操作提示

快速切换主题

在某个主题效果上单击鼠标右键，在弹出的快捷菜单中选择"添加到快速访问工具栏"命令，此时单击快速访问工具栏上的该主题按钮即可进入到对应的主题效果中。

03 在该组中单击 效果▾ 按钮，在弹出的下拉列表中选择"主管人员"选项，如图12-10所示。

04 在该组中单击"主题"按钮 ，在弹出的下拉菜单中选择"保存当前主题"命令，如图12-11所示。

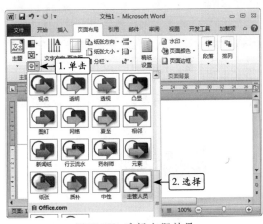

图12-10　选择主题效果

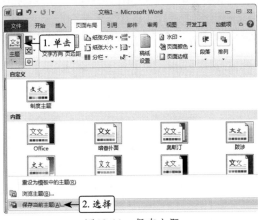

图12-11　保存主题

05 在打开的对话框中输入主题名称，然后单击 保存(S) 按钮保存当前设置的主题效果，如图12-12所示。

06 再次单击"主题"按钮 ，此时在弹出的下拉菜单中即可看到创建的主题选项，如图12-13所示。

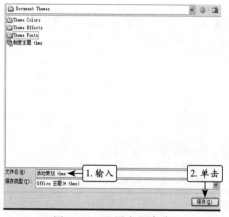

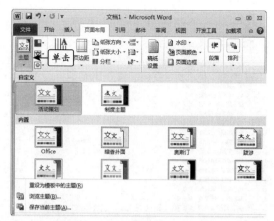

图12-12 设置主题名称　　　　　　　　图12-13 查看自定义的主题

2. 使用控件制作封面

控件可以方便文档的编辑，并起到提示文档使用者如何操作的效果，下面便通过自选图形、文本框和控件等对象制作封面，其具体操作如下。

 动画演示：演示\第12章\使用控件制作封面.swf

01 在"页面布局"选项卡"页面设置"组中单击 分隔符 按钮，在弹出的下拉列表中选择"分页符"选项，如图12-14所示。

02 将插入光标定位到第1页，然后绘制矩形，如图12-15所示。

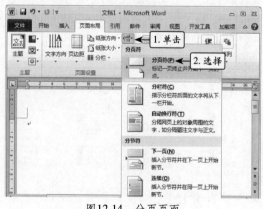

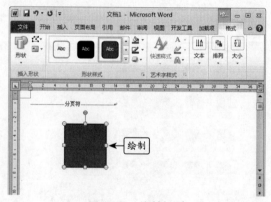

图12-14 分页页面　　　　　　　　　图12-15 绘制矩形

03 将矩形的高度和宽度分别设置为"3厘米"和"19.29厘米"，并移动到如图12-16所示的位置（参考上方和左侧的标尺）。

04 为绘制的矩形应用如图12-17所示的样式。

05 在矩形上单击鼠标右键，在弹出的快捷菜单中选择"添加文字"命令，如图12-18所示。

06 在"开发工具"选项卡"控件"组中单击"格式文本内容控件"按钮 Aa，如图12-19所示。

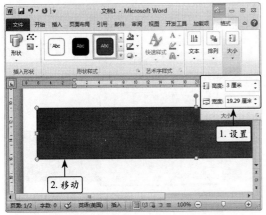

图12-16　调整矩形大小和位置

图12-17　设置矩形样式

图12-18　添加文字

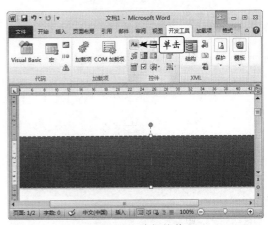

图12-19　选择控件

> **操作提示**
>
> **"开发工具"选项卡的添加**
>
> Word默认的操作界面中是没有"开发工具"选项卡的，要使用其中的控件，则需要添加该选项卡，其方法为：在功能区上单击鼠标右键，在弹出的快捷菜单中选择"自定义功能区"命令，在打开的对话框右侧的列表框中选中"开发工具"复选框，单击 确定 按钮即可。

---

07 此时将在矩形中插入选择的控件，选择该控件，在"开发工具"选项卡"控件"组中单击 设计模式 按钮，如图 12-20 所示。

08 进入控件的设计模式状态，继续单击该组中的 属性 按钮，打开"内容控件属性"命令，在"标题"和"标记"文本框中均输入"标题"，然后单击 确定 按钮，如图 12-21 所示。

09 选择控件中原有的文本，将其修改为"输入本活动策划标题"，如图 12-22 所示。

10 选择修改后的控件文本，将字体设置为"微软雅黑（标题）"样式，如图 12-23 所示。

11 继续将控件文本的字体格式设置为"初号、白色"，如图 12-24 所示。

12 在"开发工具"选项卡"控件"组中再次单击 设计模式 按钮，退出控件的设计模式状态，如图 12-25 所示。

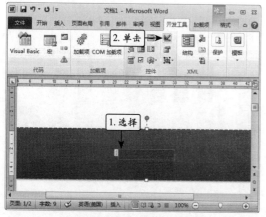

图12-20　添加文字

图12-21　设置控件标题和标记

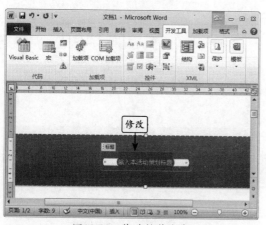

图12-22　修改控件内容

图12-23　设置字体

图12-24　设置字体

图12-25　退出设计模式

13 单击控件左上角的"标题"标记以选择控件，将字体格式设置为"微软雅黑（中文标题）、初号、白色"，以便让控件文本的格式与输入内容后的文本格式相同，如图12-26所示。

14 绘制文本框，取消轮廓和填充色，然后将高度和宽度分别设置为"5厘米"和"19.29厘米"，如图12-27所示。

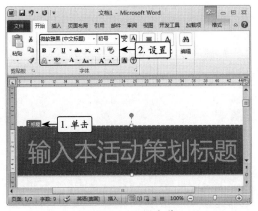

图12-26　设置字体

图12-27　绘制文本框

15 在绘制的文本框中再次插入"格式文本内容控件",然后单击 设计模式按钮,如图12-28所示。

16 继续单击"控件"组中的 属性按钮,打开"内容控件属性"命令,在"标题"和"标记"文本框中均输入"公司名称",然后单击 确定 按钮,如图12-29所示。

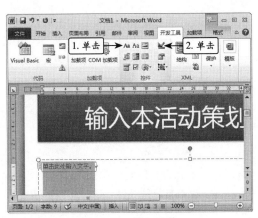

图12-28　插入控件

图12-29　设置控件标题和标记

17 选择控件文本,将字体格式设置为"微软雅黑(中文标题)、三号、加粗",然后为其设置为如图12-30所示的颜色。

18 将控件文本内容修改为"输入公司名称",对齐方式设置为"居中对齐",然后退出设计模式,如图12-31所示。

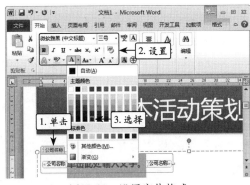

图12-30　设置字体格式

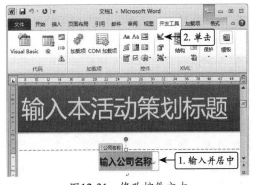

图12-31　修改控件文本

19 单击控件左上角的"公司名称"标记，将字体格式设置为"微软雅黑（中文标题）、三号、加粗、粉红，文字2，深色50%"，如图12-32所示。

20 在控件右侧单击鼠标定位插入光标，然后按【→】键将插入光标移到控件以外，按多次【Enter】键换行，并清除段落标记的格式，如图12-33所示。

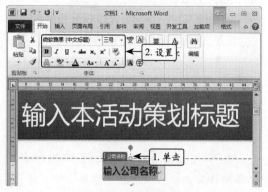

图12-32 设置字体格式

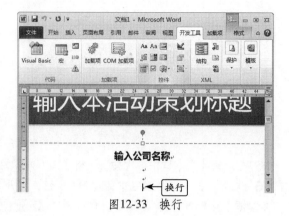

图12-33 换行

21 在第3个段落标记处插入"日期选择器内容控件"，依次单击设计模式按钮和属性按钮，在打开的对话框中将控件标题和标记均设置为"选择日期"，然后在下方的列表框中选择"2012年7月20日"选项，最后确认设置，如图12-34所示。

22 选择控件内容，将其修改为"选择文档制作日期"，如图12-35所示。

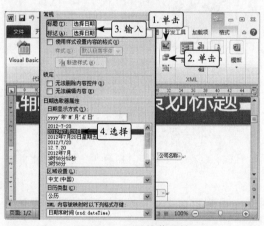

图12-34 设置控件属性

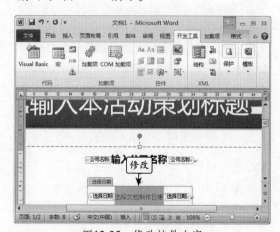

图12-35 修改控件内容

23 将修改后的控件文本的字体颜色设置为如图12-36所示的颜色。

24 退出控件设计模式，选择整个控件，将颜色设置为如图12-37所示的颜色。

25 再次换行段落标记，然后单击"控件"组中的"下拉列表内容控件"按钮，如图12-38所示。

26 依次单击设计模式按钮和属性按钮，在打开的对话框中将控件标题和标记均设置为"选择部门"，选择下方列表框中的"选择一项"选项，单击右侧的 修改(M)... 按钮，如图12-39所示。

27 打开"修改选项"对话框，在"显示名称"和"值"文本框中均输入"市场部"，单击 确定 按钮，如图12-40所示。

28 返回"内容控件属性"对话框，单击右侧的 添加(A)... 按钮，如图12-41所示。

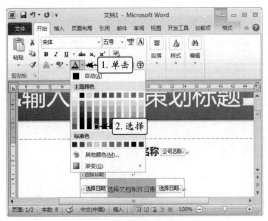

图12-36　设置字体颜色

图12-37　设置字体颜色

图12-38　选择控件

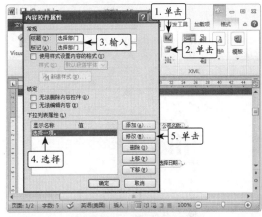

图12-39　设置控件属性

图12-40　修改选项

图12-41　添加选项

29 打开"添加选项"对话框，在"显示名称"文本框中输入"行政部"，此时"值"文本框中将自动显示相同的内容，单击 确定 按钮，如图 12-42 所示。

30 按相同方法添加"销售部"和"企划部"选项，单击 确定 按钮，如图 12-42 所示。

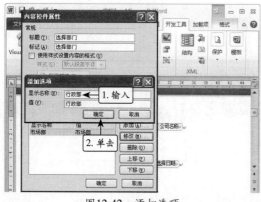

图12-42 添加选项

图12-43 添加选项

31 选择控件内容文本,将字体颜色设置为 12-44 所示的颜色。

32 退出控件设计模式,选择整个控件,将颜色设置为如图 12-45 所示的颜色。

图12-44 设置字体颜色

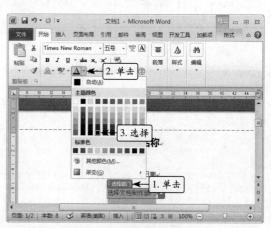

图12-45 设置字体颜色

3. 制作模板页眉和页脚

为进一步美化模板,下面将对页眉和页脚进行适当设置,其具体操作如下。

动画演示:演示\第12章\制作模板页眉和页脚.swf

01 将插入光标定位到第 1 页上方,在"插入"选项卡"页眉和页脚"组中单击"页眉"按钮,在弹出的下拉菜单中选择"编辑页眉"命令,如图 12-46 所示。

02 进入页眉页脚编辑状态,在"页眉和页脚工具 设计"选项卡"选项"组中选中"首页不同"复选框,如图 12-47 所示。

03 选择第 1 页页眉上的段落标记,在"开始"选项卡"段落"组中单击"边框"按钮 右侧的下拉按钮,在弹出的下拉列表中选择"无边框"选项,如图 12-48 所示。

04 按相同方法将第 2 页页眉上的边框取消,如图 12-49 所示。

图12-46　编辑页眉

图12-47　设置版式

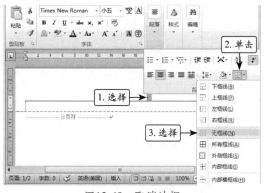

图12-48　取消边框

图12-49　取消边框

05 在第 1 页页眉上绘制圆角矩形，将高度和宽度分别设置为"27.85 厘米"和"19.29 厘米"，拖动图形上的黄色控制点缩小弧度，如图 12-50 所示。

06 利用"绘图工具　格式"选项卡"排列"组中的 对齐 按钮，将圆角矩形分别进行左右居中和上下居中设置，如图 12-51 所示。

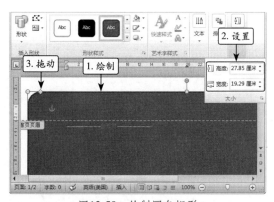

图12-50　绘制圆角矩形

图12-51　设置图形对齐方式

07 选择圆角矩形，将其样式设置为如图 12-52 所示的效果。

08 将圆角矩形的轮廓颜色设置为如图 12-53 所示的颜色，并将轮廓粗细设置为"0.75 磅"。

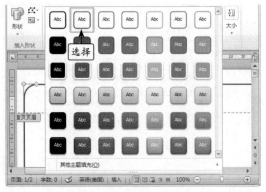

图12-52 设置图形样式

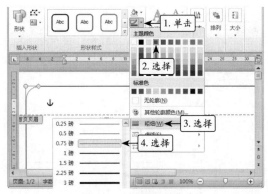

图12-53 设置图形轮廓

09 将圆角矩形的填充颜色设置为"无填充颜色",如图 12-54 所示。

10 将圆角矩形复制到第 2 页的页眉上,并将其进行左右居中和上下居中设置,如图 12-55 所示。

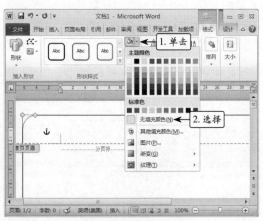

图12-54 取消填充颜色

图12-55 复制圆角矩形

11 在第 2 页页脚右侧绘制椭圆,将宽度和高度均设置为"1.5 厘米",使椭圆变为正圆,如图 12-56 所示。

12 将正圆图形设置为如图 12-57 所示的样式。

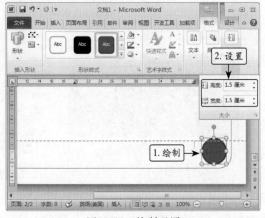

图12-56 绘制正圆

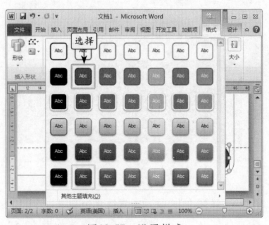

图12-57 设置样式

方法技巧

绘制正圆

选择椭圆工具后，按住【Shift】键的同时绘制图形便可得到正圆。

13 在正圆上单击鼠标右键，在弹出的快捷菜单中选择"添加文字"命令，如图12-58所示。

14 在"页眉和页脚工具 设计"选项卡"页眉和页脚"组中单击"页码"按钮，在弹出的下拉菜单中选择"当前位置"命令，并在弹出的子菜单中选择如图12-59所示的选项。

图12-58　添加文字

图12-59　选择页码样式

15 选择插入的页码，将字体格式设置为"微软雅黑（标题）"，如图12-60所示。

16 保持页码的选择状态，将其颜色设置为如图12-61所示的颜色。

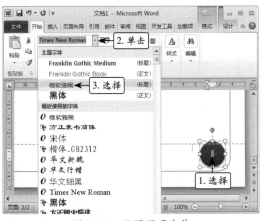
图12-60　设置页码字体

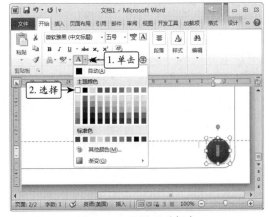
图12-61　设置页码颜色

17 单击"页眉和页脚工具 设计"选项卡"关闭"组中的"关闭页眉和页脚"按钮，完成页眉页脚的编辑，如图12-62所示。

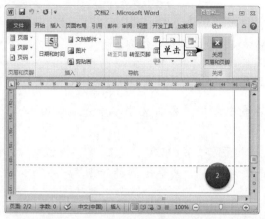

图12-62　退出页眉页脚编辑状态

4. 设置样式

为了方便为输入的段落快速设置格式，下面将在模板中创建样式，其具体操作如下。

　动画演示：演示 \ 第 12 章 \ 设置样式 .swf

01 在"开始"选项卡"样式"组"样式"下拉列表框中的"标题 1"样式上单击鼠标右键，在弹出的快捷菜单中选择"修改"命令，如图 12-63 所示。

02 打开"修改样式"对话框，单击左下角的 格式(O) 按钮，在弹出的下拉菜单中选择"字体"命令，如图 12-64 所示。

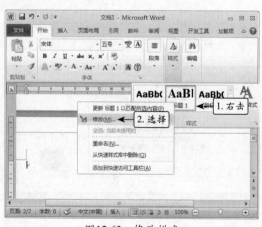

图12-63　修改样式

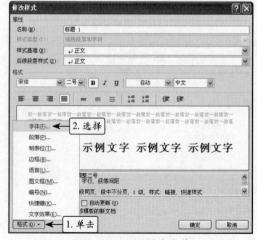

图12-64　设置样式字体

03 打开"字体"对话框，将格式设置为"中文 -+ 中文标题、加粗、四号"，并将颜色设置为如图 12-65 所示的颜色，单击 确定 按钮。

04 返回"修改样式"对话框，单击左下角的 格式(O) 按钮，在弹出的下拉菜单中选择"段落"命令，如图 12-66 所示。

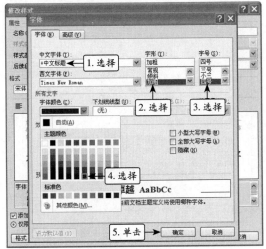

图12-65　修改字体

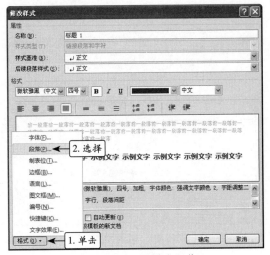

图12-66　设置样式段落

05 打开"段落"对话框，将段前和段后间距分别设置为"0.8行"和"0.2行"，将行距设置为"单倍行距"，单击 确定 按钮，如图12-67所示。

06 返回"修改样式"对话框，在"样式基准"下拉列表框中选择"（无样式）"选项，单击 确定 按钮，如图12-68所示。

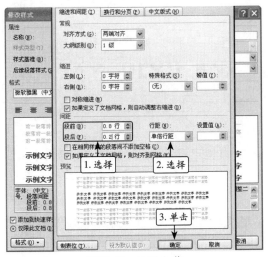

图12-67　设置段落

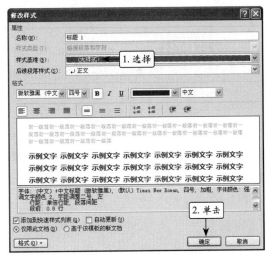

图12-68　设置样式基准

07 继续在"样式"下拉列表框的"副标题"样式上单击鼠标右键，在弹出的快捷菜单中选择"修改"命令，如图12-69所示。

08 打开"修改样式"对话框，单击左下角的 格式(O) 按钮，在弹出的下拉菜单中选择"字体"命令，如图12-70所示。

09 打开"字体"对话框，将格式设置为"中文 -+ 中文标题、加粗、小四"，并将颜色设置为如图12-71所示的颜色，单击 确定 按钮。

10 返回"修改样式"对话框，单击左下角的 格式(O) 按钮，在弹出的下拉菜单中选择"段落"命令，如图12-72所示。

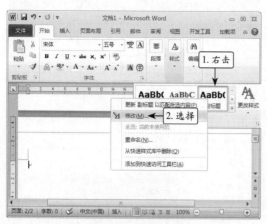

图12-69　修改样式

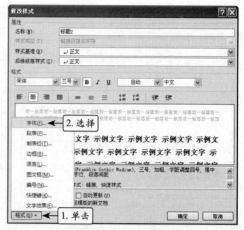

图12-70　设置样式字体

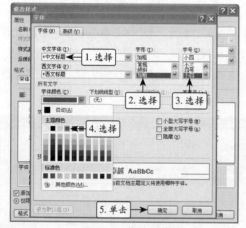

图12-71　修改字体

图12-72　设置样式段落

11 打开"段落"对话框，将行距设置为"单倍行距"，单击　确定　按钮，如图 12-73 所示。

12 返回"修改样式"对话框，在"样式基准"下拉列表框中选择"(无样式)"选项，单击　确定　按钮，如图 12-74 所示。

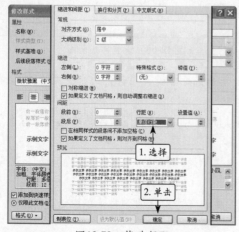

图12-73　修改行距

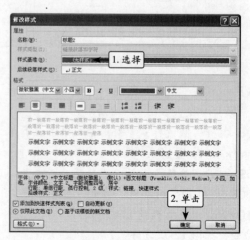

图12-74　设置样式基准

5. 保存模板

完成模板内容的设置后，便可进行保存了，其具体操作如下。

动画演示： 演示 \ 第 12 章 \ 保存模板 .swf

01 单击"文件"选项卡，单击界面左侧的 另存为 按钮，如图 12-75 所示。

02 打开"另存为"对话框，在"保存类型"下拉列表框中选择"Word 模板（.dotx）"选项，在"文件名"下拉列表框中输入"活动策划模板 .doct"，单击 保存(S) 按钮，如图 12-76 所示。

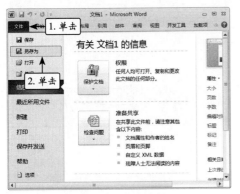

图12-75 另存文档

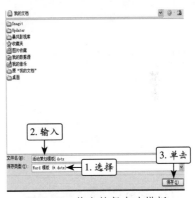

图12-76 将文档保存为模板

03 此时文档标题区上将显示保存后的名称，即"活动策划模板 .dotx"，单击操作界面右上角的"关闭"按钮 关闭文档，如图 12-77 所示。

04 打开保存活动策划模板的文件夹，将其中的模板文件剪切到"C:\Documents and Settings\Administrator\Application Data\Microsoft\Templates"路径下的文件夹中，如图 12-78 所示。

图12-77 保存后的文档

图12-78 移动模板文件

▶ 12.4.2 利用模板制作活动策划方案

模板的优点在于内容和样式的快速编辑和使用，下面就将根据前面制作的模板来创建文档，并完成内容的输入和编辑，其具体操作如下。

动画演示：演示 \ 第 12 章 \ 利用模板制作活动策划方案 .swf

01 重新启动 Word 2010，单击"文件"选项卡，在界面左侧选择"新建"选项，单击右侧的"我的模板"按钮 ，如图 12-79 所示。

02 打开"新建"对话框，选择"活动策划模板 .dotx"选项，单击 确定 按钮，如图 12-80 所示。

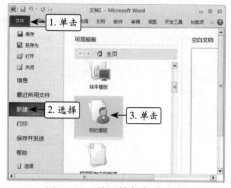

图12-79 利用模板新建文档

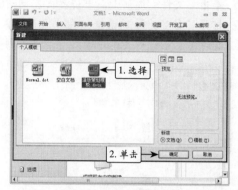

图12-80 选择模板文件

专家点拨 模板文件的使用

如果不将模板文件存放到"C:\Documents and Settings\Administrator\Application Data\ Microsoft\Templates"路径下的文件夹中，"新建"对话框中则不会显示该模板选项。但此时可直接打开模板文件所在的文件夹，双击模板文件也可根据该模板创建文档。

03 选择第 1 页的"标题"控件，如图 12-81 所示。

04 按照指示输入文档标题，如图 12-82 所示。

图12-81 选择控件

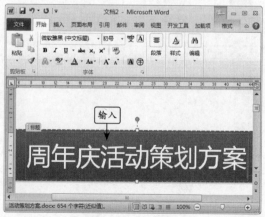

图12-82 输入标题

05 继续选择"输入公司名称"控件，如图 12-83 所示。

06 按照指示输入具体的公司名称，如图 12-84 所示。

图12-83　选择控件

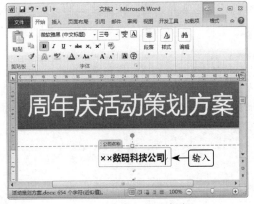

图12-84　输入公司名称

07 单击"选择日期"控件右侧的下拉按钮，在弹出的下拉列表中单击"上一月"按钮◀，然后在列表框中选择"12"选项，如图12-85所示。

08 此时将快速输入日期内容，如图12-86所示。

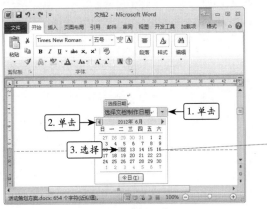

图12-85　选择日期

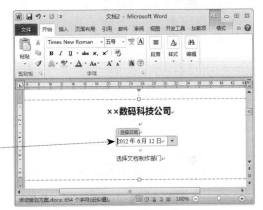

图12-86　输入日期

09 单击"选择部门"控件右侧的下拉按钮，在弹出的下拉列表中选择"行政部"选项，如图12-87所示。

10 此时将快速输入部门内容，如图12-88所示。

图12-87　选择部门

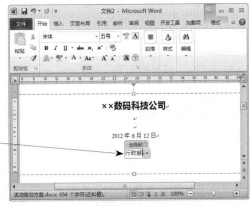

图12-88　输入部门

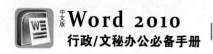

11 在第 2 页依次输入活动策划的内容，如图 12-89 所示。

12 选择"活动目标"段落，在"样式"下拉列表框中选择"标题 1"选项，如图 12-90 所示。

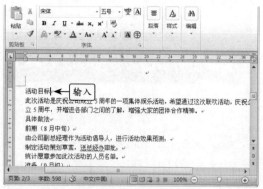
图12-89 输入方案内容

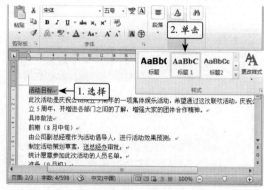
图12-90 选择样式

13 所选段落将应用"标题 1"样式，并利用格式刷工具复制该段落格式，如图 12-91 所示。

14 为其他标题段落应用复制的格式，如图 12-92 所示。

图12-91 应用样式

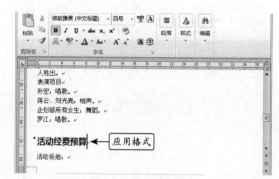
图12-92 复制格式

15 选择如图 12-93 所示的段落，为其应用"标题 2"样式。

16 将应用样式后的段落设置为"左对齐"效果，并利用格式刷工具复制该段落格式，如图 12-94 所示。

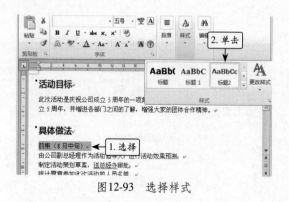
图12-93 选择样式

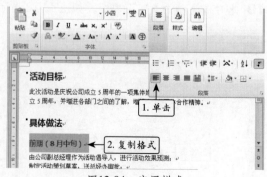
图12-94 应用样式

17 为其他 2 级标题段落应用复制的格式，如图 12-95 所示。

18 选择所有应用了"标题 2"的段落，将其缩进一级，如图 12-96 所示。

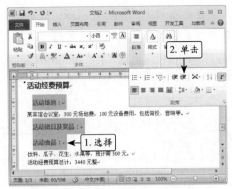

图12-95 复制格式 | 图12-96 缩进段落

19 选择所有应用了"标题1"和"标题2"的段落，利用"多级列表"按钮 ⇶ 选择"定义新多级列表"命令，如图 12-97 所示。

20 在打开对话框的"单击要修改的级别"列表框中选择"1"选项，在"此级别的编号样式"下拉列表框中选择如图 12-98 所示的选项，并在"输入编号的格式"文本框"一"文本后输入"、"。

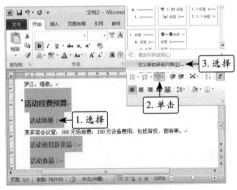

图12-97 定义多级列表

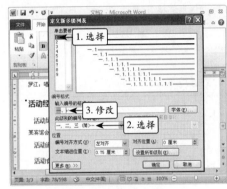

图12-98 选择并设置编号样式

21 在"单击要修改的级别"列表框中选择"2"选项，在"输入编号的格式"文本框中删除"一."文本，并在"1"文本后输入".",单击 确定 按钮，如图 12-99 所示。

22 选择"前期（8月中旬）"段落，单击"多级列表"按钮 ⇶,在弹出的下拉菜单中选择"更改列表级别"命令，在弹出的子菜单中选择如图 12-100 所示的选项。

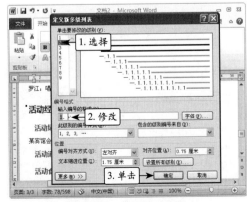

图12-99 设置编号格式

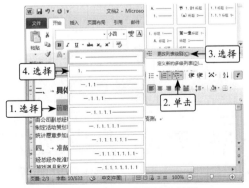

图12-100 更改列表级别

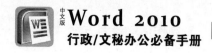
23 调整所选段落的左缩进距离，使其编号刚好位于页面左边界的位置，如图 12-101 所示。

24 将该段落的格式复制到其他应用了"标题 2"样式的段落，效果如图 12-102 所示。

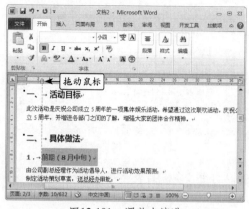
图12-101　调整左缩进

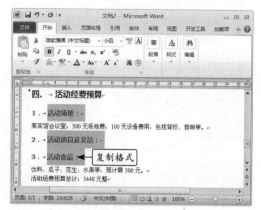
图12-102　复制格式

25 在"活动道具及奖品"段落后插入 5×8 的表格，如图 12-103 所示

26 利用"表格工具　设计"选项卡为插入的表格应用如图 12-104 所示的样式。

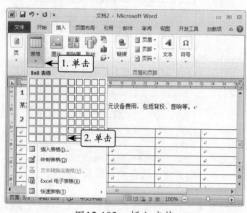
图12-103　插入表格

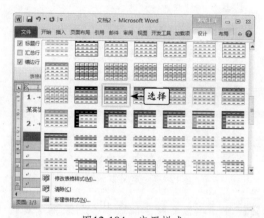
图12-104　应用样式

27 在表格各单元格中依次输入文本，如图 12-105 所示。

28 选择"总计"单元格及其右侧 3 个空单元格，单击鼠标右键，在弹出的快捷菜单中选择"合并单元格"命令，如图 12-106 所示。

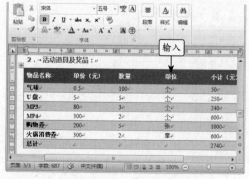
图12-105　输入内容

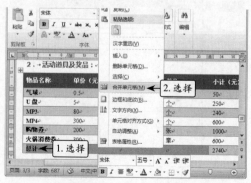
图12-106　合并单元格

29 完成表格的插入，效果如图 12-107 所示。

30 选择"活动食品"段落下的"3440 元整"文本，将其加粗显示，如图 12-108 所示。

图12-107　设置后的表格

图12-108　加粗文本

31 单击"开始"选项卡"字体"组中如图 12-109 所示的按钮，在弹出的下拉列表中选择"黄色"选项。

32 此时所选文本将呈黄色底纹突出显示，如图 12-110 所示。

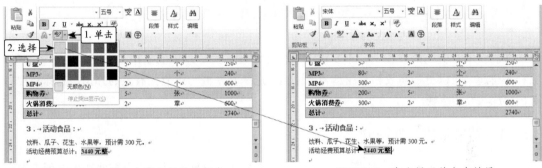

图12-109　选择文本突出显示的颜色　　　　　　图12-110　突出显示的文本效果

33 将所有未应用任何样式的段落首行缩进 2 字符，如图 12-111 所示。

34 选择如图 12-112 所示的段落，为其添加"菱形"项目符号。

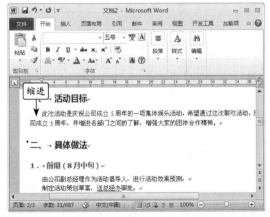

图12-111　调整段落首行缩进

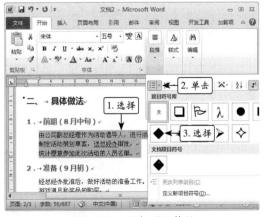

图12-112　添加项目符号

35 完成项目符号的添加，效果如图 12-113 所示。

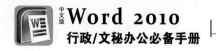

36 为"准备"、"活动"和"表演项目"段落下的若干段落添加相同的项目符号,效果如图 12-114 所示。完成后保存文档即可。

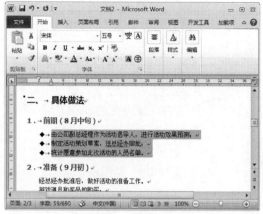

图12-113 添加项目符号

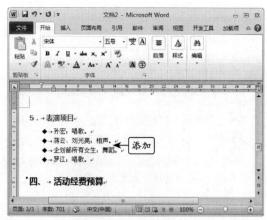

图12-114 添加项目符号

12.5 知识拓展

在制作本章案例的过程中,小雯认识了控件以及样式等对象的使用,合理利用这些对象,文档编排起来可以更加高效和专业。为了让小雯进一步掌握与这方面有关的知识,老陈将把相关内容深入介绍给她。

12.5.1 其他常用控件简介

在制作活动策划方案时,用到了格式文本内容控件、日期选择器内容控件和下拉列表内容控件。在文档中使用这些控件,可以指引文档使用者应该如何操作,也能将操作简便化。除了这些控件以外,下面再介绍几种常用控件的用法。

- "纯文本内容控件" Aa:此控件的用法与格式文本内容控件的用法完全相同,区别在于纯文本内容控件只能包含文本,而格式文本内容控件除了文本外,还可包含表格、图片等内容。
- "图片内容控件" :将该控件插入到文档中后,可调整控件占据页面的大小,此后只需单击该控件中的 图标,便可插入图片,如图 12-115 所示。

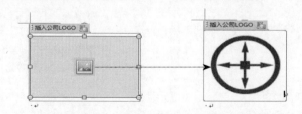

图12-115 使用图片内容控件插入图片

- "组合框内容控件" :此控件的用法与下拉列表内容控件的用法完全相同,用于在添加的多个选项中快速选择某个选项。

- "复选框内容控件" ☑：此控件用于标识某项内容是否处于选择状态，并可更改选中和未选中时的符号，如图 12-116 所示。设置完成后单击控件，即可在选中与未选中状态下交替显示相应的符号。

图12-116 使用复选框内容控件

12.5.2 样式集的设置

除了单独对 Word 中的某个样式进行修改外，还可通过样式集、颜色、字体等设置，快速更改整个样式集的效果。

- 设置样式集：单击"开始"选项卡"样式"组中的"更改样式"按钮 AA，在弹出的下拉菜单中选择"样式集"命令，便可在弹出的子菜单中选择某个样式集，从而实现对整个"样式"下拉列表框中样式的设置。
- 设置颜色：单击"开始"选项卡"样式"组中的"更改样式"按钮 AA，在弹出的下拉菜单中选择"颜色"命令，此时可更改当前"样式"下拉列表框中除黑色以外的其他样式颜色。
- 设置字体：单击"开始"选项卡"样式"组中的"更改样式"按钮 AA，在弹出的下拉菜单中选择"字体"命令，此时可更改应用了主题字体的段落或样式。

▷ 12.6 实战演练

在老陈的指导下，小雯总算完成了活动策划方案的制作，刚想休息一下，谁知老陈又给她布置了两个任务，让她将艺术节活动策划和创意大赛策划书的内容进行适当设置和编辑。

▷ 12.6.1 编辑艺术节活动策划

企业社团需要举行文化艺术节活动，现需要对已经编辑好的活动策划内容进行编辑，效果如图 12-177 所示。

素材文件：素材＼第 12 章＼艺术节活动策划 .docx

效果文件：效果＼第 12 章＼艺术节活动策划 .docx

重点提示：（1）为文档应用"Word 2010"样式集。

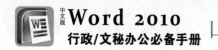
（2）为第 1 段段落应用"标题"样式。

（3）为具有"一、二、三，…"编号的段落应用"书籍标题"样式。

（4）为"合计"段落添加黄色突出显示标记。

图12-117　艺术节活动策划最终效果

 12.6.2　编辑创意大赛策划书

某汽车销售公司需要联合学校进行汽车营销创意大赛，现需要编辑出效果如图 12-118 所示的创意大赛策划书。

素材文件：素材\第 12 章\创意大赛策划书.docx

效果文件：效果\第 12 章\创意大赛策划书.docx

重点提示：（1）设置文档中的段落和文本格式。

（2）为第 2 段段落添加黄色突出显示标记。

（3）为各段落前面添加"复选框内容控件"，并将选中状态的符号设置为"√"样式。

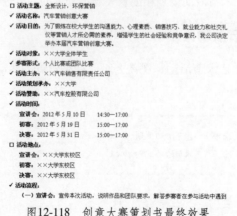

图12-118　创意大赛策划书最终效果

第6篇
人事管理篇

第13章　编辑绩效考核办法

人事部同事找到老陈，希望他推荐一名员工将绩效考核办法进行适当编辑整理。老陈询问了详细要求后，便将小雯叫到办公室，告诉她需要完成的任务。小雯觉得此次任务应该比较轻松，相信自己能妥善解决问题。谁知老陈告诉她，按照人事部的要求，需要在绩效考核办法中利用图表来显示数据，这就涉及Excel软件的操作。小雯听后，觉得是自己把问题简单化了，看来还是需要老陈给自己一定的指导才能顺利完成本次任务。

【知识点】

- 设置文档格式
- 添加多级列表
- 设置页眉和页脚
- 插入表格
- 使用图表显示数据
- 编辑图表数据
- 美化图表

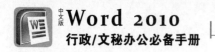
🔁 13.1 案例目标

老陈告诉小雯，人事部已经将绩效考核办法的文件交给他了，现在需要小雯在此文件的基础上，对内容格式进行适当美化和整理，然后利用表格和图表等工具来添加部分数据。

素材文件：素材 \ 第 13 章 \ 绩效考核办法 .docx
效果文件：效果 \ 第 13 章 \ 绩效考核办法 .docx

如图 13-1 所示即为绩效考核办法的最终效果，通过设置后，该办法的内容不仅显得整齐有序，可读性更强，而且通过图表的使用，使得需要表现的数据显得更为直观，更易于使用者理解。

图13-1 绩效考核办法最终效果

🔁 13.2 职场秘笈

小雯对员工绩效考核的内容比较关心，毕竟这与自身利益息息相关，因此在开始任务之前，她希望老陈能给她讲讲与绩效考核有关的知识。老陈想了一下，决定给她介绍绩效考核的作用、考核原则以及考核周期等较为重要的知识。

▶ 13.2.1 绩效考核的作用

绩效考核也称成绩或成果测评，是企业为了实现生产经营目的，运用特定的标准和指标，并采取科学的方法，对承担生产经营过程及结果的各级管理人员完成指定任务的工作业绩和由此带来的诸多效果做出价值判断的过程。因此，合理的绩效考核一般具备如图 13-2 所示的作用。

图13-2 绩效考核的作用

13.2.2 绩效考核的原则

绩效考核要想顺利实施，得到全体员工的同意，实现绩效考核的目标，就应该遵循许多原则，具体如图 13-3 所示。

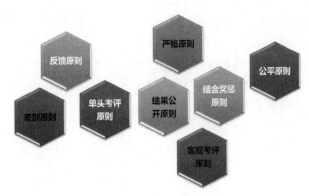

图13-3　绩效考核的原则

专家点拨　单头考评原则

此原则指对各级职工的考评，都必须由被考评者的直接上级进行，因为直接上级相对来说最了解被考评者的实际工作表现，最有可能反映真实情况。

专家点拨　差别原则

考核的等级之间应当有鲜明的差别界限，针对不同的考评评语在工资、晋升、使用等方面应体现明显差别，使考评带有刺激性，鼓励职工的上进心。

13.2.3 绩效考核的周期

绩效考核周期也叫绩效考核期限，是指多长时间对员工进行一次绩效考核。由于绩效考核需要耗费一定的人力、物力，若考核周期过短，会增加企业管理成本的开支；若考核周期过长，又会降低绩效考核的准确性，不利于员工工作绩效的改进，从而影响绩效管理的效果。因此，绩效考核周期的确定，需考虑如图 13-4 所示的因素。

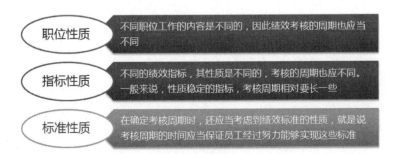

图13-4　考核周期确定的因素

13.3 制作思路

按照惯例，小雯需要将任务的整个制作思路整理一遍，并交给老陈过目，以便能确定该思路是否正确，从而顺利完成任务的制作。

绩效考核办法的制作思路大致如下：

（1）为文档段落和文本进行适当设置和美化，并为各段落添加多级列表，如图 13-5 所示。

（2）为文档添加页眉和页脚内容，如图 13-6 所示。

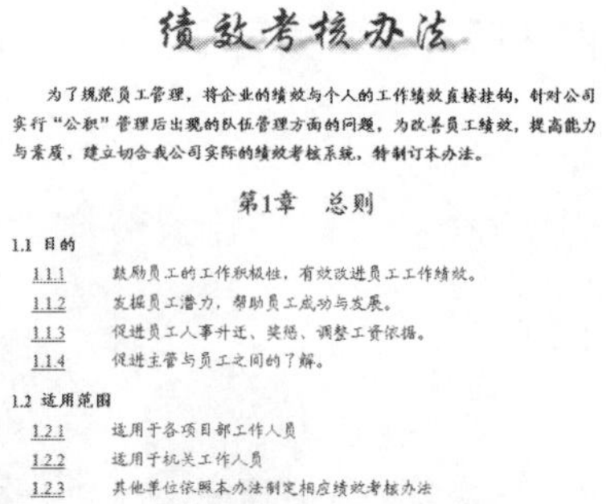
绩效考核办法

为了规范员工管理，将企业的绩效与个人的工作绩效直接挂钩，针对公司实行“公积”管理后出现的队伍管理方面的问题，为改善员工绩效，提高能力与素质，建立切合我公司实际的绩效考核系统，特制订本办法。

第1章 总则

1.1 目的

1.1.1 鼓励员工的工作积极性，有效改进员工工作绩效。

1.1.2 发掘员工潜力，帮助员工成功与发展。

1.1.3 促进员工人事升迁、奖惩、调整工资依据。

1.1.4 促进主管与员工之间的了解。

1.2 适用范围

1.2.1 适用于各项目部工作人员

1.2.2 适用于机关工作人员

1.2.3 其他单位依照本办法制定相应绩效考核办法

图13-5 美化文档格式

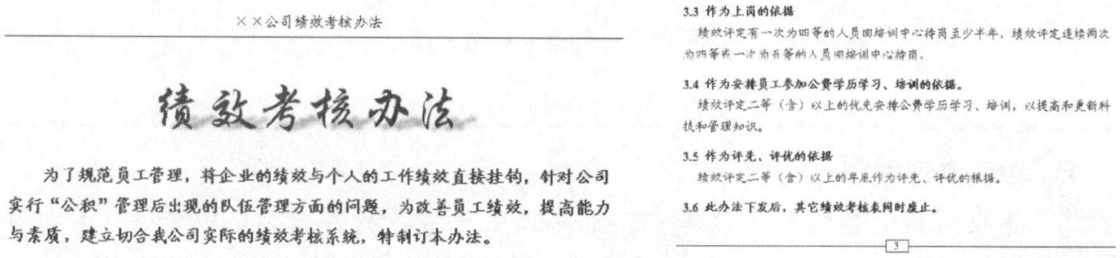
××公司绩效考核办法

绩效考核办法

为了规范员工管理，将企业的绩效与个人的工作绩效直接挂钩，针对公司实行“公积”管理后出现的队伍管理方面的问题，为改善员工绩效，提高能力与素质，建立切合我公司实际的绩效考核系统，特制订本办法。

3.3 作为上岗的依据

绩效评定有一次为四等的人员回培训中心待岗至少半年，绩效评定连续两次为四等或一次为五等的人员回培训中心待岗。

3.4 作为安排员工参加公费学历学习、培训的依据。

绩效评定二等（含）以上的优先安排公费学历学习、培训，以提高和更新科技和管理知识。

3.5 作为评先、评优的依据

绩效评定二等（含）以上的年底作为评先、评优的根据。

3.6 此办法下发后，其它绩效考核表同时废止。

3

图13-6 设置页眉页脚

（3）在文档中插入表格来体现考核等级划分以及各层次考核的具体情况等数据，如图 13-7 所示。

（4）使用饼图体现考核项目的分值构成比例，如图 13-8 所示。

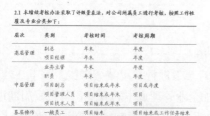

2.1 本绩效考核办法采取了评级量表法，对公司所属员工进行考核，按照工作性质及专业分类如下：

层次	类别	考核时间	考核周期
高层管理	副总	年末	年度
	项目经理	年末	年度
中层管理	业务主管	年末	年度
	职员	年末	年度
	项目副总	项目结束或年末	项目或年度
	项目管理人员	项目结束或年末	项目
	项目技术人员	项目结束或年末	项目
基层操作	一般员工	项目结束	项目结束或工作任务结束

图13-7 插入并编辑表格

2.2 考核项目

考核项目由业绩、创新、安全生产和单位监督等 4 部分组成，其构成比例如下图所示。

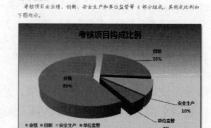

图13-8 创建并美化图表

13.4 操作步骤

完成所有准备工作后，小雯信心满满地开始了本次任务，她相信有老陈的指导，这次工作也能顺利完成。

13.4.1 美化文档

通过对文档中的标题、各级段落和文本等对象进行设置，可以增加文档层次感和可读性。

1. 设置文档格式

下面首先设置文档中段落、文本的字体格式和段落格式，其具体操作如下。

 动画演示: 演示\第13章\设置文档格式.swf

01 打开"绩效考核办法 .docx"文档，按【Ctrl+A】组合键选择所有内容，单击"开始"选项卡"字体"组中的"字体颜色"按钮▲右侧的下拉按钮，在弹出的下拉菜单中选择"其他颜色"命令，如图 13-9 所示。

02 打开"颜色"对话框，单击"标准"选项卡，在其中选择如图 13-10 所示的颜色选项，然后单击 确定 按钮。

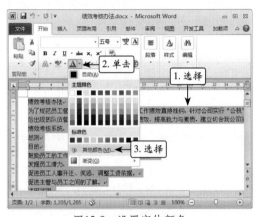

图13-9 设置字体颜色

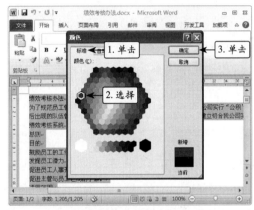

图13-10 选择颜色

03 选择文档标题段落，将其格式设置为"华文行楷、小初、居中对齐"，如图 13-11 所示。

04 为标题段落添加如图 13-12 所示的透视型阴影效果。

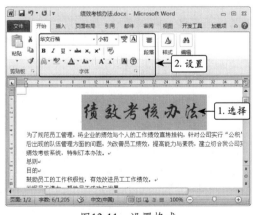

图13-11 设置格式

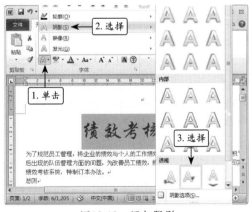

图13-12 添加阴影

05 完成对标题的格式设置，效果如图 13-13 所示。

06 选择第 2 段段落，将其字体格式设置为"楷体 _GB2312、小四、加粗"，将段落格式设置为"首行缩进 -2.35 字符、固定值行距 -20 磅"，如图 13-14 所示。

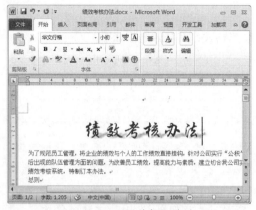

图13-13 设置的标题效果

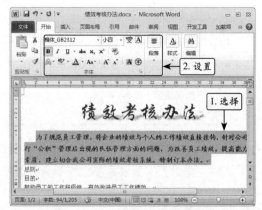

图13-14 设置字体和段落格式

07 选择"总则"段落，将其字体格式设置为"楷体_GB2312、小二、加粗"，将段落格式设置为"居中对齐、段前-1行、段后-0.5行、固定值行距-20磅"，如图13-15所示。

08 将"总则"段落的格式复制到"考核方式方法"段落，如图13-16所示。

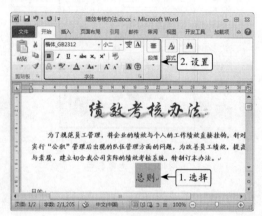

图13-15 设置段落格式

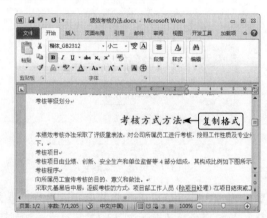

图13-16 复制格式

09 继续将"总则"段落的格式复制到"考核结果的运用"段落，如图13-17所示。

10 选择"目的"段落，将其字体格式设置为"楷体_GB2312、小四、加粗"，将段落格式设置为"段前-0.5行、固定值行距-20磅"，如图13-18所示。

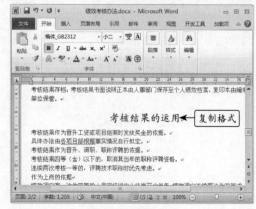

图13-17 复制格式

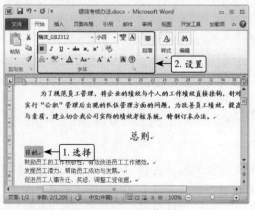

图13-18 设置格式

11 将"目的"段落的格式复制到"适用范围"、"考核依据"、"考核原则"和"考核等级划分"段落，如图 13-19 所示。

12 继续将"目的"段落的格式复制到"本绩效考核办法……"、"考核项目"和"考核程序"段落，如图 13-20 所示。

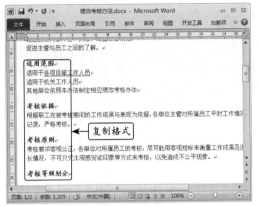

图13-19　复制格式

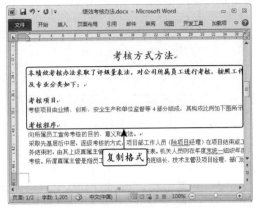

图13-20　复制格式

 方法技巧　快速应用格式

当需要应用格式的段落较多且并不连续时，可首先利用格式刷工具复制段落，然后利用【Ctrl】键选择所有需应用格式的段落，按【Ctrl+Shift+V】组合键即可快速为所选段落应用格式。

13 继续将"目的"段落的格式复制到"考核结果作为晋升工资……"、"考核结果作为晋升、调职……"、"作为上岗的依据"、"作为安排员工……"、"作为评先、评优……"和"此办法下发后，……"段落，如图 13-21 所示。

14 将如图 13-22 所示段落的字体格式设置为"楷体_GB2312、小四"，将段落格式设置为"行距固定值-20 磅"。

图13-21　复制格式

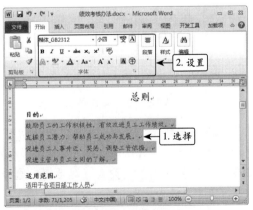

图13-22　设置格式

15 将所选段落的格式复制到其他未设置格式的所有段落，如图 13-23 所示。

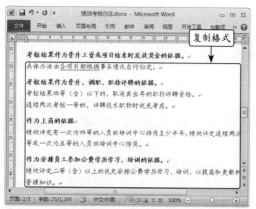

图13-23　复制格式

2. 添加多级列表

接下来将创建多级列表，为文档中不同级别的段落添加相应形式的编号，其具体操作如下。

动画演示：演示 \ 第13章 \ 添加多级列表 .swf

01 选择所有与"目的"段落相同格式的所有段落，单击"开始"选项卡"段落"组中的"增加缩进量"按钮，如图 13-24 所示。

02 选择所有与文档第 5 段段落相同格式的所有段落，单击两次"开始"选项卡"段落"组中的"增加缩进量"按钮，如图 13-25 所示。

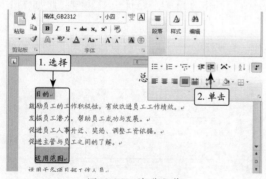

图13-24　缩进段落

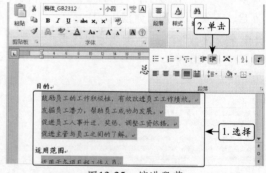

图13-25　缩进段落

03 选择文档中从"总则"段落开始的所有段落，在"开始"选项卡"段落"组中单击"多级列表"按钮，在弹出的下拉菜单中选择"定义新的多级列表"命令，如图 13-26 所示。

04 打开"定义新多级列表"对话框，选择"单击要修改的级别"列表框中的"1"选项，将"输入编号的格式"文本框中的内容修改为"第 1 章"，如图 13-27 所示。

05 在"单击要修改的级别"列表框中选择"3"选项，单击 字体(F)... 按钮，如图 13-28 所示。

06 打开"字体"对话框，在"下划线线型"下拉列表框中选择如图 13-29 所示的选项，单击 确定 按钮。

图13-26　定义多级列表

图13-27　定义1级列表

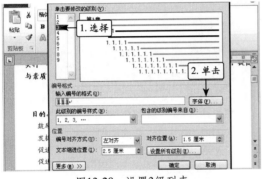

图13-28　设置3级列表

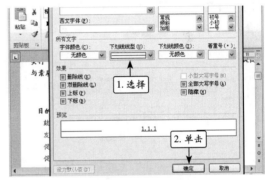

图13-29　添加下划线

07 返回"定义新多级列表"对话框，单击 确定 按钮，如图 13-30 所示。

08 选择"目的"段落，在"开始"选项卡"段落"组中单击"多级列表"按钮，在弹出的下拉菜单中选择"更改列表级别"命令，在弹出的子菜单中选择 2 级列表对应的选项，如图 13-31 所示。

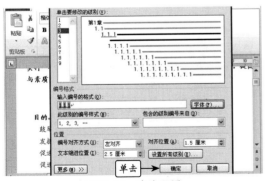

图13-30　确认设置

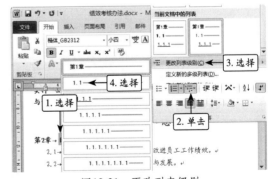

图13-31　更改列表级别

09 保持"目的"段落的选择状态，拖动标尺上的"左缩进"滑块，该段落编号的左端与页面左边界对齐，如图 13-32 所示。

10 将"目的"段落的格式复制到其他相同格式的段落，如图 13-33 所示。

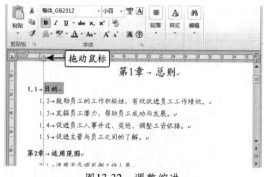

图13-32　调整缩进

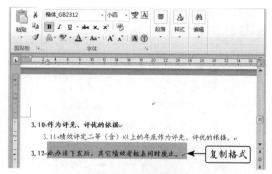

图13-33　复制格式

11 选择文档第 5 段段落，在"开始"选项卡"段落"组中单击"多级列表"按钮，在弹出的下拉菜单中选择"更改列表级别"命令，在弹出的子菜单中选择 3 级列表对应的选项，如图 13-34 所示。

12 利用标尺的"左缩进"滑块调整缩进量，如图 13-35 所示。

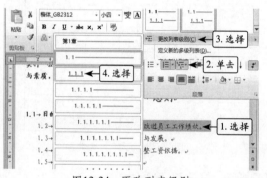

图13-34　更改列表级别

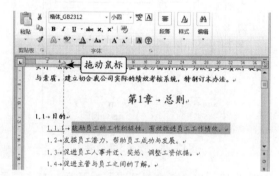

图13-35　调整缩进量

13 将第 5 段段落的格式复制到其他相同格式的段落，如图 13-36 所示。

14 选择所有与第 5 段段落格式相同的段落，拖动标尺上的"悬挂缩进"标尺，调整段落悬挂缩进，如图 13-37 所示。

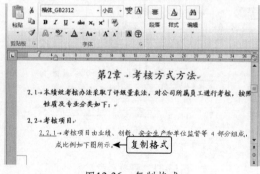

图13-36　复制格式

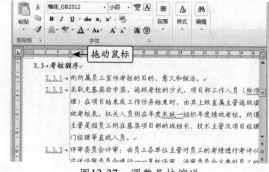

图13-37　调整悬挂缩进

15 按【Ctrl+A】组合键选择文档所有内容，按【Ctrl+D】组合键打开"字体"对话框，将西文字体设置为"Times New R oman"，单击 确定 按钮，如图 13-38 所示。

16 完成多级列表的添加和设置，效果如图 13-39 所示。

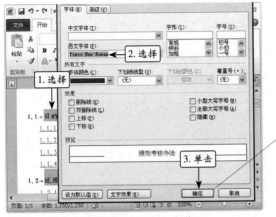

图13-38 设置西文字体

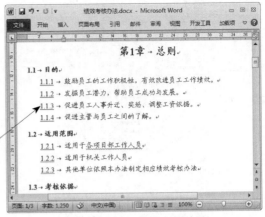

图13-39 设置后的文档效果

13.4.2 设置页眉和页脚

下面将结合文本和图形等对象为文档设置页眉和页脚内容，其具体操作如下。

动画演示：演示\第13章\设置页眉和页脚.swf

01 进入页眉页脚编辑状态，在文档页眉区域输入文档名称，如图 13-40 所示。

02 将输入文本的字体格式设置为"楷体 _GB2312、10 号、最近使用的绿色"，如图 13-41 所示。

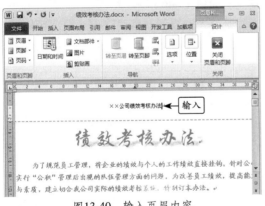

图13-40 输入页眉内容

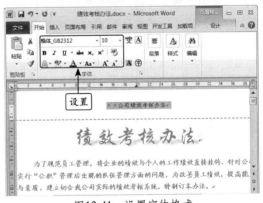

图13-41 设置字体格式

03 绘制直线，将其水平放置在输入文本的下方，然后将直线的颜色设置为如图 13-42 所示的颜色。

04 将绘制的直线复制到页脚区域，如图 13-43 所示。

05 绘制矩形，将其轮廓颜色设置为最近使用的绿色，将粗细设置为"0.75 磅"，如图 13-44 所示。

06 将矩形的填充颜色设置为"白色"，并移动到页脚区域直线的中央，如图 13-45 所示。

图13-42　绘制直线

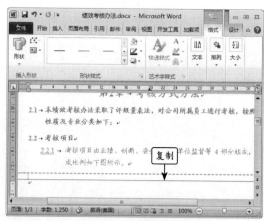

图13-43　复制直线

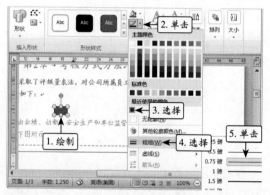

图13-44　绘制矩形

图13-45　设置矩形

07 在矩形中插入页码，将颜色设置为最近使用的绿色，如图 13-46 所示。

08 在矩形边框上单击鼠标右键，在弹出的快捷菜单中选择"设置形状格式"命令，如图 13-47
所示。

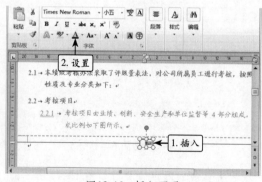

图13-46　插入页码

图13-47　设置矩形格式

09 在打开的对话框左侧选择"文本框"选项，将右侧"内部边距"栏中的各数值框数据均设
置为"0"，单击 关闭 按钮，如图 13-48 所示。

10 完成页眉页脚的设置，单击"页眉和页脚工具 设计"选项卡"关闭"组中的"关闭页眉和
页脚"按钮 ，如图 13-49 所示。

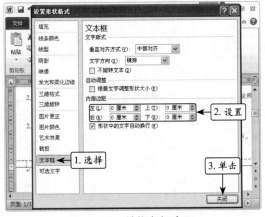

图13-48　调整内部边距

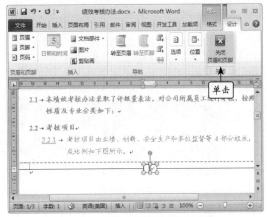

图13-49　退出页眉页脚编辑状态

▶ 13.4.3　插入表格

利用表格排列数据可以使内容更容易被文档使用者理解，下面便在文档中插入表格并进行适当设置，其具体操作如下。

动画演示：演示 \ 第 13 章 \ 插入表格 .swf

01 将插入光标定位到"考核方式方法"文本左侧，然后单击"插入"选项卡"表格"组中的"表格"按钮，在弹出的下拉菜单中选择"插入表格"命令，如图 13-50 所示。

02 打开"插入表格"对话框，将列数和行数分别设置为"3"和"6"，单击 确定 按钮，如图 13-51 所示。

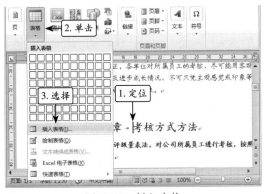

图13-50　插入表格

图13-51　设置表格行列数

03 选择插入的表格，单击"开始"选项卡"字体"组中的"清除格式"按钮，如图 13-52 所示。

04 为清除格式后的表格应用如图 13-53 所示的样式。

05 调整表格各行的行高，效果如图 13-54 所示。

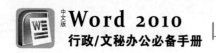

06 依次在表格的各单元格中输入文本，效果如图 13-55 所示。

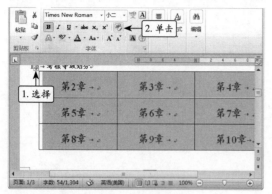

图13-52 清除表格格式

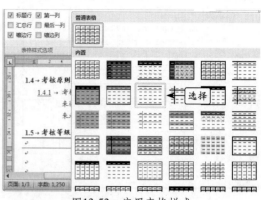

图13-53 应用表格样式

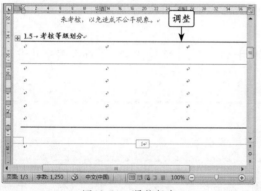

图13-54 调整行高

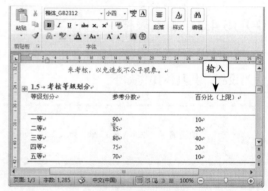

图13-55 输入文本

07 选择整个表格，利用鼠标右键将单元格对齐方式设置为如图 13-56 所示。

08 将第 1 行文本的字体格式设置为"楷体 _GB2312、小四、加粗、最近使用的绿色"，如图 13-57 所示。

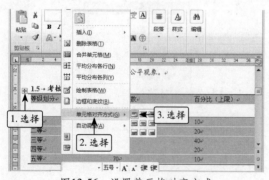

图13-56 设置单元格对齐方式

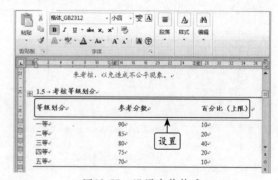

图13-57 设置字体格式

09 将表格区域各行文本的字体格式设置为"中文 - 楷体 _GB2312、西文 _Times New Roman、小四、最近使用的绿色"，如图 13-58 所示。

10 按照相同方法在编号为"2.1"段落下插入表格，输入需要的内容并设置为相同的格式即可，如图 13-59 所示。

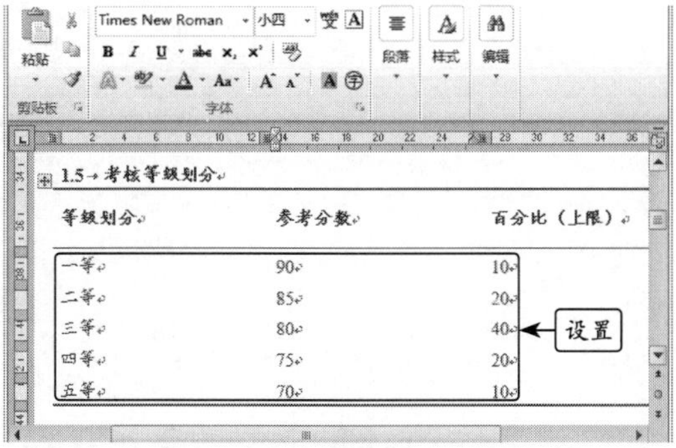

图13-58 设置字体格式

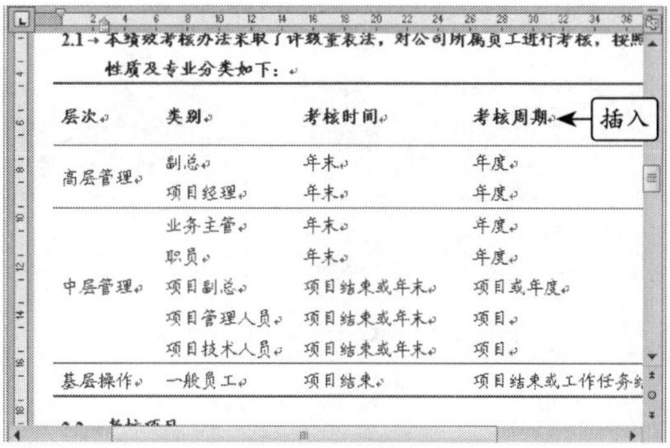

图13-59 插入表格

13.4.4 使用图表显示数据

图表是一种非常直观的工具，它不仅自身美观，而且对数据的体现也非常清晰，是工作中经常使用的对象。

1. 编辑图表数据

使用图表需要使用Excel软件，下面将介绍如何创建和编辑图表数据，其具体操作如下。

动画演示：演示\第13章\编辑图表数据.swf

01 将插入光标定位到"2.3"右侧，单击"插入"选项卡"插图"组中的"图表"按钮，如图13-60所示。

02 打开"插入图表"对话框，选择"饼图"栏中如图13-61所示的选项，单击 确定 按钮。

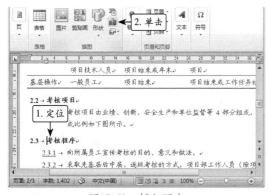

图13-60 插入图表

图13-61 选择图表类型

03 此时将启动Excel 2010，单击"销售额"对应的单元格，然后在上方的编辑栏中选择该单元格的内容，如图13-62所示。

04 输入需要的图表标题内容，按【Enter】键确认输入，如图13-63所示。

图13-62 选择文本

图13-63 修改文本

05 按相同方法依次修改其他单元格中的内容，然后关闭 Excel 2012 操作界面，如图 13-64 所示。

06 在文档编辑区当前插入光标处按【Enter】键换行，如图 13-65 所示。

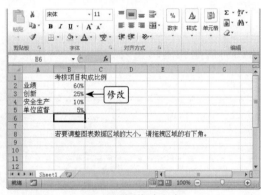

图13-64 修改文本

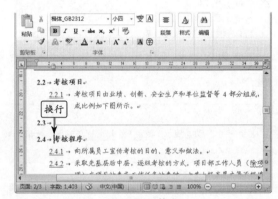

图13-65 换行

07 将插入光标定位到图表右侧，单击"清除格式"按钮，如图 13-66 所示。

08 此时将在文档中显示插入的图表效果，如图 13-67 所示。

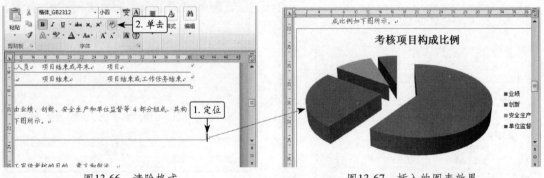

图13-66 清除格式　　　　　　　　　　图13-67 插入的图表效果

2. 美化图表

创建图表后，为了更直观地展示其表达的数据，需要对图表进行适当美化，其具体操作如下。

动画演示: 演示\第13章\美化图表.swf

01 在图表左上方的空白区域单击鼠标右键，在弹出的快捷菜单中选择"设置图表区域格式"命令，如图 13-68 所示。

02 打开"设置图表区格式"对话框，选中"渐变填充"单选项，选择"渐变光圈"栏左侧的滑块，将其颜色设置为最近使用的绿色，如图 13-69 所示。

图13-68　设置图表区

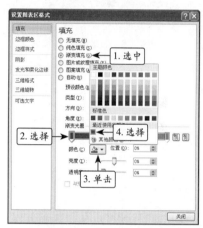

图13-69　设置滑块颜色

03 将另一个滑块的颜色设置为如图 13-70 所示的颜色，并将位置设置为"50%"。

04 选择对话框左侧的"边框颜色"选项，在选中右侧的"实现"单选项后，将颜色设置为最近使用的绿色，单击 关闭 按钮，如图 13-71 所示。

图13-70　设置滑块

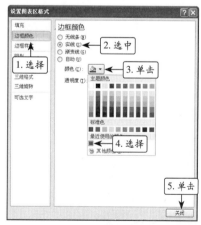

图13-71　设置线条颜色

05 完成图表背景的设置，如图 13-72 所示。

06 单击图表边框选择整个图表对象，将字体格式设置为"微软雅黑、加粗"，如图 13-73 所示。

07 选择饼图右侧的图例对象，将其拖动到图表左下角，然后调整其宽度，如图 13-74 所示。

08 在饼图上单击鼠标右键，在弹出的快捷菜单中选择"添加数据标签"命令，如图 13-75 所示。

图13-72　设置后的图表背景

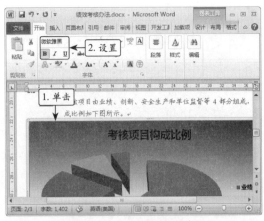

图13-73　设置图表字体

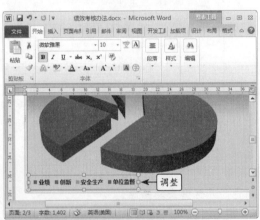

图13-74　调整图例

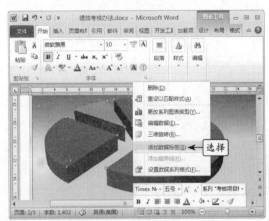

图13-75　添加数据标签

09 此时将在饼图上显示各图形的数据，再次单击鼠标右键，在弹出的快捷菜单中选择"设置数据标签格式"命令，如图 13-76 所示。

10 打开"设置数据标签格式"对话框，选中"类别名称"复选框，在下方的"分隔符"下拉列表框中选择"（分行符）"选项，单击 关闭 按钮，如图 13-77 所示。

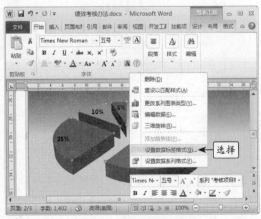

图13-76　设置数据标签

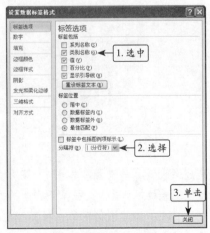

图13-77　设置数据标签显示方式

11 此时饼图各图形上便将显示百分比和对应的项目名称，再次在饼图图形上单击鼠标右键，在弹出的快捷菜单中选择"设置数据系列格式"命令，如图 13-78 所示。

12 打开"设置数据系列格式"对话框，拖动"第一扇区起始角度"栏下的滑块，将数值调整为"150"，单击 关闭 按钮，如图 13-77 所示。

图13-78　设置数据系列

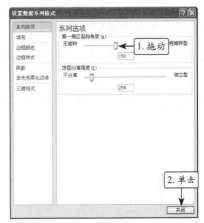

图13-79　调整扇区起始角度

13 在饼图任意图形上向饼图内部适当拖动鼠标，如图 13-80 所示。

14 选择数据标签，将其中一个数据标签向饼图外拖动，如图 13-81 所示。

图13-80　调整饼图分离程度

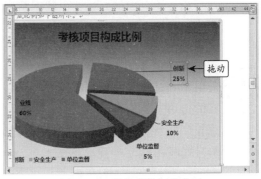

图13-81　调整数据标签位置

15 按相同方法调整其他数据标签的位置即可，完成后的图表效果如图 13-82 所示。

图13-82　设置后的图表

操作提示　单独分离饼图部分图形

选择饼图后，再次选择需要分离的图形，此时只有该图形周围会出现控制点。在该图形上拖动鼠标即可单独调整其在饼图中的位置。

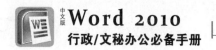

🔖 13.5 知识拓展

善于利用图表来组织和表现数据，不仅可以简化工作量，而且能得到更好的制作效果。老陈深知图表的重要性，因此准备给小雯补补图表的知识。

13.5.1 图表的组成

在 Word 文档中可以使用多种类别的图表来组织数据，如柱形图、条形图、折线图、饼图等。不同图表的组成可能不尽相同，但却具有如下 4 种相同的元素：

- 图表区：图表区指整个图表对象，通过选择图表边框或边框附近的空白区域可选择整个图表区。
- 图表标题：图表标题即图表名称，可以根据需要修改标题内容。此元素可根据实际需要在图表区中显示或隐藏。
- 图例：图例的作用是指明图表中某一组图形表示的数据。此元素也可根据实际需要在图表区中显示或隐藏。
- 绘图区：绘图区是图表中最核心的组成元素，不同的图表，主要就是绘图区不同。如图 13-83 所示为柱形图的绘图区，它主要包括数据系列，坐标轴、数据标签等组成部分。其中数据系列指每一种图形对应的一组数据，以相同的颜色或图案显示；坐标轴分为水平轴和垂直轴，其作用在于辅助体现数据系列要表达的数据情况；数据标签的作用主要是将具体数据显示在对应数据系列的上面，以便更加直观地查看数据情况。

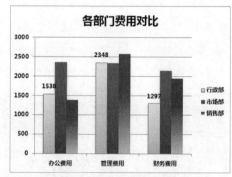

图13-83 柱形图的组成

13.5.2 图表的常见设置

图表创建后，可根据文档页面情况和实际需要对其进行各种编辑和设置。下面就列举最常用的一些编辑和设置方法。

- 更改图表类型：选择图表，在"图表工具 设计"选项卡"类型"组中单击"更改图表类型"按钮 📊，在打开的对话框中即可重新选择图表类型。
- 编辑表格数据：选择图表，在"图表工具 设计"选项卡"数据"组中单击"编辑数据"按钮 📇，此时将启动 Excel 2010，在其中重新编辑表格数据即可。拖动 Excel 表格中数据区域右下角的◢图标，可调整图表数据的显示范围，如图 13-84 所示。
- 调整图表布局：选择图表中的标题、绘图区或图例后，通过拖动鼠标的方法均可调整该对象在图表中的位置，如图 13-85 所示。另外，在"图表工具 布局"选项卡"标签"组中利用相应的按钮可显示或隐藏对应元素在图表中的显示状态或位置，如图 13-86 所示。

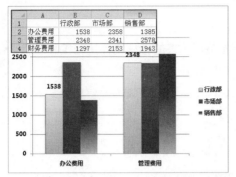
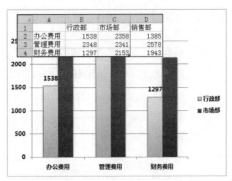

图13-84 调整图表中显示的数据

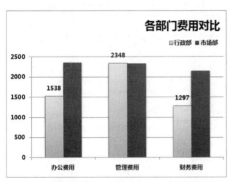

图13-85 调整布局后的图表效果

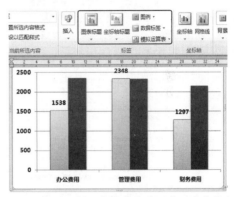

图13-86 用于显示或隐藏各种图表元素的按钮

- 美化数据系列：选择图表中的某一种数据系列，可按照设置图形的方式对该数据系列的轮廓和填充颜色进行设置，如图 13-87 所示；选择某一种数据系列后，再次单击该数据系列中的某个图形，即可单独选择该图形，然后按照相同方法对其进行轮廓或填充颜色设置，效果如图 13-88 所示。

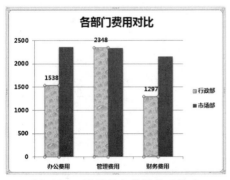

图13-87 设置整个数据系列格式

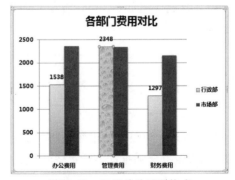

图13-88 设置单独图形格式

▶ 13.6 实战演练

绩效考核对公司的正常发展非常重要，因此老陈在小雯完成任务后，又让她练习两个与绩效考核相关文件的编辑或制作，以便使小雯更全面地熟悉绩效考核的内容。

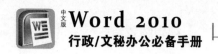

 13.6.1 编辑绩效考核管理文件

公司需要重新核定绩效考核办法,现在需要将整理出来的考核文件进行重新编辑,使其可读性、规范性和专业性都得到提高,效果如图 13-89 所示。

> 素材文件: 素材\第 13 章\绩效考核管理文件.docx
>
> 效果文件: 效果\第 13 章\绩效考核管理文件.docx

重点提示: 自定义多级列表,并为文档相关段落添加 1 级至 4 级的不同列表编号。

图13-89　绩效考核管理文件最终效果

 13.6.2 制作绩效考核表

公司需要对每一名高管人员进行绩效考核,现需要制作出如图 13-90 所示的绩效考核表。

> 效果文件: 效果\第 13 章\绩效考核表.docx

重点提示: 使用表格组织数据,其中选择单元格后,可单独拖动该单元格边框。

主管人员考核表

姓名:		岗位名称:		总得分:	
项目及考核内容			分数分配	自评	上级审核
领导能力 (25%)	善于领导部署提高工作效率		21-25		
	灵活运用部署顺利达成工作计划和目标		16-20		
	尚能领导部署勉强达成工作计划和目标		11-15		
	不能部署工作,工作意愿低沉		7-10		
	领导方式不佳,常发生不服与反抗情况		7 以下		
策划能力 (25%)	策划有系统,能力求精进		21-25		
	尚有策划能力,工作能力好改善		16-20		
	称职,工作尚有表现		11-15		
	只能做交办事项,不知策划改进		7-10		
	缺乏策划能力,须依赖他人		7 以下		
工作任务及效率 (20%)	能出色完成工作任务,工作效率高		21-25		
	能胜任工作,效率较高		16-20		
	工作不误期,表现符合标准		11-15		
	勉强胜任工作,无甚表现		7-10		
	工作效率低,时有差错		7 以下		
成本意识 (15%)	成本意识强烈,能积极节省,避免浪费		21-25		
	具备成本意识,并能节约		16-20		
	尚有成本意识,尚能节约		11-15		
	缺乏成本意识,稍有浪费		7-10		
	无成本意识,经常浪费		7 以下		
工作态度 (15%)	品德廉洁,言行诚信,立场坚定,足为楷模		21-25		
	品行诚实,言行规矩,平易近人		16-20		
	言行尚属正常,无越轨行为		11-15		
	固执己见,不易与人相处		7-10		
	私务多,经常利用上班时间处理私事		7 以下		
考核人签名		总经理确认		考核日期	

图13-90　绩效考核表最终效果

第6篇
人事管理篇

第14章　编辑员工工资汇总文件

刚到公司，领导就将老陈和小雯叫到了会议室，告诉他俩需要暂时放下手中的工作，赶紧把现在的任务完成。具体内容是将本月员工的工资汇总，要求文件中不仅要体现各员工的工资情况，还需要让文件使用者了解详细的工资结构。老陈答应接受此次安排，并告诉小雯这是一次锻炼她能力的机会，希望她能认真对待。

知识点

- 设置文档格式
- 创建基础工资计算公式
- 插入并设置表格
- 计算表格数据
- 创建并编辑工资图数据
- 美化工资图

14.1 案例目标

小雯进一步追问老陈对本次任务的看法，老陈告诉她，为了达到领导的要求，需要在该文件中体现员工工资构成及各项工资的计算标准，然后再将本月各员工工资的具体数据进行汇总，最后利用图表横向显示各员工工资的多少就可以了。

> 素材文件：素材 \ 第 14 章 \ 员工工资汇总 .docx
> 效果文件：效果 \ 第 14 章 \ 员工工资汇总 .docx

如图 14-1 所示即为员工工资汇总文件的最终效果，该文件的制作关键在于基础工资计算公式的编辑、员工工资汇总表格中数据的输入和计算以及员工工资图的编辑等操作。

员工工资汇总

一、 工资模式，采用结构工资制

员工工资＝基础工资＋岗位工资＋工龄工资＋奖金＋津贴

1. 基础工资

参照职工平均生活水平、最低生活标准、生活费用价格指数和各类政策性补贴确定，在工资总额中占 40%。当前基础工资定为 1432 元，具体计算公式如下：

$$S = \left(\sqrt{a^2 + p}\right) \times \frac{\sqrt{3}a^2}{4} \qquad \begin{array}{l} a: \text{平均指数} \\ p: \text{费用指数} \end{array}$$

2. 岗位工资

（1）根据职务高低、岗位责任繁简轻重、工作条件确定；
（2）公司岗位工资分为 3 级，分别适用于公司高、中、初级员工，其在工资总额中占 20%。

3. 工龄工资

按员工为企业服务年限长短确定，鼓励员工长期、稳定地为企业工作。

4. 奖金（效益工资）

（1）根据各部门工作任务、经营指标、员工职责履行状况、工作绩效考核结果确立；
（2）绩效考评由人事部统一进行，与经营利润、销售额、特殊业绩相联系；
（3）奖金在工资总额中占 20%。

图14-1 员工工资汇总文件最终效果

14.2 职场秘笈

工资制度是指与工资决定和工资分配相关的一系列原则、标准和方法，是企业良性发展的必备制度，也是员工获取劳动报酬的基本保障。在开始编辑文件之前，老陈有必要给小雯讲讲工资制度的相关知识。

14.2.1 工资制度的类型

工资制度可以按不同的角度进行分类，具体如下。

- 按工资制度的特征不同，可分为工资等级制度、工资升级制度、工资定级制度。
- 按工资制度的地位不同，可分为基本工资制度、辅助工资制度。

- 按工资制度的对象不同，可分为机关单位工资制度、事业单位工资制度、企业单位工资制度等。
- 按工资制度的特点不同，可分为绩效工资制度、能力工资制度、资历工资制度、岗位工资制度和结构工资制度。

14.2.2　工资制度的设计原则和方法

不同的企业根据其不同的运营方针和基本情况，一般存在不同的工资制度。但不论哪种类型，一般都需要遵从按劳取酬、同工同酬原则、外部平衡以及合法保障这几种原则。而工资制度的设计方法，一般需要经过工作评价、工资结构线的确定和工资分级等步骤，具体如图14-2所示。

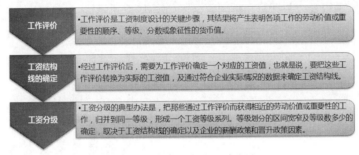

图14-2　工资制度的设计方法

14.2.3　工资制度的内容

工资制度的内容一般包括等级制度、调整制度和支付制度等，具体如图14-3所示。

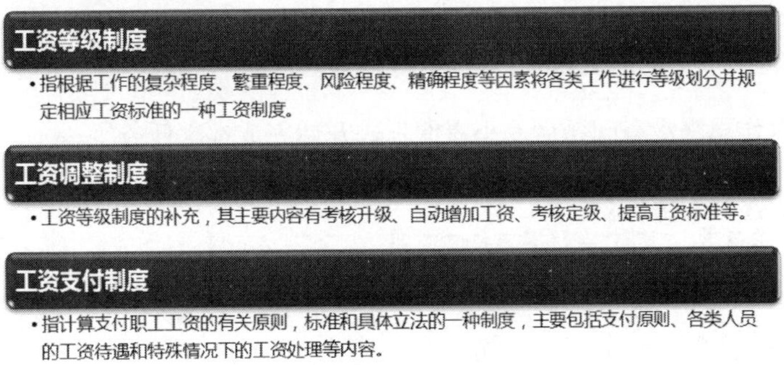

工资等级制度
- 指根据工作的复杂程度、繁重程度、风险程度、精确程度等因素将各类工作进行等级划分并规定相应工资标准的一种工资制度。

工资调整制度
- 工资等级制度的补充，其主要内容有考核升级、自动增加工资、考核定级、提高工资标准等。

工资支付制度
- 指计算支付职工工资的有关原则，标准和具体立法的一种制度，主要包括支付原则、各类人员的工资待遇和特殊情况下的工资处理等内容。

图14-3　工资制度的内容

14.3　制作思路

根据老陈对本次任务的看法和介绍，小雯进一步将此任务的制作思路做了相应整理，并交给老陈过目，以确定是否可行。

绩效考核办法的制作思路大致如下：

（1）对文档内容进行格式设置，如图14-4所示。

（2）编辑基础工资的计算公式，如图14-5所示。

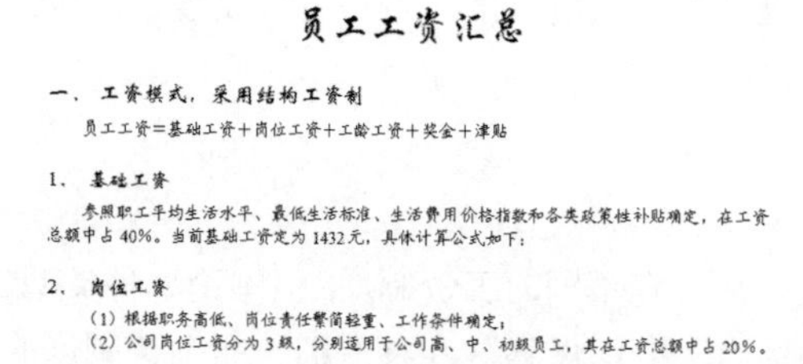

员工工资汇总

一、工资模式，采用结构工资制

员工工资＝基础工资＋岗位工资＋工龄工资＋奖金＋津贴

1．基础工资

参照职工平均生活水平、最低生活标准、生活费用价格指数和各类政策性补贴确定，在工资总额中占 40%。当前基础工资定为1432元，具体计算公式如下：

2．岗位工资

(1) 根据职务高低、岗位责任轻重量定，工作条件确定。
(2) 公司岗位工资分为3级，分别适用于公司高、中、初级员工，其在工资总额中占 20%。

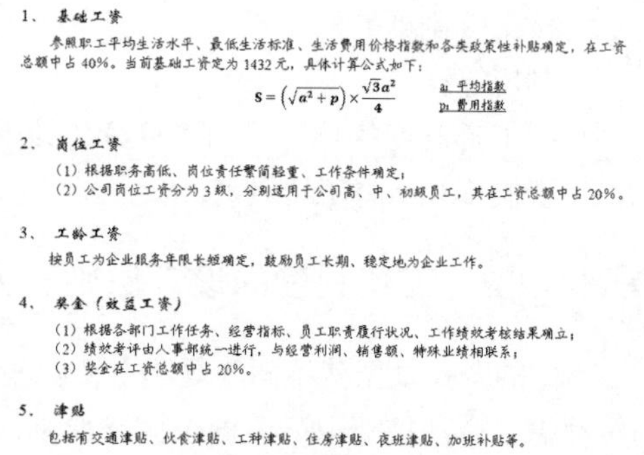

1．基础工资

参照职工平均生活水平、最低生活标准、生活费用价格指数和各类政策性补贴确定，在工资总额中占 40%。当前基础工资定为1432元，具体计算公式如下：

$$s = \left(\sqrt{a^2 + p}\right) \times \frac{\sqrt{3}a^2}{4}$$

a：平均指数
D：费用指数

2．岗位工资

(1) 根据职务高低，岗位责任轻重量定，工作条件确定。
(2) 公司岗位工资分为3级，分别适用于公司高、中、初级员工，其在工资总额中占 20%。

3．工龄工资

按员工为企业服务年限长短确定，鼓励员工长期、稳定地为企业工作。

4．奖金（效益工资）

(1) 根据各部门工作任务、经营指标、员工职责履行状况、工作绩效考核结果确立；
(2) 绩效考评由人事部统一进行，与经营利润、销售额、特殊业绩相联系；
(3) 奖金在工资总额中占 20%。

5．津贴

包括有交通津贴、伙食津贴、工种津贴、住房津贴、夜班津贴、加班补贴等。

图14-4　设置文档格式　　　　　　　　图14-5　编辑公式

(3) 汇总员工工资表，并计算和排列数据，如图 14-6 所示。

(4) 创建员工工资图，并突出显示工资在前 3 位的员工，如图 14-7 所示。

1．工资表

姓名	级别	基础工资	岗位工资	工龄工资	奖金	津贴	合计
汪全海	中级	2432	1071	174	1292	234	￥5,203.00
宋建华	初级	1432	935	210	1088	258	￥3,923.00
周梅	初级	1432	1275	297	884	174	￥4,062.00
刘荣	高级	3432	1615	243	1139	282	￥6,711.00
郭晓佳	初级	1432	1275	171	884	270	￥4,032.00
张婷	中级	2432	918	270	1513	165	￥5,298.00
李娟	初级	1432	1394	195	1377	156	￥4,554.00
李建红	初级	1432	1003	183	1343	216	￥4,177.00
周宇	初级	1432	918	222	884	255	￥3,711.00
曹嘉泓	高级	3432	1309	174	1054	225	￥6,194.00
陈超	初级	1432	1139	213	918	231	￥3,933.00
蒋丽丽	中级	2432	1445	168	1139	246	￥5,430.00
王晓	初级	1432	1037	156	1326	300	￥4,251.00
合计		￥25,616.00	￥15,334.00	￥2,676.00	￥14,841.00	￥3,012.00	￥61,479.00

图14-6　汇总员工工资表

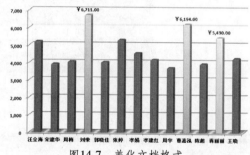

2．工资图

图14-7　美化文档格式

14.4　操作步骤

在老陈确定制作思路没有问题后，小雯便正式开始完成本次任务了。

14.4.1　设置文档格式

下面首先对文档进行适当美化，包括文本段落的设置、多级列表的添加以及页面的分页等内容，其具体操作如下。

动画演示：演示＼第14章＼设置文档格式.swf

01 打开"员工工资汇总.docx"文档，将标题的字体格式设置为"华文行楷、28 号"，将段落格式设置为"居中对齐、段前 -0.5 行、段后 -0.5 行"，如图 14-8 所示。

02 将第 2 段段落的字体格式设置为"华文新魏、16 号"，如图 14-9 所示。

03 将第 2 段段落的格式复制到"员工工资数据明细"段落，如图 14-10 所示。

04 将"基础工资"段落的字体格式设置为"华文新魏、14 号"，段落格式设置为"段前 -1 行、段后 -0.4 行、固定值行距 -20 磅"，如图 14-11 所示。

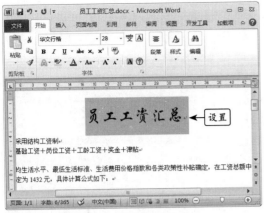

图14-8 设置标题格式

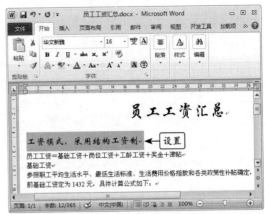

图14-9 设置段落的字体格式

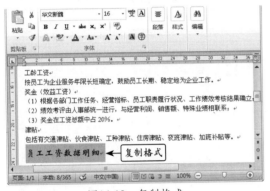

图14-10 复制格式

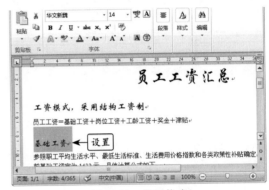

图14-11 设置格式

05 将"基础工资"段落的格式复制到"岗位工资"、"工龄工资"、"奖金（效益工资）"和"津贴"段落，如图 14-12 所示。

06 继续将"基础工资"段落的格式复制到"工资表"和"工资图"段落，如图 14-13 所示。

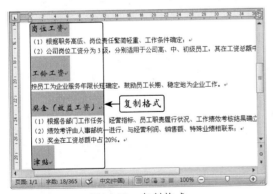

图14-12 复制格式

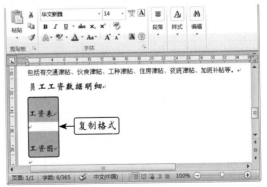

图14-13 复制格式

07 将第 3 段段落的字体格式设置为"中文 - 楷体 _GB2312、西文 -Times New Roman、12 号"，如图 14-14 所示。

08 将第 3 段段落的格式复制到其他未设置格式的文本段落，如图 14-15 所示。

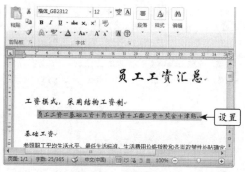

图14-14　设置格式

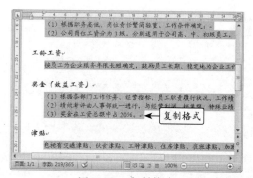

图14-15　复制格式

09 选择所有与"基础工资"段落相同格式的段落，单击"开始"选项卡"段落"组中的"增加缩进量"按钮，如图 14-16 所示。

10 选择所有字体格式为"华文新魏"的段落，单击"开始"选项卡"段落"组中的"多级列表"按钮，在弹出的下拉菜单中选择"定义新的多级列表"命令，如图 14-17 所示。

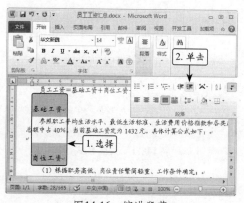

图14-16　缩进段落

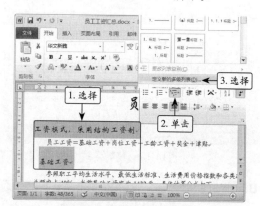

图14-17　自定义多级列表

11 打开"定义新多级列表"对话框，选择"单击要修改的级别"列表框中的"1"选项，在"此级别的编号样式"下拉列表框中选择如图 14-18 所示的选项，然后在"输入编号的格式"文本框中"一"文本后输入"、"。

12 在"单击要修改的级别"列表框中选择"2"选项，将"输入编号的格式"文本框中的内容设置为"1、"，单击确定按钮，如图 14-19 所示。

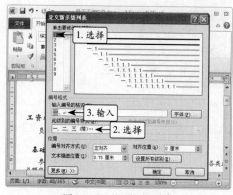

图14-18　设置1级列表

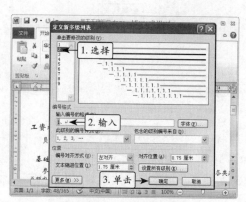

图14-19　设置2级列表

13 选择第2段段落，拖动标尺上的"悬挂缩进"滑块，调整段落文本与编号之间的距离，如图14-20所示。

14 将第2段段落的格式复制到"七、员工工资数据明细"段落，如图14-21所示。

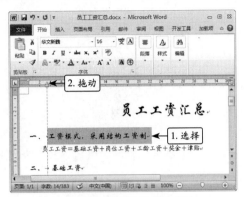

图14-20　调整段落悬挂缩进

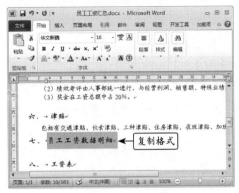

图14-21　复制格式

15 选择"基础工资"段落，利用"多级列表"按钮将该段落的编号级别更改为2级列表样式，如图14-22所示。

16 拖动标尺上的"左缩进"滑块，调整段落与页面左边界的距离，如图14-23所示。

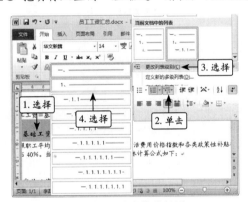

图14-22　更改编号级别

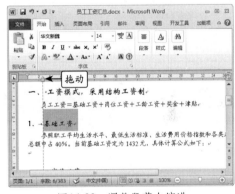

图14-23　调整段落左缩进

17 将该段落的格式复制到所有字体格式为"华文新魏、14号"的段落，完成文档的格式设置，如图14-24所示。

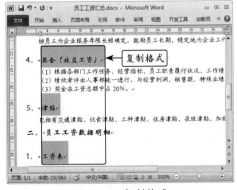

图14-24　复制格式

方法技巧　设置垂直方向对齐方式

"段落"组中的按钮只能实现文本或段落在页面水平方向上的对齐方式，实际上Word可以设置在页面垂直方向上的对齐方式，其方法为：选择段落后，打开"段落"对话框，单击"中文版式"选项卡，在"文本对齐方式"下拉列表框中即可选择需要的垂直对齐方式。

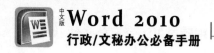

▶ 14.4.2　创建基础工资计算公式

利用 Word 中的公式工具，可以非常方便地在文档中创建各种数学形式的公式内容，下面便利用此工具创建基础工资计算公式，其具体操作如下。

动画演示：演示 \ 第 14 章 \ 创建基础工资计算公式 .swf

01 将插入光标定位到如图 14-25 所示的位置，单击"插入"选项卡"符号"组中的"公式"按钮 π。

02 插入公式框，直接输入"S"，然后在"公式工具 设计"选项卡"符号"组的下拉列表框中单击"等于号"按钮 ，如图 14-26 所示。

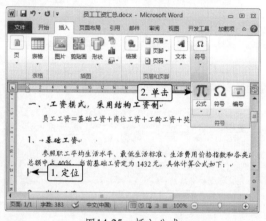

图14-25　插入公式

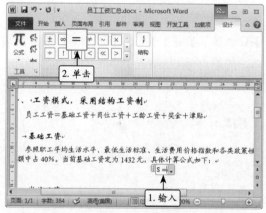

图14-26　插入等号

03 继续在"结构"组中单击"括号"按钮 {()}，在弹出的下拉列表中选择如图 14-27 所示的选项。

04 此时将在公式框中插入选择的括号结构，在"符号"组的下拉列表框中单击"乘号"按钮 ×，如图 14-28 所示。

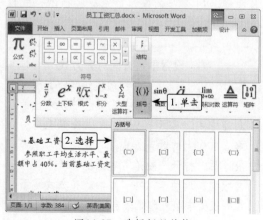

图14-27　选择括号结构

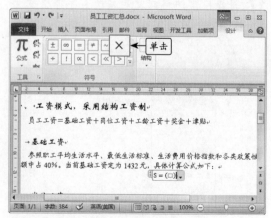

图14-28　插入乘号

05 在"结构"组中单击"分数"按钮，在弹出的下拉列表中选择如图 14-29 所示的选项。

06 插入选择的分数结构后，选择前面插入的括号结构中的方框对象，如图 14-30 所示。

图14-29 选择分数结构

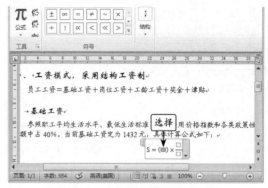

图14-30 选择括号结构中的方框

07 在"结构"组中单击"根式"按钮，在弹出的下拉列表中选择如图 14-31 所示的选项。

08 选择插入的根式结构中的方框对象，如图 14-32 所示。

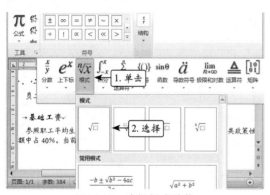

图14-31 选择根式结构

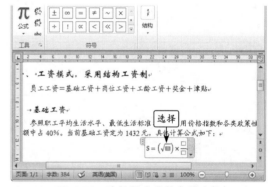

图14-32 选择根式结构中的方框

09 在"结构"组中单击"上下标"按钮 e^x，在弹出的下拉列表中选择如图 14-33 所示的选项。

10 继续在"符号"组的下拉列表框中单击"加号"按钮，如图 14-34 所示。

图14-33 选择上下标结构

图14-34 插入加号

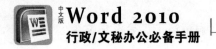

11 在插入的加号后输入"p",如图 14-35 所示。

12 选择公式乘号后面分数结构上方的方框,如图 14-36 所示。

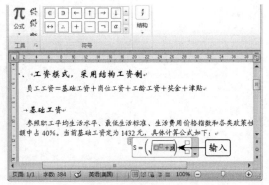

图14-35 输入字母

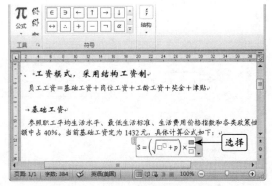

图14-36 选择分数结构上方的方框

13 在"结构"组中单击"根式"按钮$\sqrt[n]{x}$,在弹出的下拉列表中选择如图 14-37 所示的选项。

14 继续在"结构"组中单击"上下标"按钮e^x,在弹出的下拉列表中选择如图 14-38 所示的选项。

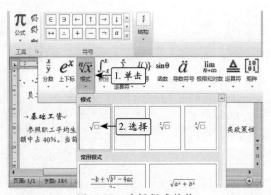

图14-37 选择根式结构

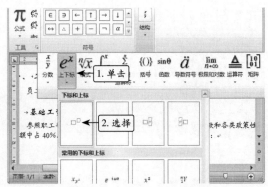

图14-38 选择上下标结构

15 选择如图 14-39 所示的方框,输入"a"。

16 按照相同的方法依次在公式的各方框中输入具体的字母或数字,并将公式的字体格式设置为"12号、加粗",如图 14-40 所示。

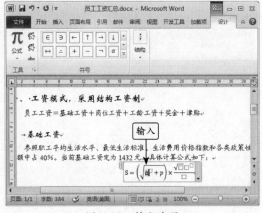

图14-39 输入字母

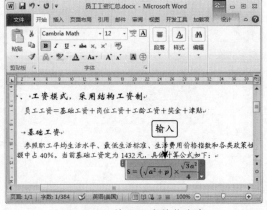

图14-40 输入公式其他内容

17 插入文本框，取消轮廓和填充颜色，并在其中输入如图 14-41 所示的内容。

18 将文本框中文本的字体格式设置为"中文 - 楷体 _GB2312、西文 -Times New Roman、10.5 号、下划线"，如图 14-42 所示。

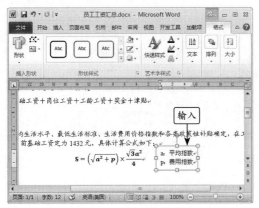

图14-41　插入文本框

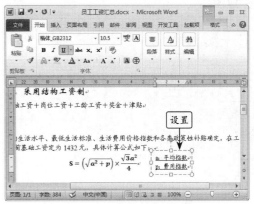

图14-42　设置格式

▶ 14.4.3　插入员工工资表

Word 表格不仅具有组织和排列数据的功能，也具备计算和排列数据的功能，下面便在员工工资汇总文件中创建员工工资表。

1. 插入并设置表格

下面将首先插入员工工资表，然后输入并编辑员工工资基本数据，其具体操作如下。

 动画演示： 演示 \ 第 14 章 \ 插入并设置表格 .swf

01 将插入光标定位在"5、津贴"段落的最后面，在"页面布局"选项卡"页面设置"组中单击 分隔符 按钮，在弹出的下拉菜单中选择"分页符"命令，如图 14-43 所示。

02 删除第 2 页上方的空白段落标记，如图 14-44 所示。

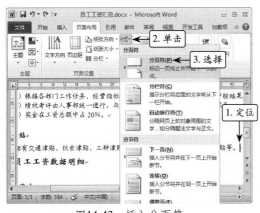

图14-43　插入分页符

图14-44　删除段落标记

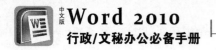

03 将插入光标定位在"工资表"段落下方的空白段落标记处，单击"插入"选项卡"表格"组中的"表格"按钮，在弹出的下拉菜单中选择"插入表格"命令，如图 14-45 所示。

04 打开"插入表格"对话框，将列数和行数分别设置为"8"和"15"，单击 确定 按钮，如图 14-46 所示。

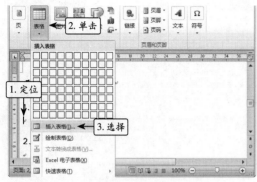

图14-45　插入表格

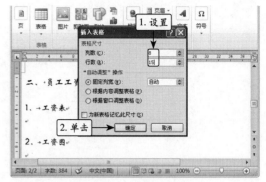

图14-46　设置行列数

05 选择插入的表格，为其应用如图 14-47 所示的样式。

06 在表格第 1 行输入工资表的表头内容，如图 14-48 所示。

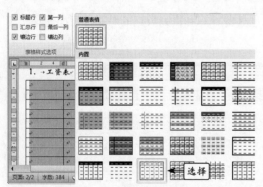

图14-47　设置表格样式

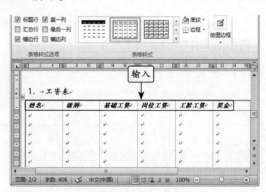

图14-48　输入表头

07 选择第 1 行表格，取消字体的倾斜效果，如图 14-49 所示。

08 在第 1 列表格中输入员工姓名和"合计"，如图 14-50 所示。

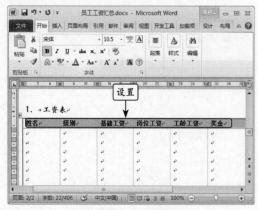

图14-49　取消倾斜

图14-50　输入姓名

09 继续在其他单元格中输入每位员工的级别和各项工资数据，如图 14-51 所示。

10 选择整个表格，单击鼠标右键，在弹出的快捷菜单中选择"单元格对齐方式"命令，在弹出的子菜单中选择如图 14-52 所示的选项。

图14-51　输入工资数据

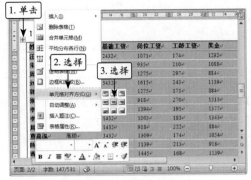

图14-52　设置对齐方式

11 完成表格对齐方式的设置，如图 14-53 所示。

12 再次选择整个表格，利用"边框"按钮右侧的下拉按钮选择"边框和底纹"命令，如图 14-54 所示。

图14-53　整理后的表格

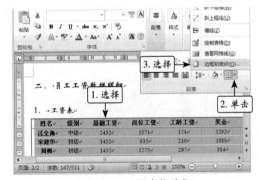

图14-54　设置表格边框

13 在打开的对话框中默认边框颜色和宽度，在"预览"区中添加横向和竖向的边框线，单击 确定 按钮，如图 14-55 所示。

14 完成边框的设置，效果如图 14-56 所示。

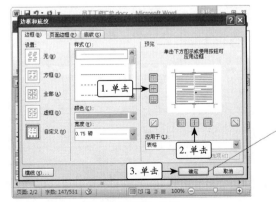

图14-55　添加边框

图14-56　设置后的表格效果

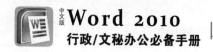
2. 计算表格数据

完成数据的编辑后，下面就利用公式计算每位员工的工资数据以及各项工资的合计，其具体操作如下。

动画演示: 演示\第14章\计算表格数据.swf

01 将插入光标定位到第1行最后一个单元格中，在"表格工具 布局"选项卡"数据"组中单击"公式"按钮 _fx_，如图14-57所示。

02 打开"公式"对话框，在"粘贴函数"下拉列表框中选择"SUM"选项（表示求和），如图14-58所示。

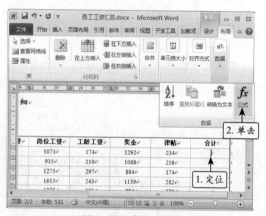

图14-57 插入公式

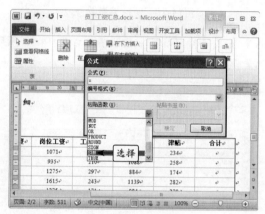

图14-58 选择函数

03 在"公式"文本框中插入的"=SUM()"括号中输入"LEFT"（表示对左侧包含数据的所有单元格求和），如图14-59所示。

04 单击"编号格式"下拉列表框右侧的下拉按钮，在弹出的下拉列表中选择如图14-60所示的选项。

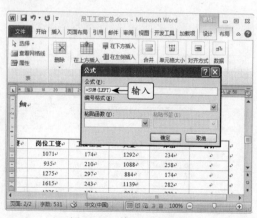

图14-59 输入公式参数

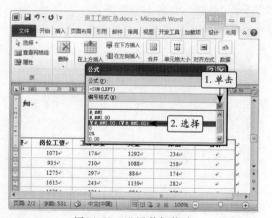

图14-60 设置数据格式

05 完成设置后单击 确定 按钮，如图14-61所示。

06 此时将在单元格中自动显示计算的结果，如图 14-62 所示。

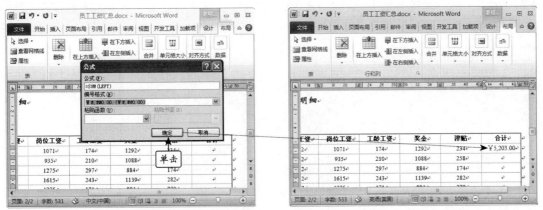

图14-61 确认设置   图14-62 显示的结果

07 选择计算结果，将其格式设置为"10.5 号、加粗"，如图 14-63 所示。

08 将该结果数据复制到下方的空白单元格中，如图 14-64 所示。

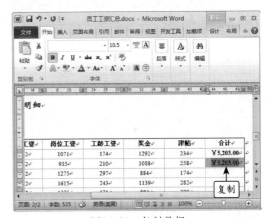

图14-63 设置字体格式   图14-64 复制数据

09 在复制的数据上单击鼠标右键，在弹出的快捷菜单中选择"更新域"命令，如图 14-65 所示。

10 此时将根据当前单元格所在行的数据，更新求和结果，如图 14-66 所示。

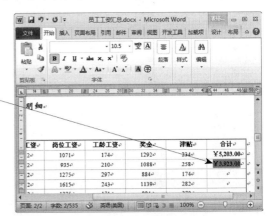

图14-65 更新域   图14-66 快速更新结果

11 按相同方法复制数据并更新域，快速计算其他员工的工资总和，如图 14-67 所示。

12 将最后一行的单元格填充为"黄色"，并将"合计"单元格及其右侧的 1 个空白单元格合并，如图 14-68 所示。

图14-67 计算其他员工工资

图14-68 设置单元格

13 选择"合计"单元格右侧的空白单元格，再次打开"公式"对话框，在"公式"文本框中输入"=SUM(ABOVE)"，如图 14-69 所示。

14 在"编号格式"下拉列表框中选择如图 14-70 所示的选项，单击 确定 按钮。

图14-69 设置公式

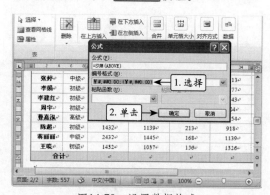

图14-70 设置数据格式

15 自动插入计算的结果，将其字体格式设置为"10.5、加粗"，如图 14-71 所示。

16 将结果复制到右侧的单元格，在其上单击鼠标右键，在弹出的快捷菜单中选择"更新域"命令，如图 14-72 所示。

图14-71 显示计算结果

图14-72 更新结果

17 按相同方法计算其他项目的合计数据，如图 14-73 所示。

18 将合计数据的颜色设置为"红色"，然后删除表格下方空白的段落标记即可，如图 14-74 所示。

图14-73 计算其他项目

图14-74 设置数据颜色

 ## 14.4.4 创建员工工资图

通过创建员工工资图，可以更加直观地查看每位员工获得的工资报酬情况，下面就在文档中创建员工工资图。

1. 创建并编辑工资图数据

下面将利用 Excel 软件和工资表中的数据，创建并编辑工资图，其具体操作如下。

动画演示： 演示 \ 第 14 章 \ 创建并编辑工资图数据 .swf

01 将插入光标定位在文档最后，单击"插入"选项卡"插图"组中的"图表"按钮，如图 14-75 所示。

02 打开"插入图表"对话框，选择如图 14-76 所示的选项，单击 确定 按钮。

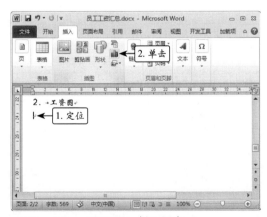

图14-75 插入图表

图14-76 选择图表类型

03 启动 Excel 2010，将蓝色框线向下拖动至第 14 行，如图 14-77 所示。

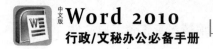

04 继续将蓝色框线拖动至 B 列，如图 14-78 所示。

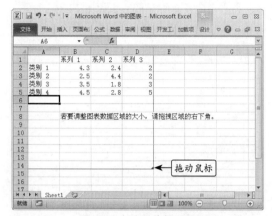

图14-77　调整数据区域

图14-78　调整数据区域

05 选择 Word 表格中的员工姓名单元格，并进行复制操作，如图 14-79 所示。

06 选择 Excel 中 A 列第 2 行至第 14 行单元格，将复制的姓名内容粘贴到其中，如图 14-80 所示。

图14-79　复制姓名

图14-80　粘贴姓名

07 复制 Word 中员工工资合计的单元格，如图 14-81 所示。

08 选择 Excel 中 B 列第 2 行至第 14 行单元格，将复制的工资数据内容粘贴到其中，关闭 Excel 即可，如图 14-82 所示。

图14-81　复制工资

图14-82　粘贴工资

2. 美化工资图

接下来将适当美化创建的工资图，并通过单独设置部分数据系列来突出显示工资排名前3位的员工工资数据，其具体操作如下。

动画演示： 演示\第14章\美化工资图.swf

01 选择创建的柱形图上方的标题对象，按【Delete】键删除，如图 14-83 所示。

02 选择柱形图右侧的图例对象，按【Delete】键删除，如图 14-84 所示。

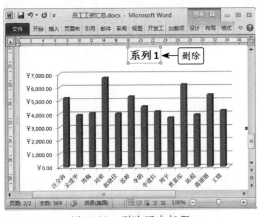

图14-83 删除图表标题

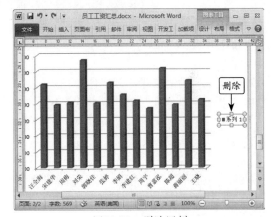

图14-84 删除图例

专家点拨 图例的适用情况

图例体现的是对应数据系列的对象，当图表中只有一组数据系列，且图表标题或文档其他位置指明该图表的内容时，图例的作用便不大了。但如果图表中存在多组数据系列，则建议将图例显示在图表上。

03 拖动图表区域右下角的控制点，适当增加图表的宽度和高度，如图 14-85 所示。

04 选择图表，为其应用如图 14-86 所示的样式。

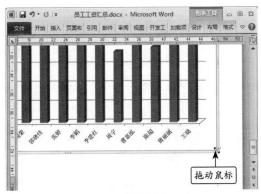

图14-85 调整图表尺寸

图14-86 应用图表样式

05 在图表的垂直坐标轴上单击鼠标右键，在弹出的快捷菜单中选择"设置坐标轴格式"命令，如图 14-87 所示。

06 打开"设置坐标轴格式"对话框，选择左侧的"数字"选项，在"类别"列表框中选择"数字"选项，将"小数位数"文本框中的数字设置为"0"，然后关闭对话框。

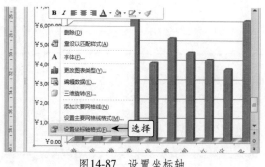

图14-87　设置坐标轴

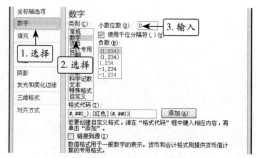

图14-88　设置数字类型

07 将更改后的垂直坐标轴字体加粗，如图 14-89 所示。

08 选择水平坐标轴，同样将字体加粗显示，如图 14-90 所示。

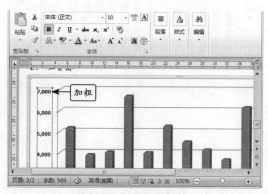

图14-89　设置坐标轴

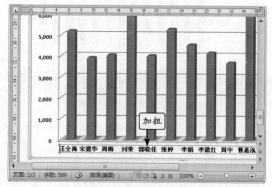

图14-90　设置数字类型

09 选择数据系列，然后在长度最长的图形上单击鼠标，将其单独选择，并单击鼠标右键，在弹出的快捷菜单中选择"添加数据标签"命令，如图 14-91 所示。

10 保持该图形的选择状态，在"图表工具 格式"选项卡"形状样式"组中的下拉列表框中为图形应用如图 14-92 所示的样式。

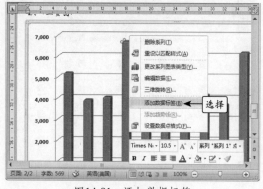

图14-91　添加数据标签

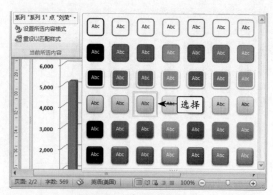

图14-92　应用形状样式

11 选择显示到图形上的数据标签，将其字体加粗显示，如图 14-93 所示。

12 按照相同方法将长度排列在第 2 位和第 3 位的图形设置为不同的形状，并显示对应的数据标签，最后取消图表边框即可，如图 14-94 所示。

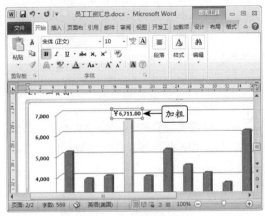

图14-93 加粗数据标签

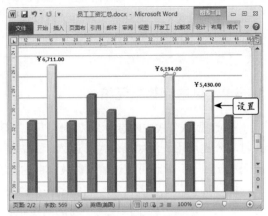

图14-94 设置其他图形

▶ 14.5 知识拓展

利用表格来组织和表现数据，可以极大地提高数据可读性。Word 具备强大的表格编辑、计算和管理等功能，老陈将给小雯补补与这方面有关的知识。

14.5.1 表格的排序

以表格中某一项目的数据为依据，可以实现对表格内容进行排列的操作，其方法为：

01 选择整个表格，单击"表格工具 布局"选项卡"数据"组中的"排序"按钮。

02 打开"排序"对话框，在"主要关键字"栏的下拉列表框中选择排序依据，如"奖金"，选中"升序"单选项，表示按从低到高的升序排列，然后单击 确定 按钮，如图 14-95 所示。

03 完成设置，此时表格中的数据将以奖金数额大小为依据，从低到高进行排列，如图 14-96 所示。

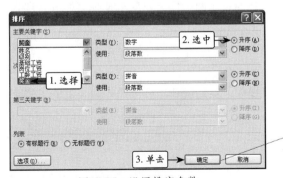

图14-95 设置排序参数

姓名	级别	基础工资	岗位工资	工龄工资	奖金
周梅	初级	1432	1275	297	884
郭晓佳	初级	1432	1275	171	884
周宇	初级	1432	918	222	884
陈超	初级	1432	1139	213	918
曹嘉泓	高级	3432	1309	174	1054
宋建华	初级	1432	935	210	1088
刘荣	高级	3432	1615	243	1139
寿丽丽	中级	2432	1445	168	1139
汪全海	中级	2432	1071	174	1292
王晓	初级	1432	1037	156	1326
李建红	初级	1432	1003	183	1343
李娟	初级	1432	1394	195	1377
张婷	中级	2432	918	270	1513
合计		¥25,616.00	¥15,334.00	¥2,676.00	¥14,841.00

图14-96 排序后的效果

14.5.2　自主计算单元格

Word 默认公式中的参数为"LEFT"、"ABOVE"等，当需要计算的单元格确实处于这种状态时，公式可用，但如果公式不连续，或需要计算连续的单元格中的部分单元格数据时，参数就无法使用了。此时可通过输入参数，自主计算需要的单元格。

计算时，需要将表格每一列假定一个列标，从左到右依次为大写的英文字母，为每一行假定一个行号，从上到下依次为小写的阿拉伯数字，如图 14-97 所示。则每个单元格就可以得到对应的列标和行号。利用这个坐标，便能自主计算单元格了。

	A	B	C	D	E	F	G	H
1	姓名	级别	基础工资	岗位工资	工龄工资	奖金	津贴	合计
2	周梅	初级	1432	1275	297	884	174	￥4,062.00
3	郭晓佳	初级	1432	1275	171	884	270	￥4,032.00
4	周宇	初级	1432	918	222	884	255	￥3,711.00
5	陈超	初级	1432	1139	213	918	231	￥3,933.00
6	曹嘉泓	高级	3432	1309	174	1054	225	￥6,194.00
7	宋建华	初级	1432	935	210	1088	258	￥3,923.00
8	刘荣	高级	3432	1615	243	1139	282	￥6,711.00
9	蒋丽丽	中级	2432	1445	168	1139	246	￥5,430.00
10	汪全海	中级	2432	1071	174	1292	234	￥5,203.00
11	王晓	初级	1432	1037	156	1326	300	￥4,251.00
12	李建红	初级	1432	1003	183	1343	216	￥4,177.00
13	李娟	初级	1432	1394	195	1377	156	￥4,554.00
14	张婷	中级	2432	918	270	1513	165	￥5,298.00
15	合计		￥25,616.00	￥15,334.00	￥2,676.00	￥14,841.00	￥3,012.00	￥61,479.00

图14-97　单元格坐标

- 计算"周梅"的工资合计：=SUM(LEFT)；或 =SUM(C2:G2)；或 =C2+D2+E2+F2+G2。
- 计算级别为"中级"的员工工资总和：=H9+H10+H14。

14.6　实战演练

为了提高小雯使用表格和图表的能力，老陈给她准备了两个任务，要求她独立完成管理人员工资表的汇总以及各部门工资比例图的创建。

14.6.1　汇总管理人员工资表

现需要将公司各部门管理人员的工资进行汇总操作，然后统计出各部门管理人员的工资总和，效果如图 14-98 所示。

素材文件：素材 \ 第 14 章 \ 管理人员工资表 .docx
效果文件：效果 \ 第 14 章 \ 管理人员工资表 .docx

重点提示：（1）利用"=SUM(ABOVE)"公式计算各管理人员工资总和。

（2）按部门对表格进行排序。

（3）利用形如"=SUM(H*:H*)"的公式统计各部门的工资总和。

姓名	职位	部门	基本工资	岗位工资	津贴	考核工资	总计
张凯	部门经理	企划部	3000	800	300	1953	6053
朱文秀	部门主管	企划部	2000	500	300	1086	3886
罗婷	部门主管	企划部	2000	500	300	2148	4948
企划部合计							14887
李琴	部门主管	市场部	2000	500	¥300	2018	4818
谢若梅	部门经理	市场部	3000	800	500	2014	6314
陈曦	部门主管	市场部	2000	500	300	1583	4383
市场部合计							15515
刘明亮	部门主管	销售部	2000	500	300	2058	4858
王晓涵	部门主管	销售部	2000	500	300	2834	5634
方小宝	部门经理	销售部	3000	800	500	2035	6335
销售部合计							16827
陈铮	部门经理	行政部	3000	800	500	2580	6880
张亮	部门主管	行政部	2000	500	300	1679	4479
李强	部门主管	行政部	2000	500	300	2048	4848
行政部合计							16207

图14-98 管理人员工资表最终效果

14.6.2 创建各部门工资比例图

统计出各部门管理人员工资总和之后，需要利用饼图直观地表现出各部门工资的比例，效果如图 14-99 所示。

素材文件：素材 \ 第 14 章 \ 部门工资比例图 .docx

效果文件：效果 \ 第 14 章 \ 部门工资比例图 .docx

重点提示：（1）在 Excel 中编辑标题、数据等内容。

（2）调整图表布局，删除图例，添加数据标签。

（3）适当美化图表。

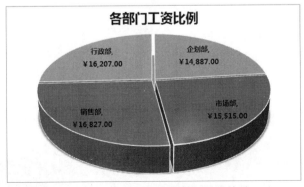

图14-99 各部门工资比例图最终效果

第 7 篇
商务应用篇

第 15 章　使用宏编辑贺信

老陈告诉小雯，某企业最近成功迁址，它是公司的合作伙伴之一，为了对其迁址成功表示祝贺，公司领导要求给对方发送贺信，而贺信的内容和格式则需要小雯来制作和编辑。小雯想了想，觉得公司经常给某些企业、单位或个人发送贺信，输入内容不同，但格式却大致相似，不知道有没有某种一劳永逸的方法，这样以后再编辑贺信就简单多了。老陈点点头，看来他早就知道了小雯的想法，正准备给她介绍呢。

知识点

- 创建"贺信页面"按钮
- 创建"贺信标题"按钮
- 创建其他贺信格式按钮
- 输入并编辑贺信

15.1 案例目标

老陈告诉小雯，这次的任务将利用 Word 的宏功能，将某些设置格式的操作录制成宏，然后将宏指定为按钮，这样便可利用按钮快速编辑贺信格式了。

效果文件：效果\第15章\贺信.docx

如图 15-1 所示即为贺信的最终效果，除了内容是手动输入的以外，页面格式、标题格式、称谓等其他对象的格式，都是通过创建的宏按钮快速设置形成的。

贺 信

××企业：

欣闻贵企业成功迁址，谨此表示热烈祝贺！衷心祝愿贵企业迁址后，产品生产能力更加优化，产品结构更加丰富，服务更加贴心，影响更加强大！

××公司

2012 年 7 月 20 日

图15-1　贺信最终效果

15.2 职场秘笈

老陈想考考小雯，看她对贺信这种商务应用领域中的书信知道多少。小雯也不服输，陆续将贺信的概念、分类、基本格式和写作要求等内容全部给老陈介绍了一遍，看来她确实对贺信这种书信比较熟悉了。

15.2.1 贺信的分类

贺信是对某单位或个人所取得的成就表示祝贺的书信，常用于隆重的会议或喜庆的仪式上。上下级之间、同级单位之间都可以互发贺信。现在的贺信已成为表彰、赞扬、庆贺对方在某个方面所作贡献的一种常用形式，同时兼有表示慰问和赞扬的功能。按照贺信发送主体的不同，可将贺信分为如下几种类别：

- 上级给下级的贺信。这类贺信可以是节日祝贺、对下级工作成绩表示祝贺等，一般这类贺信的结尾处都要体现希望和要求的内容。
- 下级给上级的贺信。这类贺信一般是对全局性的工作成绩表示的祝贺，此外还要表明下级对完成有关任务的信心和决心。

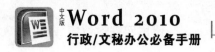

- 平级单位之间的贺信。一般是就对方单位所取得的工作成就表示祝贺，同时还可以表明向对方学习的谦虚态度，以及保持和发展双方关系的良好愿望。
- 个人之间的贺信。用于亲朋好友在重要节日、重大喜事中互相祝贺、慰勉、鼓励；或祝贺某人在工作、学习中取得了好成绩。

15.2.2 贺信的格式和写作要求

贺信的基本格式包括标题、称谓、正文和落款等内容，具体如图15-2所示。

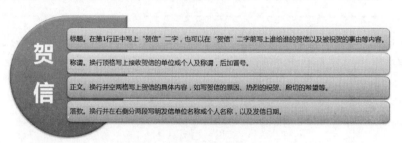

图15-2 贺信的格式

另外，编写贺信时还需要注意一些写作要求，分别如下：

(1) 感情真挚、浓烈，给人以鼓舞。

(2) 文字简练、语言朴素。不堆砌华丽辞藻，不言过其实，不空喊口号。

(3) 评价要妥当，有新意，避免陈词滥调。

15.3 制作思路

老陈告诉小雯，此次贺信的编辑主要分成两大环节。

具体的制作思路大致如下：

(1) 利用宏功能逐步创建与贺信格式相关的各种功能按钮，如图15-3所示。

(2) 输入贺信内容，利用创建的功能按钮快速设置贺信格式，如图15-4所示。

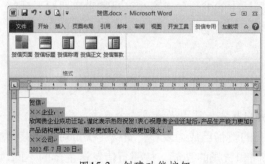

图15-3 创建功能按钮   图15-4 设置贺信格式

15.4 操作步骤

完成各种准备工作后，小雯在老陈的指导下，开始制作起贺信来……

15.4.1 定制宏按钮

录制宏可以将各种操作记录下来，然后通过运行宏便能快速实现录制宏时执行的一系列操作，实现自动化效果。下面便利用宏功能来定制各种贺信格式按钮。

1. 创建"贺信页面"按钮

下面首先将设置页面大小和页面边框的操作录制成宏，并将宏创建成按钮，其具体操作如下。

> **动画演示：** 演示\第15章\创建"贺信页面"按钮.swf

01 在空白文档中输入如图 15-5 所示的段落文本，然后在"开发工具"选项卡"代码"组中单击██录制宏按钮。

02 打开"录制宏"对话框，在"宏名"文本框中输入"贺信页面"，单击"按钮"按钮🖋，如图 15-6 所示。

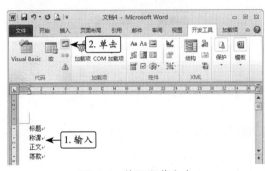

图15-5 输入段落文本

图15-6 设置宏名

03 打开"Word 选项"对话框，选择左侧的"自定义功能区"选项，如图 15-7 所示。

04 单击右侧列表框下方的 新建选项卡(W) 按钮，然后单击 重命名(M)... 按钮，如图 15-8 所示。

图15-7 自定义功能区

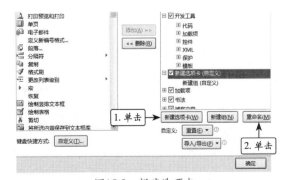

图15-8 新建选项卡

05 打开"重命名"对话框，在"显示名称"文本框中输入"贺信专用"，单击 确定 按钮，如图 15-9 所示。

06 选择"新建组（自定义）"选项，再次单击 重命名(M)... 按钮，如图 15-10 所示。

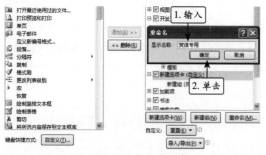

图15-9 重命名选项卡　　　　　　　　　　　图15-10 自定义组

07 打开"重命名"对话框，在"显示名称"文本框中输入"格式"，单击 确定 按钮，如图 15-11 所示。

08 在"从下列位置选择命令"下拉列表框中选择"宏"选项，如图 15-12 所示。

图15-11 重命名组　　　　　　　　　　　图15-12 选择命令

09 选择左侧列表框中前面设置的宏选项，在右侧列表框中选择重命名的"格式（自定义）"选项，单击 添加(A) >> 按钮，如图 15-13 所示。

10 选择右侧列表框中添加的宏选项，单击 重命名(M)... 按钮，如图 15-14 所示。

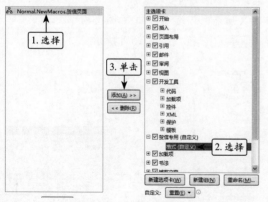

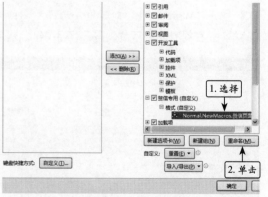

图15-13 添加宏命令　　　　　　　　　　　图15-14 设置宏按钮

11 打开"重命名"对话框，在"符号"列表框中选择如图 15-15 所示的选项，在"显示名称"文本框中将名称修改为"贺信页面"，单击 确定 按钮。

12 完成将宏命令添加为按钮的操作，单击 确定 按钮，如图 15-16 所示。

13 返回 Word 文档编辑区，此时鼠标指针的形状为 样式，表示正处于录制宏的状态。单击"页面布局"选项卡"页面设置"组中的"纸张大小"按钮 ，在弹出的下拉菜单中选择"其他页面大小"命令,如图 15-17 所示。

14 打开"页面设置"对话框的"纸张"选项卡,将高度设置为"15 厘米",单击 确定 按钮,如图 15-18 所示。

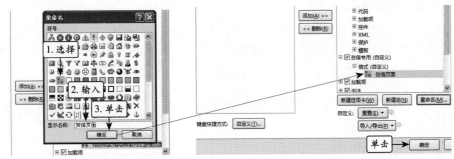

图15-15 设置按钮符号和名称　　　　　　图15-16 确认设置

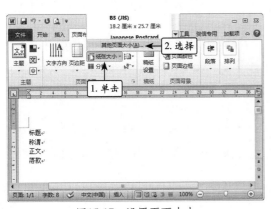

图15-17 设置页面大小

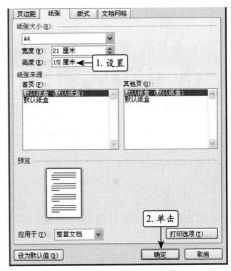

图15-18 更改页面高度

15 单击"页面背景"组中的"页面边框"按钮,如图 15-19 所示。

16 打开"边框和底纹"对话框,在"样式"列表框中选择如图 15-20 所示的选项,在"颜色"下拉列表框中选择"红色"选项,单击 确定 按钮。

图15-19 设置页面边框

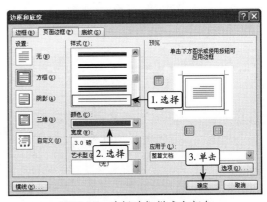

图15-20 选择边框样式和颜色

17 完成页面大小和页面边框的设置，在"开发工具"选项卡"代码"组中单击■ 停止录制按钮，完成宏的录制，如图 15-21 所示。

18 单击创建的"贺信专用"选项卡，此时可看到自定义的"格式"组中将出现"贺信页面"按钮▨，如图 15-22 所示。

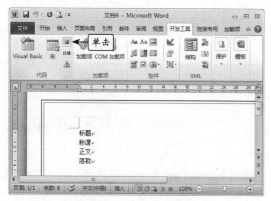

图15-21　停止宏的录制

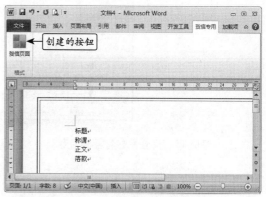

图15-22　查看自定义的功能区

2. 创建"贺信标题"按钮

下面继续将设置贺信标题格式的操作录制成宏，并将宏创建成按钮，其具体操作如下。

动画演示：*演示 \ 第15章 \ 创建"贺信标题"按钮 .swf*

01 选择文档中输入的"标题"段落，然后在"开发工具"选项卡"代码"组中单击▨ 录制宏按钮，如图 15-23 所示。

02 打开"录制宏"对话框，在"宏名"文本框中输入"贺信标题"，单击"按钮"按钮▨，如图 15-24 所示。

图15-23　选择段落

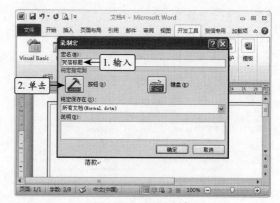

图15-24　设置宏名

03 在打开的对话框左侧选择"自定义功能区"选项，在"从下列位置选择命令"下拉列表框中选择"宏"选项，并在下方的列表框中选择贺信标题对应的选项，如图 15-25 所示。

04 在右侧的列表框中选择"格式（自定义）"选项，单击 添加(A) >> 按钮，如图 15-26 所示。

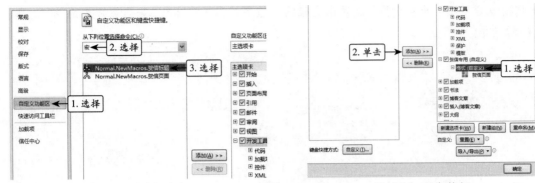

图15-25　选择命令　　　　　　　　　　　图15-26　添加按钮

05 打开"重命名"对话框，在"符号"列表框中选择如图 15-27 所示的选项，在"显示名称"文本框中将名称修改为"贺信标题"，单击 确定 按钮。

06 完成将宏命令添加为按钮的操作，单击 确定 按钮，如图 15-28 所示。

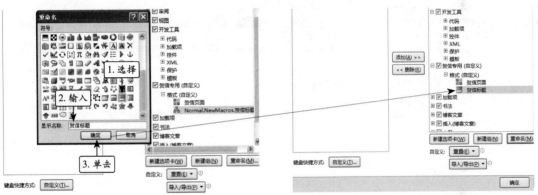

图15-27　重命名按钮　　　　　　　　　　图15-28　确认设置

07 返回文档编辑区，将选择段落的字体格式设置为"中文 - 华文行楷、西文 -Times New Roman、初号、红色"，单击 确定 按钮，如图 15-29 所示。

08 将字符间距设置为"加宽 -10 磅"，单击 确定 按钮，如图 15-30 所示。

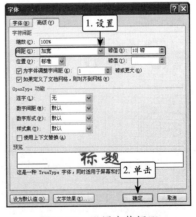

图15-29　设置字体格式　　　　　　　　　图15-30　设置字符间距

09 继续将所选段落的对齐方式设置为"居中对齐"，如图 15-31 所示。

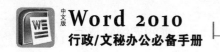

10 完成设置，在"开发工具"选项卡"代码"组中单击 ■ 停止录制 按钮，完成宏的录制，如图 15-32 所示。

图15-31　设置对齐方式

图15-32　停止宏的录制

11 再次在"代码"组中单击"宏"按钮 ， 如图 15-33 所示。

12 打开"宏"对话框，在列表框中选择"贺信标题"选项，单击 编辑(E) 按钮，如图 15-34 所示。

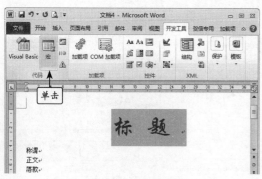

图15-33　查看宏

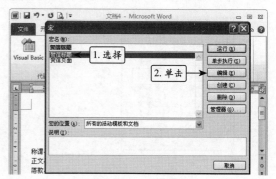

图15-34　编辑宏

13 打开代码窗口，拖动鼠标选择如图 15-35 所示的"宋体"文本。

14 将所选文本修改为"华文行楷"，按【Ctrl+S】组合键保存修改并关闭窗口，如图 15-36 所示。

图15-35　选择代码内容

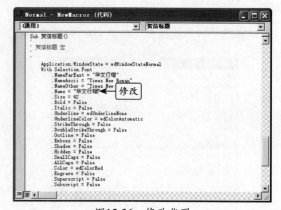

图15-36　修改代码

3. 创建其他贺信格式按钮

接下来继续按照相同的方法创建包括"贺信称谓"、"贺信正文"和"贺信落款"等格式按钮，其具体操作如下。

动画演示: 演示\第15章\创建其他贺信格式按钮.swf

01 选择"称谓"段落,单击 录制宏按钮打开"录制宏"对话框,将宏名设置为"贺信称谓",单击"按钮"按钮 ，如图 15-37 所示。

02 将该宏对应的命令添加到"贺信专用"选项卡的"格式"组中,并为其选择如图 15-38 所示的符号,名称设置为"贺信称谓",单击 确定 按钮。

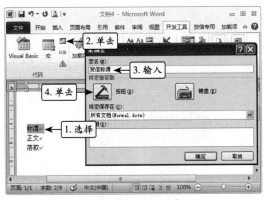

图15-37　设置宏名

图15-38　添加并重命名宏按钮

03 将"称谓"段落的字体格式设置为"中文 - 华文新魏、西文 -Times New Roman、加粗、小二",单击 确定 按钮,如图 15-39 所示。

04 完成设置,在"开发工具"选项卡"代码"组中单击 停止录制按钮,完成宏的录制,如图 15-40 所示。

图15-39　设置字体格式

图15-40　停止宏的录制

05 在"代码"组中单击"宏"按钮 ,打开"宏"对话框,在列表框中选择"贺信称谓"选项,单击 编辑(E) 按钮,如图 15-41 所示。

06 打开代码窗口,如图 15-42 所示的代码文本修改为"华文新魏",按【Ctrl+S】组合键保存修改并关闭窗口。

图15-41　编辑宏

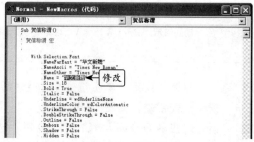

图15-42　修改代码

07 选择"正文"段落，单击■录制宏按钮打开"录制宏"对话框，将宏名设置为"贺信正文"，单击"按钮"按钮☐，如图 15-43 所示。

08 将该宏对应的命令添加到"贺信专用"选项卡的"格式"组中，并为其选择如图 15-44 所示的符号，名称设置为"贺信正文"，单击 确定 按钮。

图15-43　设置宏名

图15-44　添加并重命名宏按钮

09 将"正文"段落的字体格式设置为"中文 - 楷体 _GB2312、西文 -Times New Roman、加粗、三号"，单击 确定 按钮，如图 15-45 所示。

10 将"正文"段落的缩进格式设置为"首行缩进 -2 字符"，单击 确定 按钮，如图 15-46 所示。

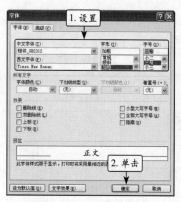

图15-45　设置字体格式

图15-46　设置缩进格式

11 在"开发工具"选项卡"代码"组中单击■停止录制按钮，完成宏的录制，如图 15-47 所示。

12 在"代码"组中单击"宏"按钮■，打开"宏"对话框，在列表框中选择"贺信正文"选项，单击 编辑(E) 按钮，如图 15-48 所示。

图15-47　停止宏的录制

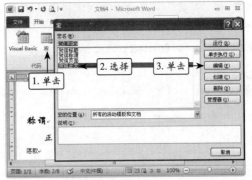

图15-48　编辑宏

13 打开代码窗口，将如图 15-49 所示的代码文本修改为"楷体 _GB2312"，按【Ctrl+S】组合键保存修改并关闭窗口。

14 选择"落款"段落，单击 录制宏 按钮打开"录制宏"对话框，将宏名设置为"贺信落款"，单击"按钮"按钮 ，如图 15-50 所示。

图15-49　编辑代码

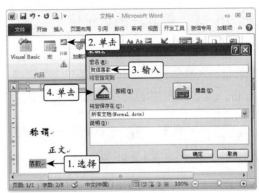

图15-50　设置宏名

15 将该宏对应的命令添加到"贺信专用"选项卡的"格式"组中，并为其选择如图 15-51 所示的符号，名称设置为"贺信落款"，单击 确定 按钮。

16 将"落款"段落的字体格式设置为"中文 - 楷体 _GB2312、西文 -Times New Roman、加粗、三号"，单击 确定 按钮，如图 15-52 所示。

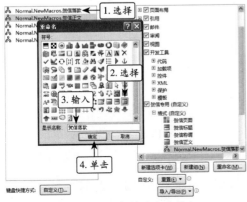

图15-51　添加并重命名按钮

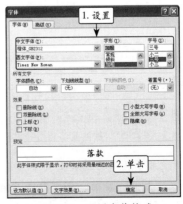

图15-52　设置字体格式

17 将"落款"段落的对齐方式设置为"右对齐",如图 15-53 所示。

18 停止宏的录制并编辑该宏,打开代码窗口,将如图 15-54 所示的代码文本修改为"楷体_GB2312",按【Ctrl+S】组合键保存修改并关闭窗口。

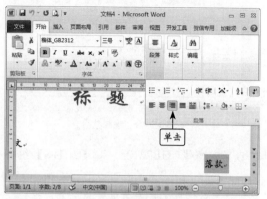

图15-53 设置对齐方式

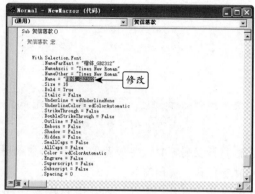

图15-54 修改代码

15.4.2 输入并编辑贺信

完成宏的录制和按钮的创建后,下面新建文档,输入贺信内容,然后利用各种按钮快速设置贺信,其具体操作如下。

> **动画演示:** 演示\第15章\输入并编辑贺信.swf

01 新建文档,输入贺信的具体内容,包括标题、称谓、正文和落款等对象,然后将文档以"贺信"为名进行保存,如图 15-55 所示。

02 在"贺信专用"选项卡"格式"组中单击"贺信页面"按钮■,如图 15-56 所示。

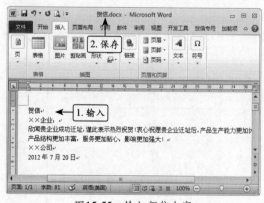

图15-55 输入贺信内容

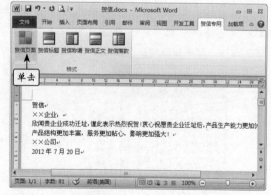

图15-56 单击按钮

03 此时文档页面将自动调整大小,并添加边框效果,如图 15-57 所示。

04 选择"贺信"段落,在"贺信专用"选项卡"格式"组中单击"贺信标题"按钮■,如图 15-58 所示。

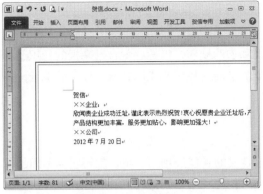

图15-57　自动调整页面

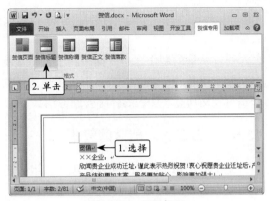

图15-58　设置标题

05 此时所选段落将自动对字体格式和段落格式进行调整，效果如图 15-59 所示。

06 选择称谓段落，在"贺信专用"选项卡"格式"组中单击"贺信称谓"按钮■，为所选段落应用称谓样式，如图 15-60 所示。

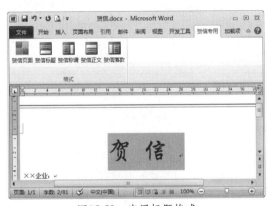

图15-59　应用标题格式

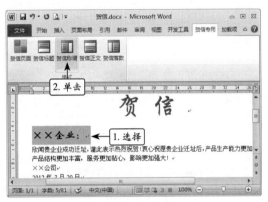

图15-60　设置称谓

07 选择正文段落，在"贺信专用"选项卡"格式"组中单击"贺信正文"按钮■，为所选段落应用正文样式，如图 15-61 所示。

08 选择落款段落，在"贺信专用"选项卡"格式"组中单击"贺信落款"按钮■，为所选段落应用落款样式，如图 15-62 所示。最后保存文档即可。

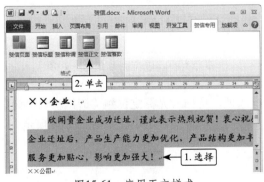

图15-61　应用正文样式

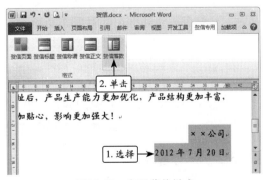

图15-62　应用落款样式

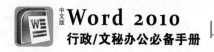

15.5 知识拓展

通过贺信的制作，小雯接触到了自定义功能区和宏的操作，但她感觉自己掌握的知识还相当有限，于是希望老陈能给她再讲讲这方面的知识。老陈答应了小雯的请求，准备给她进一步介绍自定义功能区和宏的各种管理方法。

15.5.1 自定义功能区的管理

无论是 Word 默认的功能选项卡、组，还是自定义的功能选项卡、组，都可根据不同的使用环境进行管理，以方便工作时更好地使用。下面介绍选项卡位置的管理、删除，以及快捷键的指定等操作。

- 调整选项卡位置：无论是默认选项卡还是自定义选项卡，都可调整在功能区上显示的位置，其方法为：打开"Word 选项"对话框，拖动需调整位置的选项卡对应的选项，当黑线出现在目标位置时释放鼠标即可，如图 15-63 所示。

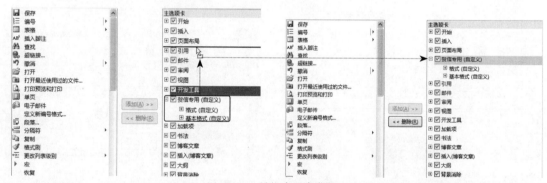

图15-63　调整选项卡位置

- 删除选项卡：自定义的选项卡可以随时删除，其方法为：选择需删除的选项卡对应的选项，单击左侧的 << 删除(R) 按钮即可。

- 为功能按钮指定快捷键：对于默认选项卡中的参数按钮，可通过为其指定快捷键来快速调用其对应的功能，方法为：在"Word 选项"对话框下方单击"键盘快捷方式"栏右侧的 自定义(T)... 按钮，在打开的对话框左侧选择按钮

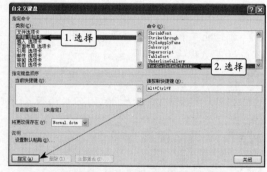

图15-64　为功能按钮指定快捷键

所在的选项卡，在右侧的列表框中选择按钮选项，将插入光标定位到"请按新快捷键"文本框中，输入快捷键，然后单击对话框左下方的 指定(A) 按钮即可，如图 15-64 所示。

15.5.2 宏的管理

前面制作贺信时，宏是通过创建的按钮来执行相应操作，实际工作中录制宏后，可随时运行、编辑、删除宏，而无需借助按钮来实现。下面就介绍运行宏、删除宏、为宏指定快捷键等方法。

- 运行宏：录制宏以后，单击"开发工具"选项卡"代码"组中的"宏"按钮 ，打开"宏"
  对话框，在其中选择需要运行的宏选项，单击 运行(R) 按钮即可。
- 删除宏：打开"宏"对话框，在其中选择需要的宏选项，单击 删除(D) 按钮，在打开的
  提示对话框中确认操作即可删除所选的宏。
- 为宏指定快捷键：Word 允许在录制宏之前设置运行宏的快捷键，但不能在录制完成后为
  宏指定快捷键。具体方法为：单击"代码"组中的 录制宏 按钮，在打开的"录制宏"对
  话框中单击"键盘"按钮 ，打开"自定义键盘"对话框，在"请按新快捷键"文本框
  中输入快捷键，单击左下角的 指定(A) 按钮即可，如图 15-65 所示。

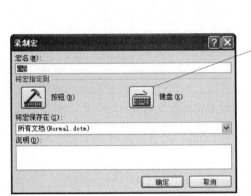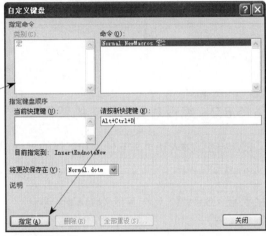

图15-65 为宏指定快捷键

15.6 实战演练

贺信是企业对内对外进行商务交流的一种重要手段，为了让小雯更加熟悉贺信的编制，老
陈又给她安排了两个与贺信有关的任务，要求她独立完成。

15.6.1 编辑对教研组的贺信

为了表彰某小学数学教研组取得的成绩，现需要通过校长办公室为其拟发一封关于取得成
绩的贺信，效果如图 15-66 所示。

 效果文件：效果\第15章\教研组贺信.docx

重点提示：(1) 在"贺信专用"选项卡中创建"基本格式"组。
　　　　　　(2) 在"基本格式"组中添加各种字体格式设置和段落格式设置的按钮。
　　　　　　(3) 通过"基本格式"组的按钮对输入的贺信内容进行设置。

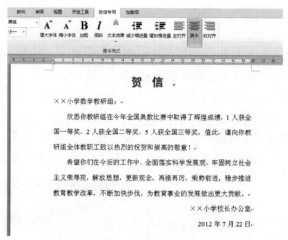

图15-66　教研组贺信

15.6.2　编辑对公司员工的贺信

国庆将至，为表扬员工的付出和家属的支持，现需要编辑出效果如图 15-67 所示的贺信内容。

效果文件：效果\第 15 章\国庆贺信 .docx

重点提示：（1）利用前面创建的各种宏按钮对输入的内容快速进行格式设置。

（2）如果宏运行出错，按照提示进行调试，删除代码窗口中标黄的代码。

贺　信

全体干部员工：

值此国庆佳节来临之际，分公司总经理室向你们致以诚挚的问候和衷心祝福。祝你们节日愉快，国家欢乐，万事如意！

今年，是我公司实施发展战略的重要一年。你们在市场竞争日趋激烈、创业任务十分繁重、业务发展极度艰难的形势下，坚定信念，顽强拼搏，充分发挥各级领导班子的战斗堡垒作用和业务骨干的模范带头作用，在激烈的竞争中打出了一片天地，用辛勤的汗水浇灌出丰硕的成果！

我们深知，这份厚礼来之不易，她凝聚着全体同志们的心血，饱含着广大员工奋斗的酸甜苦辣，同时，也渗透着家属们的理解与支持。在此，分公司总经理室向你们以及你们的家人表示衷心的感谢，并致以崇高的敬意。

让我们以只争朝夕的旺盛斗志和与时俱进的高昂气势，沉着应对各种挑战，在充满无限商机的市场上，团结一心，携手共进，倾力打造金字品牌，共创新辉煌！

××公司总经理室

2012 年 9 月 30 日

图15-67　国庆贺信

第7篇
商务应用篇

第16章　编辑并打印请柬

公司近期要举行科研技术交流会和产品成果展览会，需要邀请一批嘉宾前来参加。为此，领导要求小雯尽快制作出给每位嘉宾的请柬，以便尽早发送给对方，让其做好准备。小雯接到任务后面露难色，老陈一问才知道，小雯是觉得这次的任务过于枯燥，就是反复的创建、设置请柬，然后打印文档。不过令小雯意外的是，老陈将告诉她一种高效、轻松的方法，一次性制作并打印请柬。

知识点

- 使用 Excel 创建请柬名单
- 输入请柬固定内容
- 邮件合并
- 设置请柬格式
- 保存并打印请柬

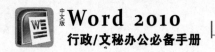

16.1 案例目标

听到老陈的介绍后,小雯非常意外,想了半天也不知道怎样才能实现老陈所说的那种效果。老陈告诉她,只要使用邮件合并功能,这种重复性的工作就会变得异常简单和轻松。

效果文件: 效果 \ 第16章 \ 请柬.docx、名单.xlsx

如图16-1所示即为请柬的最终效果,其中称谓名称、会议日期、会议地点、会议名称等内容,都是自动添加到请柬文档中的,利用Word的邮件合并功能便能自动成批制作邀请不同对象的请柬。

请 柬

张敏同志:

兹定于9月12日10时,在荣欣酒店108会议室举行科研技术交流会,敬请光临指导。

此致

敬礼。

××公司

2012年7月24日

请 柬

李建华同志:

兹定于9月13日14时,在华筑会所24号会客厅举行产品成果展览会,敬请光临指导。

此致

敬礼。

××公司

2012年7月24日

图16-1 请柬最终效果

16.2 职场秘笈

为防止小雯将请柬内容制作得不够专业和规范,老陈将给小雯讲讲有关请柬方面的专业知识,包括请柬概述、基本格式和写作要求等内容。

▶ 16.2.1 请柬概述

请柬是邀请客人时发出的专用信件,使用请柬既可以表示对被邀请者的尊重,又可以表示邀请者对此事的重视态度。

请柬一般有两种样式,一种是单面的,直接由标题、称谓、正文、敬语、落款构成。另一种是双面的,即折叠式,外面为封面,标注"请柬"二字,内面为封里,撰写称谓、正文、致敬语、落款等内容。

▶ 16.2.2 请柬基本格式

从撰写方法上说,不论哪种样式的请柬,其基本格式都包括标题、称谓、正文、致敬语、落款和日期等内容。

- 标题:即写明"请柬"二字或"邀请书"三字。如果请柬是折页纸,封面应写"请柬"二字,并可做些艺术加工，如图案装饰、套红、烫金等；如果请柬是单页纸，则在第 1 行写明"请柬"二字。

- 称谓：顶格写明被邀请者的名称，邀请对象是单位则写明单位名称；邀请对象是个人则写明个人姓名和称谓，如职务、先生、女生等，其后加冒号。
- 正文：另起一行，前空两格，写明会议或活动的内容、时间、地点及其他应知事项。
- 致敬语：一般以"敬请（恭请）光临"、"此致敬礼"等作结。其中"此致"另起行，前空两格，然后再另起一行顶格写"敬礼"等词。
- 落款：写明邀请单位或个人姓名，然后另起一行写明日期。

▶ 16.2.3　请柬写作要求

请柬是一种专业的文体，因此其写作编辑也有一定的要求，具体如图 16-2 所示。

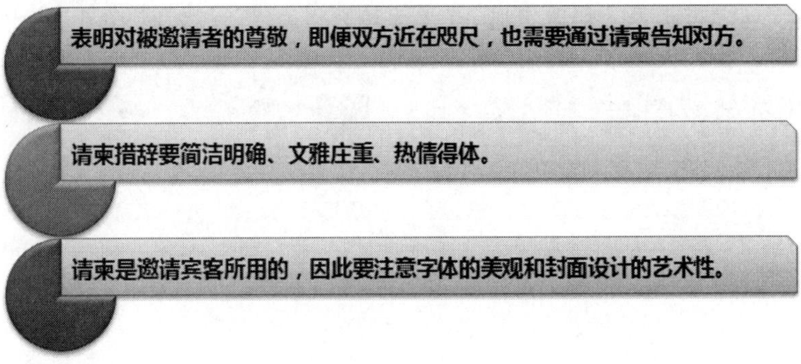

表明对被邀请者的尊敬，即便双方近在咫尺，也需要通过请柬告知对方。

请柬措辞要简洁明确、文雅庄重、热情得体。

请柬是邀请宾客所用的，因此要注意字体的美观和封面设计的艺术性。

图16-2　请柬写作要求

▶ 16.3　制作思路

在开始制作请柬之前，老陈将制作思路整理了一下，并给小雯进行了介绍，以便让她更清楚具体的做法。

请柬的制作思路大致如下：

（1）在 Excel 中输入每名邀请者的姓名、会议日期、地点、会议内容等数据，如图 16-3 所示。

（2）使用邮件合并功能快速制作与名单对应的多份请柬文档，如图 16-4 所示。

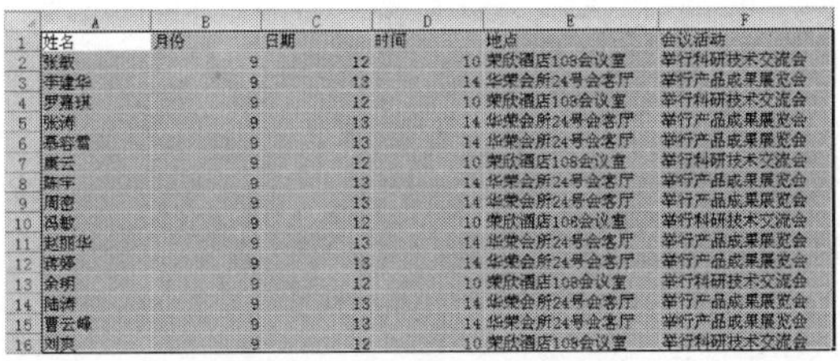

图16-3　创建邀请名单

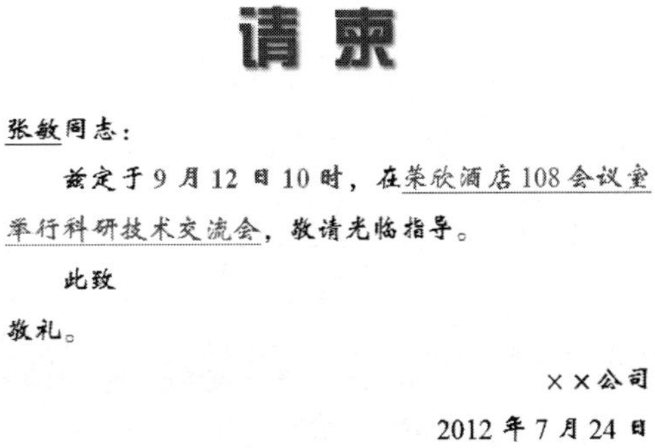

请　柬

张敏同志：

　　兹定于 9 月 12 日 10 时，在荣欣酒店 108 会议室举行科研技术交流会，敬请光临指导。

　　此致

敬礼。

　　　　　　　　　　　　　　××公司

　　　　　　　　　　　　2012 年 7 月 24 日

图16-4　制作请柬

Word 2010
行政/文秘办公必备手册

16.4 操作步骤

为了尽快掌握邮件合并功能的用法，小雯怀着强烈的好奇心开始了请柬的制作。

16.4.1 使用Excel创建请柬名单

下面首先通过 Excel 2010 软件，按行输入各邀请者名单，其具体操作如下。

动画演示：演示\第16章\使用 Excel 创建请柬名单 .swf

01 启动 Excel 2010，在自动选择的 A1 单元格中输入"姓名"，如图 16-5 所示。

02 单击 B1 单元格将其选择，同时完成 A1 单元格数据的输入，如图 16-6 所示。

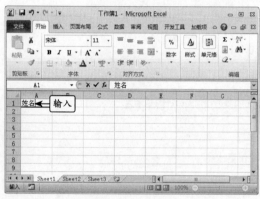

图16-5 输入文本

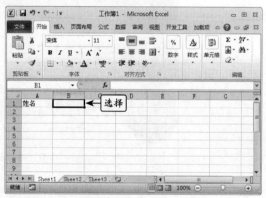

图16-6 选择单元格

03 在 B1 单元格中输入"月份"，然后选择 C1 单元格。并按照相同的方法依次在其他单元格中输入如图 16-7 所示的文本。

04 在第 2 行的前 4 个单元格中分别输入被邀请人姓名、邀请出席的月份、日期和时间等内容，如图 16-8 所示。

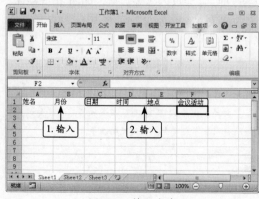

图16-7 输入文本

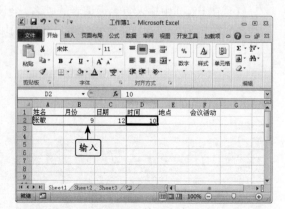

图16-8 输入文本

05 将鼠标指针移动到 E 列右侧的边线上，向右拖动鼠标增加该列的列宽，如图 16-9 所示。

06 在 E2 单元格中输入被邀请人出席的地点,如图 16-10 所示。

图16-9　调整列宽

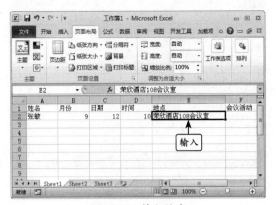

图16-10　输入地点

07 按相同方法增加 F 列列宽,并输入会议活动的内容,如图 16-11 所示。

08 继续输入其他被邀请人的姓名以及对应的出席日期、时间、地点和会议活动。然后将文件以"名单"为名进行保存,如图 16-12 所示。

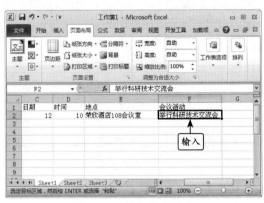

图16-11　输入会议活动

图16-12　输入其他内容

▶ 16.4.2　通过邮件合并功能创建请柬

邮件合并功能可以通过域的使用自动插入对应的数据,下面便利用该功能创建多份请柬。

1. 输入请柬固定内容

在邮件合并之前,首先需要在 Word 文档中输入请柬的固定内容,如标题、落款等,其具体操作如下。

动画演示: 演示 \ 第 16 章 \ 输入请柬固定内容 .swf

01 启动 Word 2010,输入"请柬"后按【Enter】键换行,如图 16-13 所示。

02 输入称谓后按【Enter】键换行,如图 16-14 所示。

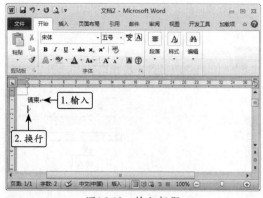

图16-13　输入标题

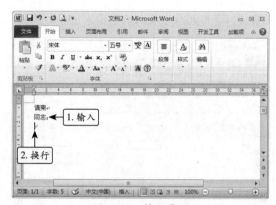

图16-14　输入称谓

03 继续输入如图 16-15 所示的内容。

04 换行输入"此致"，按【Enter】键将自动补充"敬礼"文本，如图 16-16 所示。

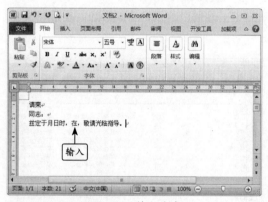

图16-15　输入内容

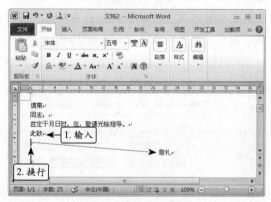

图16-16　输入致敬语

05 继续在文档最后依次输入请柬发出单位的名称段落和请柬发送的日期段落，如图 16-17 所示。

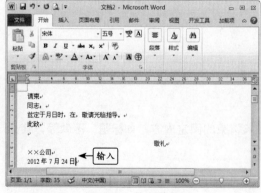

图16-17　输入落款

> **专家点拨** 关于自动生成"此致敬礼"
>
> Word 内置了大量的图文集，便于文档编辑时使用，这些图文集均是最常用的内容，比如"此致敬礼"、"顺颂商祺！"等，如果在输入"此致"后不需要自动生成"敬礼"文本，可直接按【Ctrl+Z】组合键撤销。

2. 邮件合并

　　Word 具备邮件合并向导功能，使用该向导，可按照提示一步步完成邮件合并操作，其具体操作如下。

动画演示: 演示 \ 第 16 章 \ 邮件合并 .swf

01 在"邮件"选项卡"开始邮件合并"组中单击"开始邮件合并"按钮，在弹出的下拉菜单中选择"邮件合并分步向导"命令，如图 16-18 所示。

02 在界面右侧将打开"邮件合并"任务窗格，默认选中的"信函"单选项，单击下方的"下一步：正在启动文档"超级链接，如图 16-19 所示。

图16-18　启动邮件合并向导

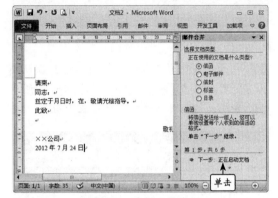

图16-19　选择文档类型

03 在当前任务窗格中默认选中"使用当前文档"单选项，单击"下一步：选取收件人"超级链接，如图 16-20 所示。

04 在当前任务窗格中默认选中"使用现有列表"单选项，单击下方的　浏览　按钮，如图 16-21 所示。

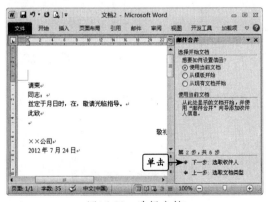

图16-20　选择文档

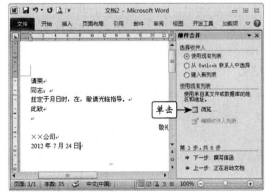

图16-21　选择收件人

05 打开"选取数据源"对话框，在其中选择前面保存的"名单 .xlsx"文件，单击　打开(O)　按钮，如图 16-22 所示。

06 打开"选择表格"对话框，选择"Sheet1$"选项，选中下方的"数据首行包含列标题"复选框，单击　确定　按钮，如图 16-23 所示。

图16-22　选择数据源

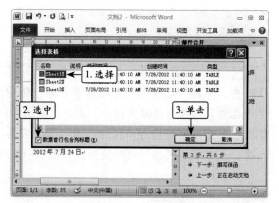

图16-23　选择表格

07 打开"邮件合并收件人"对话框，默认选中所有复选框，单击"姓名"字段，使其按姓名排序，然后单击 确定 按钮，如图 16-24 所示。

08 继续在"邮件合并"任务窗格中单击"下一步：撰写信函"超级链接，如图 16-25 所示。

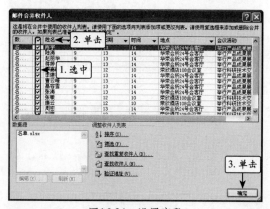

图16-24　设置字段

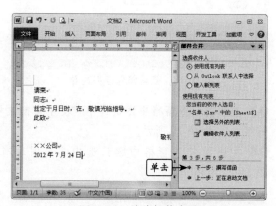

图16-25　继续邮件合并

09 将插入光标定位在"同志："文本左侧，然后单击"邮件合并"任务窗格中的 其他项目... 按钮，如图 16-26 所示。

10 打开"插入合并域"对话框，选中"数据库域"单选项，在列表框中选择"姓名"选项，单击 插入(I) 按钮，如图 16-27 所示。

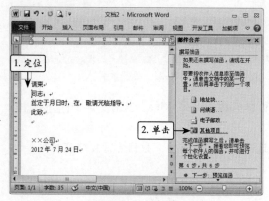

图16-26　添加域

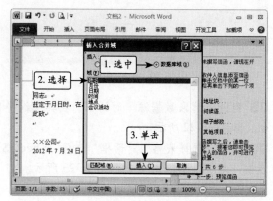

图16-27　选择域

11 单击 关闭 按钮关闭"插入合并域"对话框，如图 16-28 所示。

12 将插入光标定位到"兹定于"文本右侧，继续单击 其他项目... 按钮，如图 16-29 所示。

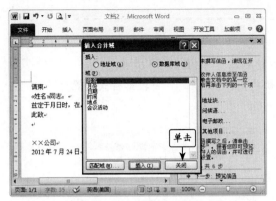
图16-28　关闭对话框

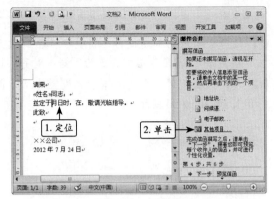
图16-29　添加域

13 打开"插入合并域"对话框，选中"数据库域"单选项在列表中选择"月份"选项，单击 插入(I) 按钮，如图 16-30 所示。

14 单击 关闭 按钮关闭"插入合并域"对话框，如图 16-31 所示。

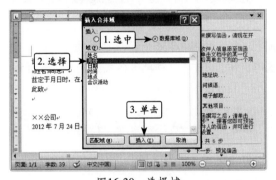
图16-30　选择域

图16-31　关闭对话框

15 按照相同的方法依次在请柬内容中插入不同的域，效果如图 16-32 所示。

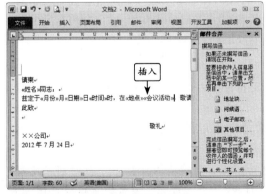
图16-32　插入其他域

方法技巧　随时更改邮件合并

为了满足用户进行邮件合并时对内容进行更改，Word 允许调整邮件合并步骤，即通过单击"邮件合并"任务窗格下方的"下一步：……"超级链接或"上一步：……"超级链接切换邮件合并步骤，并进行需要的更改。

3. 设置请柬格式

为了使请柬更加美观，下面将对请柬的内容进行适当设置，其具体操作如下。

动画演示: 演示 \ 第 16 章 \ 设置请柬格式 .swf

01 选择文档中的标题段落，将其字体格式设置为"方正综艺简体、初号、红色、阴影 - 外部右下斜偏移"，将段落格式设置为"居中对齐、1.5 倍行距"，如图 16-33 所示。

02 选择称谓段落，将其字体格式设置为"方正魏碑简体、小二"，将段落格式设置为"1.5 倍行距"，如图 16-34 所示。

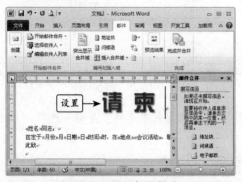

图16-33 设置标题格式

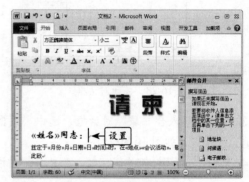

图16-34 设置称谓格式

03 单独选择称谓中插入的"姓名"域，为其添加下划线，如图 16-35 所示。

04 选择正文段落，将其字体格式设置为"方正魏碑简体、小二"，将段落格式设置为"首行缩进 -2 字符、1.5 倍行距"，如图 16-36 所示。

图16-35 设置"姓名域"

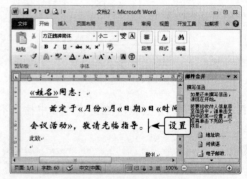

图16-36 设置正文格式

05 选择插入的"月份"、"日期"和"时间"域以及相关的文本，将其字体格式调整为"加粗、红色"，如图 16-37 所示。

06 选择插入的"地点"和"会议活动"域，将其字体格式调整为"下划线、红色"，如图 16-38 所示。

07 将"此致"和"敬礼"段落的字体格式均设置为"方正魏碑简体、小二"，然后将"此致"段落的段落格式设置为"首行缩进 -2 字符、1.5 倍行距"，将"敬礼"段落的首行缩进调整为"0"，行距设置为"1.5 倍"，如图 16-39 所示。

08 将落款两个段落的字体格式设置为"方正魏碑简体、小二"，段落格式设置为"右对齐、1.5 倍行距"，如图 16-40 所示。

图16-37 设置域和文本格式

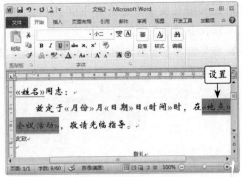

图16-38 设置域格式

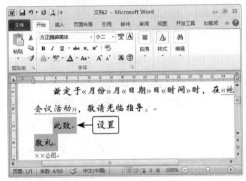

图16-39 设置致敬语格式

图16-40 设置落款格式

4. 保存并打印请柬

最后将保存邮件合并的文档，并通过适当调整，让每一页保存两份请柬，然后将其打印出来，其具体操作如下。

动画演示：演示\第16章\保存并打印请柬.swf

01 继续单击"邮件合并"任务窗格中的"下一步：预览信函"超级链接，如图 16-41 所示。

02 此时将显示第 1 封请柬内容，如图 16-42 所示，单击任务窗格中的"下一页"按钮>>。

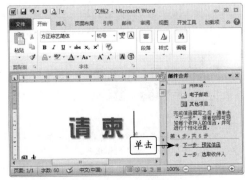

图16-41 预览信函

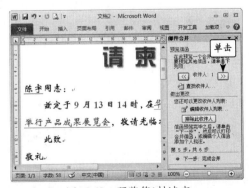

图16-42 预览第1封请柬

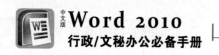

03 此时将显示第2封请柬内容，如图16-43所示。按相同方法预览其他请柬内容，确认无误后单击任务窗格下方的"下一步：完成合并"超级链接。

04 在当前任务窗格中单击 编辑单个信函 按钮，如图16-44所示。

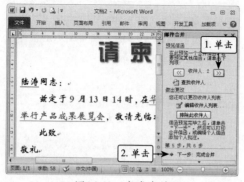

图16-43　完成合并

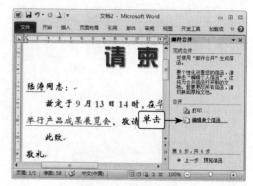

图16-44　确认合并

05 打开"合并到新文档"对话框，选中"全部"单选项，单击 确定 按钮，如图16-45所示。

06 此时将自动创建"信函1"文档，其中将显示所有名单中被邀请人的请柬。将插入光标定位到第1封请柬落款日期后面，如图16-46所示。

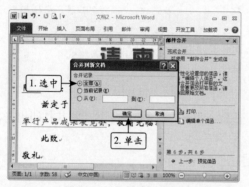

图16-45　设置合并范围

图16-46　定位插入光标

07 按3次【Enter】键插入空行，如图16-47所示。

08 继续按【Delete】键删除分页符，此时将在同一页面中显示两封请柬内容，如图16-48所示。

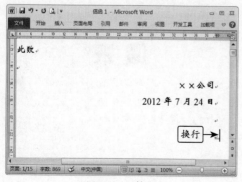

图16-47　换行

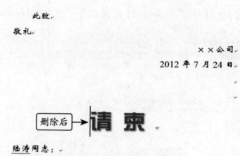

图16-48　删除分页符

09 按照相同方法插入空行并删除分页符，将每一个页面都显示两份请柬，如图 16-49 所示。

10 完成设置后单击"文件"选项卡，选择左侧的"打印"选项，并选择连接到的打印机，然后单击"打印"按钮🖶打印请柬，如图 16-50 所示。

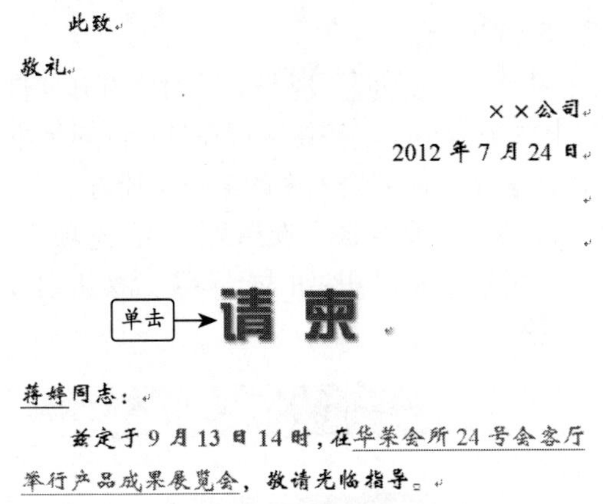

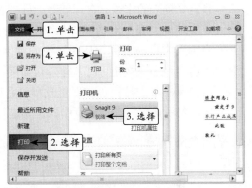

图16-49　调整页面内容

图16-50　打印请柬

▶ 16.5　知识拓展

通过任务的制作，小雯总结出邮件合并的关键在于数据源的创建，但是她并不适应在 Excel 中创建数据源数据，因此希望老陈能帮她想想办法，看能不能避免在 Excel 中创建数据源。老陈的回答是肯定的，接下来就看看老陈是如何实现这种操作的吧。

16.5.1　利用Word建立邮件合并的数据源

Word 实际上提供了创建数据源的工具，利用该工具创建数据源的方法为：

01 在"邮件"选项卡"开始邮件合并"组中单击"选择收件人"按钮📇，在弹出的下拉菜单中选择"键入新列表"命令。

02 在打开的对话框中提供单击鼠标定位插入光标，然后输入需要的内容，如图 16-51 所示。

03 单击对话框下方的 新建条目(N) 按钮可增加条目，如图 16-52 所示。按相同方法建立需要的条目后，单击 确定 按钮，在打开的对话框中保存列表即可。

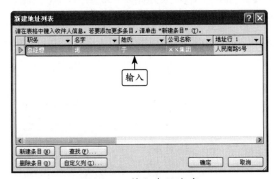

图16-51　输入条目内容

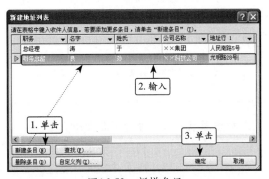

图16-52　新增条目

16.5.2 管理数据源中的数据

为了便于列表的创建，Word 允许对创建的列表进行各种管理操作，其中常用的操作如下。

- 删除条目：单击"新建地址列表"对话框某条目左侧的方框选择该条目后，单击按钮将打开提示对话框，确认后即可删除条目，如图 16-53 所示。
- 自定义列表的字段：在"新建地址列表"对话框中单击 自定义列(Z)... 按钮，此时将打开"自定义地址列表"对话框，如图 16-54 所示。其中单击 添加(A)... 按钮，可在打开的对话框中输入字段的名称，从而实现添加字段的操作；选择左侧列表框中的某个字段选项后，单击 删除(D) 按钮可打开提示对话框，确认后可删除选择的字段；选择某个字段选项后，单击 重命名(R)... 按钮可实现更改字段名称的操作；单击 上移(U) 按钮或 下移(N) 按钮则可实现将所选字段在列表框中的位置进行上移或下移的操作。

图16-53　删除条目

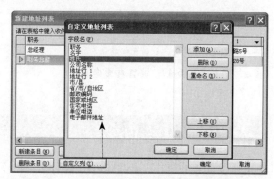

图16-54　自定义字段

16.6　实战演练

掌握了请柬的制作以及邮件合并功能的使用后，老陈继续让小雯完成邀请函的制作以及荣誉证书的打印，一方面可以让她掌握与请柬相关的文书制作方法，同时也能让小雯巩固邮件合并等功能的使用。

16.6.1　制作邀请函

一年一度的国际商务节就要召开了，某公司受委托需要制作效果如图 16-55 所示的邀请函，以便及时邀请各方嘉宾光临会晤。

　　效果文件：效果 \ 第 16 章 \ 邀请函 .docx

重点提示：（1）设置页面大小。
　　　　　　（2）利用"格式文本内容控件"制作称谓中的名称对象。
　　　　　　（3）搜索并插入"花边"剪贴画，将颜色设置为"褐色"，复制并放置在文档的左上方和右下方。

图16-55　邀请函最终效果

16.6.2　打印荣誉证书

某公司于 2012 年 7 月举办了设计大赛，现需要给部分参赛者颁发荣誉证书，要求制作并打印出效果如图 16-56 所示的文档。

效果文件：效果\第 16 章\荣誉证书.docx、获奖名单.xlsx

重点提示：（1）设置页面大小。

（2）利用 Excel 创建获奖名单。

（3）利用矩形、花边等图形设计证书背景，然后输入并美化证书内容。

（4）利用邮件合并功能插入相应的域，然后进行邮件合并并打印文档。

图16-56　荣誉证书最终效果

读者回函卡

亲爱的读者：

感谢您对海洋智慧IT图书出版工程的支持！为了今后能为您及时提供更实用、更精美、更优秀的计算机图书，请您抽出宝贵时间填写这份读者回函卡，然后剪下并邮寄或传真给我们，届时您将享有以下优惠待遇：

● 成为"读者俱乐部"会员，我们将赠送您会员卡，享有购书优惠折扣。

● 不定期抽取幸运读者参加我社举办的技术座谈研讨会。

● 意见中肯的热心读者能及时收到我社最新的免费图书资讯和赠送的图书。

姓　名：＿＿＿＿＿＿　性　别：□男 □女　年　龄：＿＿＿＿＿＿

职　业：＿＿＿＿＿＿＿　爱　好：＿＿＿＿＿＿＿＿＿＿＿＿＿

联络电话：＿＿＿＿＿＿＿　电子邮件：＿＿＿＿＿＿＿＿＿＿＿

通讯地址：＿＿＿＿＿＿＿＿＿＿＿＿＿＿　邮编：＿＿＿＿＿＿

1 您所购买的图书名：＿＿＿＿＿＿＿＿＿＿＿＿ 购买地点：＿＿＿＿＿＿＿

2 您现在对本书所介绍的软件的运用程度是在：□ 初学阶段 □ 进阶／专业

3 本书吸引您的地方是：□ 封面 □ 内容易读 □ 作者　价格 □ 印刷精美

　　□ 内容实用 □ 配套光盘内容　其他＿＿＿＿＿＿＿＿＿＿

4 您从何处得知本书：□ 逛书店　□ 宣传海报　□ 网页　□ 朋友介绍

　　□ 出版书目　□ 书市　□ 其他＿＿＿＿＿＿＿＿＿

5 您经常阅读哪类图书：

　　□ 平面设计　□ 网页设计　□ 工业设计 □ Flash 动画　□ 3D 动画 □ 视频编辑

　　□ DIY □ Linux □ Office □ Windows　□ 计算机编程　其他＿＿＿＿＿＿

6 您认为什么样的价位最合适：

7 请推荐一本您最近见过的最好的计算机图书：＿＿＿＿＿＿＿＿

8 书名：＿＿＿＿＿＿＿＿＿＿＿＿ 出版社：＿＿＿＿＿＿＿

9 您对本书的评价：＿＿＿＿＿＿＿＿＿＿＿＿＿＿＿＿＿＿

＿＿＿＿＿＿＿＿＿＿＿＿＿＿＿＿＿＿＿＿＿＿＿＿＿＿＿

您还需要哪方面的计算机图书，对所需的图书有哪些要求：

＿＿＿＿＿＿＿＿＿＿＿＿＿＿＿＿＿＿＿＿＿＿＿＿＿＿＿

社址：北京市海淀区大慧寺路8号　网址：www.wisbook.com　技术支持：www.wisbook.com/bbs

编辑热线：010-62100088　010-62100023　传真：010-62173569

邮局汇款地址：北京市海淀区大慧寺路8号海洋出版社教材出版中心　邮编：100081

海洋出版社